电力工程施工技术与管理研究

李彦阳　武飞　著

吉林科学技术出版社

图书在版编目(CIP)数据

电力工程施工技术与管理研究 / 李彦阳，武飞著
. -- 长春：吉林科学技术出版社，2023.6
　ISBN 978-7-5744-0554-7

　Ⅰ．①电… Ⅱ．①李… ②武… Ⅲ．①电力工程－工
程施工 Ⅳ．① TM7

　　中国国家版本馆 CIP 数据核字 (2023) 第 103471 号

电力工程施工技术与管理研究

著	李彦阳　武　飞	
出 版 人	宛　霞	
责任编辑	杨雪梅	
封面设计	博儒文化	
制　　版	博儒文化	
幅面尺寸	185mm×260mm	
开　　本	16	
字　　数	240 千字	
印　　张	15	
印　　数	1–1500 册	
版　　次	2023年6月第1版	
印　　次	2024年1月第1次印刷	

出　　版	吉林科学技术出版社
发　　行	吉林科学技术出版社
地　　址	长春市福祉大路5788号
邮　　编	130118
发行部电话/传真	0431-81629529 81629530 81629531
	81629532 81629533 81629534
储运部电话	0431-86059116
编辑部电话	0431-81629518
印　　刷	廊坊市印艺阁数字科技有限公司

书　　号	ISBN 978-7-5744-0554-7
定　　价	99.00元

前　言

随着经济的迅猛发展，对于电力质量的要求也越来越高，而电力工程施工与电力生产安全息息相关，施工技术与管理成为企业发展需要注重的方面，而且影响着实际的工程质量与财产安全。对于电力企业来说，为了保障正常供电，需要结合实际情况建设高质量的电力工程，电力企业须进一步提升施工技术水平，并落实好管理工作。高质量的施工技术以及良好的管理工作可以有效减少电力灾害，保证我国电力系统的稳定，从而推动人民群众工作和生活的有序开展。

本书是电力工程施工技术与管理方向的著作，本书从架空线路的施工介绍入手，针对架空线路的构成、架空线路的施工准备、架空线路架设进行了分析研究；另外对配管、室内配电装置和电气设备的安装、低压与高压设备施工做了一定的介绍；还剖析了电力工程项目管理规划、管理组织、电力工程施工项目管理、电力工程施工造价与精细化管理、电力工程合同与信息管理以及电力工程竣工验收管理等内容；旨在摸索出一条适合现代电力工程施工技术与管理的科学道路，帮助其工作者在施工与管理中少走弯路，运用科学方法，提高施工与管理效率。对电力工程施工技术与管理研究有一定的借鉴意义。

在本书的策划和写作过程中，曾参阅了国内外有关的大量文献和资料，从其中得到启示；同时也得到了有关领导、同事及朋友的大力支持与帮助。在此致以衷心的感谢。本书由甘肃建投河西建设管理有限公司李彦阳同志与甘肃省安装建设集团公司武飞同志合著，其中李彦阳负责撰写第一章至第四章的内容（共计12万字），武飞负责撰写第五章至第八章的内容（共计12万字）。本书的选材和写作还有一些不尽如人意的地方，加上编者学识水平和时间所限，书中难免存在缺点，敬请同行专家及读者指正，以便进一步完善提高。

目 录

第一章 架空线路的施工

第一节 架空线路的构成

一、架空线路的构成及优缺点

(一)架空线路的组成

架空线路主要由杆塔、导线、绝缘子、横担、金具、避雷线、拉线等主要元件组成。

①杆塔的作用是支持导线和避雷线，并使导线与导线间、导线与杆塔间、导线与大地间保持规定的距离；②导线的作用是传导电流、输送电能；③绝缘子的作用是支持和固定导线，并保持导线与杆塔间的良好绝缘；④横担的作用是固定绝缘子，并使其保持一定的距离；⑤金具的作用是连接导线或避雷线，将导线固定在绝缘子上，以及将绝缘子固定在杆塔上；⑥避雷线的作用是将雷电流引入大地，以保护线路的电气设备免遭雷击；⑦拉线的作用是为了平衡杆塔各方向的张力，防止杆塔出现弯曲或倾覆。

(二)术语

①挡距：架空线路两相邻杆塔间的水平距离。②弧垂（弛垂或弛度）：悬挂在两杆塔之间的导线形成一条悬链曲线，在挡距中，导线悬链曲线上任意一点至悬挂点水平线的垂直距离，称为该点的弧垂。弧垂过大容易造成相间短路及其对地安全距离不够；弧垂过小，导线承受的拉力过大而可能被拉断，或致使横担扭曲变形。③安全距离（限距）：在挡距中，导线最低点到地面（或水面），或导线悬链曲线上任意一点到其他目标物的最小垂直距离。限距是架空线路安全运行的依据，当架空线路的电压等级确定之后，限距的规定值也就被确定下来。④耐张段：两耐张杆塔之间的距离称为耐张段，一般 1～2km 设置一个耐张段，耐张杆将全线路分成若干个耐张段，这样，当线路发生断线故障时所

产生的很大不平衡拉力，由耐张杆承受，因而使断线故障的影响范围限制在该断线点的耐张段内。另外，耐张段也便于线路的施工和检修。

线路挡距的大小，取决于技术和经济要求。当线路的挡距缩小时，可减小弧垂，因而降低杆塔高度，但挡距减小时杆数增加了，线路的造价也就增加了；当线路的挡距增大时，弧垂必然增大，这将使杆塔增高，也导致线路的造价增加。所以挡距的大小选择要进行经济以及技术比较来确定。

（三）架空配电线路的优点缺点

1. 优点

①结构简单、架设方便、工期短、投资少；②电压高、输电容量大；③散热条件好；④维护方便。

2. 缺点

①网络复杂和集中的地段，架设困难，在人口稠密的城市架设影响市容，不美观、不安全；②工作条件差，受自然条件（如冰、风、雪、温度、雷电侵袭、化学腐蚀等）影响大。

二、杆塔和基础

（一）杆塔所受的荷载和杆塔的类型

杆塔按其在架空线路中的用途可分为直线杆、耐张杆、转角杆、终端杆、分支杆、跨跃杆和换位杆等。

①直线杆用在线路的直线段上，以支持导线、绝缘子、金具等的重量，并能够承受导线的重量和水平风力荷载，但不能承受线路方向的导线张力，它的导线用线夹和悬式绝缘子串挂在横担下或用针式绝缘子固定在横担上。②耐张杆主要承受导线或架空地线的水平张力，同时将线路分隔成若干耐张段（耐张段长度一般不超过 2 km），以便于线路的施工和检修，并可在事故情况下限制倒杆断线范围，它的导线用耐张线夹和耐张绝缘子串或用蝶式绝缘子串固定在电杆上，电杆两边的导线用弓子线连起来。③转角杆用在需要改变线路方向的转角处，正常情况下除承受导线等垂直载荷和角平分线方向的水平风力荷载外，还要承受内角平分线方向导线全部拉力的合力，在事故情况下还要能承受线路方向导线的重量。它有直线型和耐张型两种型式，具体采用哪种型式可根据转角的大小及导线截面的大小来确定。④分支（岐）杆用在分支线路与主配线路的分支处，在主干线方向上它可以是直线杆或耐张杆，在分支方向上时则需用耐张杆，分支杆除承受直线杆所承受的载荷外，还要承受分支导线等垂直荷重、水平风力荷重和分支方向导线全部拉力。⑤终端杆用在线路首末两端处，是耐张杆的一种，正常情况下除承受导线的重量

和水平风力荷载外,还要承受顺线路方向导线全部拉力的合力。⑥跨越杆用在跨越公路、铁路、河流和其他电力线等大跨越的地方,为保证导线具有必要的悬挂高度,一般要加高电杆。⑦换位杆是在线路较长时,为减少电力系统中的不对称电流和电压,在线路中间需要变换导线的相序,将导线相序变换位置的杆塔称为换位杆。

杆塔按其所用材料不同可分为钢筋混凝土电杆、铁塔、钢管电杆和木杆等。钢筋混凝土电杆是配电线路中应用最为广泛的一种电杆,它由钢筋混凝土浇筑而成,具有造价低、使用寿命长、美观、施工方便、维护量小等优点。铁塔和钢管电杆根据结构可分为组装式铁塔和预制式钢管,其中组装式铁塔由各种角铁组装而成,应采用热镀锌防腐处理,组装费时。预制式钢管塔多为插接式钢管电杆,采用钢管预制而成,安装方便。但比较笨重,给运输和施工带来不便,木杆在配电线路中已较少采用。

(二)钢筋混凝土电杆

1. 钢筋混凝土电杆的优点

①取材方便,制造简单;②经久耐用,一般可用50～100年;③节省钢材,水泥杆都是坏形截面预应力钢筋混凝土杆,既提高电杆的机械强度,又节省钢材;④维护容易,运行费用低。

2. 钢筋混凝土电杆的结构

钢筋混凝土电杆按其制造工艺可分为普通钢筋混凝土电杆和预应力钢筋混凝土电杆两种,按照杆的形状又可分为等径杆和锥形杆(又称拔梢杆)。锥形杆的拔梢度(斜度)均为1：75,每米间直径相差13.3mm,其规格型号由高度、梢径、抗弯级别组成。

混凝土抗压强度比抗拉强度大得多,当电杆受力弯曲时,电杆一侧受压而另一侧受拉,尽管主要由钢筋承受,但混凝土与钢筋一起伸长,这时混凝土的最外层受到拉力作用而产生裂缝。电杆存在裂缝时,由于雨水的侵入,将使钢筋锈蚀,从而缩短电杆的使用寿命。根据规定钢筋混凝土电杆出现纵向裂缝时不允许使用,而出现横向裂缝时,当裂缝宽度为1.0mm时严禁使用。为防止在使用中产生裂缝,最好的方法就是在电杆浇制前,将钢筋施行预拉,使钢筋发生弹性伸长。浇制后去除外加力,使混凝土在承载前就受到一个预压应力,当电杆承载时,受拉侧所受的拉力与此预压应力部分抵消而不至于产生裂缝。这种电杆称为预应力钢筋混凝土电杆。

钢筋混凝土电杆的构造断面一般为环形,对盘旋在主筋外的螺旋筋直径、螺距、布置有如下要求:①梢径小于或等于190mm的锥形杆,螺旋筋的直径采用3.0mm;梢径大于190mm的锥形杆螺旋筋直径采用4.0mm。②螺旋筋必须沿杆段全长布置在主筋外围,对梢径小于或等于150mm的杆段螺距不大于150mm;梢径等于或大于170mm的杆段,螺距不大于100mm。杆段无接头端的,螺旋筋应紧密缠绕3～5圈,且在端部500mm范围内应将螺距控制在50～60mm。③固定主筋用的架立圈间距不宜大于1m,并将架立圈与主筋扎结牢固。

3. 钢筋混凝土电杆的检验

钢筋混凝土电杆出厂检验的项目有:外观质量、抗裂检验、尺寸偏差、混凝土强度检验、裂缝宽度检验和标准弯矩下的挠度等。其外观和尺寸检验应符合以下要求:①外表面应光洁平直。②合缝处不应漏浆。③钢板圈或法兰盘与杆身接合处不应漏浆,电杆梢端和根端不应漏浆或碰伤。④预留孔周围的混凝土不应损伤。⑤对允许修补的电杆可采用环氧树脂膏,禁止使用混凝土沙浆修补。⑥内外表面不得漏筋,内表面混凝土不应有塌落。⑦钢板圈焊缝外内壁的混凝土端面与焊缝处的距离不得小于10mm。⑧外表面的环向裂缝宽度不得超过0.05mm,不得有纵向裂缝,网状裂纹、龟裂、水纹等除外。⑨电杆出厂前,顶端应用混凝土和沙浆封实。⑩电杆各部分的尺寸允许误差符合规定。

预应力钢筋混凝土电杆还应满足以下两点要求:①不应有环向和纵向裂纹,网状裂纹、龟裂、水纹除外。②杆长尺寸允许误差,整根杆不作规定,组装杆段为±10%。

4. 钢筋混凝土电杆的标志

钢筋混凝土电杆的标志有永久标志和临时标志两种。永久标志是将制造厂名或商标标记在电杆表面上,临时标志包括电杆类型、梢径、杆长、标准检验弯矩和制造年、月、日用油漆写在电杆表面上。

5. 钢筋混凝土电杆的保管与运输

(1)钢筋混凝土电杆的保管

电杆应按规格、型号分别堆放,堆放场地应平整夯实。当电杆长度小于12m时应采用两支点支撑堆放,杆长大于12m时采用三支点支撑堆放。当锥形杆梢径 φ≤270mm 和等径杆直径＜400mm 时,其堆放层数不超过6层;否则,不超过4层。电杆层与层间应用垫木隔开,每层垫木支撑点应在同一平面上,各层垫木位置应在同一垂直线上。

(2)钢筋混凝土电杆的运输

电杆在装卸运输时,必须捆绑牢固,防止电杆在车上滚动。在装车和堆放时,支撑点处应套上草圈或捆扎草绳,以防碰伤,同时电杆两侧均需加斜木,上下层支点要在同一垂直线上。电杆在运输装卸中严禁相互碰撞、急剧坠落和不正确的起吊,以防止产生裂纹或使原有的裂纹扩大。

(三)钢管电杆

钢管电杆由于其具有杆形美观、承受较大应力等优点,特别适用于狭窄道路、城市景观道路和无法安装拉线的地方架设。

(四)杆塔基础

将杆塔固定在地下部分的装置和杆塔埋入土壤中起固定作用的部分统称为杆塔的基础。杆塔的基础起着支撑杆塔全部荷载的作用，并保证杆塔在允许情况下不发生下沉或受外力作用时不发生倾倒或变形。杆塔基础包括电杆基础和铁塔基础。

1. 电杆基础

钢筋混凝土电杆基础一般采用底盘、卡盘和拉线盘，统称"三盘"。底盘的作用是承受混凝土电杆的垂直下压荷载，以防止电杆下沉；卡盘是当电杆所需承担的倾覆力较大时，增加抵抗电杆倾倒的力量；拉线盘依靠自身重量和填土方的总合力来承受拉线的上拔力，以保持杆塔的平衡。三盘一般采用钢筋混凝土预制件或天然石材制造，在现场组装，预制的混凝土强度不应低于C20，表面应平整不应有明显缺陷，并保证构件间、构件与铁件间、螺栓之间的连接安装。

2. 铁塔基础

铁塔基础有混凝土基础和钢筋混凝土普通浇制基础、预制钢筋混凝土基础、金属基础和灌注式基础。

三、导线

(一)常用裸导线

1. 导线的材料

架空线路的导线工作在大气中，它受到各种气象条件和环境条件的影响，因此对导线的材料有以下的要求：①导电性能好，以减小线路的功率损耗、电能损耗和电压损耗。②机械性能好，即抗拉强度高，具有一定的弹性和柔性，不易折断等。③耐化学腐蚀性能好，以适应不同污秽环境下使用。④重量轻、性能稳定、经久耐用、价格低廉。

铜的导电性最好，机械强度大，耐化学腐蚀性能最好，是理想的导线材料。但铜的蕴藏量相对较少，且用途极广，仅在特殊地区为抵抗空气中化学杂质而用铜导线外，一般不采用铜导线。

铝的导电性能比铜稍差，当输送相同的功率且保持同样大小的功率损耗时，铝线的导线截面为铜线导线截面的1.6～1.65倍，但铝的密度小，总重量比铜轻，此外我国铝产量较大，价格较便宜，所以一般电力线路均采用铝导线。铝导线的主要缺点是机械强度低，表面极易氧化，不易焊接，抗化学腐蚀能力差等。

铝合金可以克服铝导线的主要缺点。铝合金导线的导电性能与铝导线相近，而机械强度则与铜导线相当，抗化学腐蚀能力也较强，重量也较轻，但价格较昂贵。

钢导线的导电性能是几种导线材料中最差的一种，但它的机械强度却是最高的，而且价格最便宜，因此在输电容量较小的线路或跨越河流、山谷等需要大张力的挡距常被采用。为防止锈蚀，常采用表面镀锌的镀锌钢导线。

2. 导线的结构型式

（1）单股线

单根实心金属线，一般只有铜线和钢线为单股线，而铝导线的机械强度差，不能作为单股导线在架空线路中使用。

（2）单金属多股绞线

分别由铜、铝、钢或铝合金一种金属的多根单股线绞制而成，一般由7股、19股或37股相互扭绞制成多层绞线，相邻两层扭绞方向相反扭制而成。

（3）复合金属多股绞线

由两种金属的单绞线绞制或由两种金属制成复合单股线绞制多股线。前者如钢芯铝绞线、钢铝混绞线等，后者如铜包钢绞线等。

多股绞线比单股线具有下述优点：①多股绞线比单股线机械强度高；②多股绞线比单股线柔性和弹性好，施工方便；③多股绞线比单股线耐振动性强。

因此，架空电力线路多采用多股线。

架空导线的型号，按国家规定一般由三部分表示，第一部分是表示导线的材料，第二部分表示结构特征，第三部分阿拉伯数字表示导线标称截面。常用符号的意义如下：T—铜线；L—铝线；G—钢芯；J—绞制；Q—轻型；F—防腐；R—柔软；Y—硬。

3. 钢芯铝绞线

钢芯铝绞线是充分利用钢绞线的机械强度高和铝线的导电性能好的特点，把这两种金属导线结合起来而形成。其结构特点是外部几层铝绞线包裹着内芯的1股或7股钢丝或钢绞线，使得钢芯不受大气中有害气体的侵蚀。钢芯铝绞线由钢芯承担主要的机械应力，而由铝线承担输送电能的任务，而且因铝绞线分布在导线的外层可减小交流电流产生的集肤效应，提高铝绞线的利用率。

4. 导线直径和截面的计算

（1）导线直径的计算。

单股线及绞线的外径可用游标卡尺等测出。绞线外径也称计算直径，若绞线中每股线径相同时，其计算直径D可按下式计算：

$$D = (2n+1)d$$

式中：n—线股层数；

d—每股直径。

（2）导线截面的计算。

单股导线的截面积S按下式计算：

$$S = 0.785D^2$$

绞线的截面积S为各小股截面积之和，按下式进行计算。

$$S = 0.785nd^2$$

式中：D—导线直径，mm；

d—绞线的每股直径，mm；

n—绞线的股数。

计算钢芯铝绞线的截面应先算出钢线和铝线的截面，然后两者相加即为钢芯铝绞线的截面。算出的截面称为导线的计算截面，例如 LJ-50 型导线的股数为7，每股直径为 3.0mm，按式计算出截面为49.46mm^2，取整数为50mm^2，称为标称截面。导线截面都用标称截面表。

5. 导线的排列方式

导线在杆塔上的排列方式与杆塔的结构形式、电气回路数有关，其排列方式可分为单回路排列和双回路排列两种。单回路排列有水平排列和三角形排列；双回路排列有平行形排列、正伞形、倒伞形排列和鼓形排列。以上各种排列方式，基本上归纳为垂直排列和水平排列两大类。导线排列究竟以何种方式为好，主要看线路安全运行是否可靠，带电作业和维护是否方便，是否能减轻杆塔结构。运行经验表明：水平排列方式的可靠性较垂直排列好，特别是重雷区，重冰区和电晕严重地区效果更突出。一般来说，对于重雷区、重冰区的单回路线路，导线应采用水平排列；对于其余地区可结合线路具体情况，采用水平或三角形排列。从经济观点出发，电压在220 kV及以下，导线规格不太大的单回路，以采用三角形排列较为经济。双回路线路，宜采用鼓形排列，便于施工检修。

（二）绝缘导线

架空绝缘配电线路适用于城市人口密集地区，线路走廊狭窄，架设裸导线线路与建筑物的间距不能满足安全要求的地区，以及风景绿化区、林带区和污秽严重的地区等。随着城市的发展，实施架空配电线路绝缘化是配电网发展的必然趋势。

1. 绝缘导线分类

架空配电线路绝缘导线按电压等级可分为中压绝缘导线、低压绝缘导线；按架设方式可分为分相架设、集束架设；绝缘导线的类型有中、低压单芯绝缘导线、低压集束型绝缘导线、中压集束型半导体屏蔽绝缘导线、中压集束型金属屏蔽绝缘导线等。

2. 绝缘材料

目前户外绝缘导线所采用的绝缘材料一般为黑色耐氧化型的交联聚乙烯、聚乙烯、高密度聚乙烯、聚氯乙烯等。这些绝缘材料一般具有较好的电气性能、抗老化及耐磨性能等，暴露在户外的材料填有1%左右的炭黑，以防日光老化。

四、绝缘子

(一)绝缘子的类型

架空电力线路的导线，是利用绝缘子和金具连接固定在杆塔上的。用于导线与杆塔绝缘的绝缘子，在运行中不但要承受工作电压的作用，还要受到过电压的作用，同时承受机械力的作用及气温变化和周围环境的影响，所以绝缘子必须有良好的绝缘性能、一定的机械强度以及足够的抗御化学杂质的侵蚀能力。通常，绝缘子的表面做成波纹形的。这是因为：一是可以增加绝缘子的泄漏距离（又称爬电距离），同时每个波纹又能起到阻断电弧的作用；二是当下雨时，从绝缘子上流下的污水不会直接从绝缘子上部流到下部，避免形成污水柱造成短路事故，起到阻断污水流的作用；三是当空气中的污秽物落到绝缘子上时，由于绝缘子波纹的凹凸不平，污秽物质将不能均匀地附在绝缘子上，在一定程度上提高了绝缘子的抗染能力。

1. 绝缘子按照材质分类

绝缘子按照材质分为瓷绝缘子、玻璃绝缘子和合成绝缘子三种。

（1）瓷绝缘子

瓷绝缘子具有良好的绝缘性能、抗气候变化的性能、耐热性和组装灵活等优点，被广泛用于各种电压等级的线路。金属附件连接方式分为球形和槽形两种。在球形连接构件中用弹簧锁子锁紧；在槽形结构中用销钉加开口销锁紧。瓷绝缘子是属于可击穿的绝缘子。

（2）玻璃绝缘子

用钢化玻璃制成，具有产品尺寸小、质量轻、机电强度高、电容大、热稳定性好、老化较慢、寿命长、"零值自破"、维护方便等特点。玻璃绝缘子主要是由于自破而报废，一般多在运行一年后发生，而瓷绝缘子的缺陷是要在运行几年后才开始出现。

（3）合成绝缘子

又名复合绝缘子，它是由棒芯、伞盘及金属端头三个部分组成。①棒芯：一般由环氧玻璃纤维棒玻璃钢棒制成，抗张强度很高。棒芯是合成绝缘子机械负荷的承载部件，同时又是内绝缘的主要部件。②伞盘：以高分子聚合物如聚四氯乙烯、硅橡胶等为基本添加其他成分，经特殊工艺制成。伞盘表面为外绝缘给绝缘子提供所需要的爬电距离。③金属头：用于导线杆塔与合成绝缘子的连接，根据负荷重量的大小采用可锻铸铁、球墨铸铁或钢等材料制造而成。为使棒芯与伞盘间结合紧密，在它们之间加一层黏接剂和橡胶护套。合成绝缘子具有抗污闪性强、强度大、质量轻、抗老化性好、体积小等优点。但合成绝缘子承受的径向（垂直于中心线）应力小，因此，使用于耐张杆的绝缘子严禁踩踏，或任何形式的径向荷重，否则将导致折断。运行数年后还会出现伞裙变硬、变脆的现象，或者容易引起老鼠等动物咬噬而导致损坏。

2. 架空配电线路常用绝缘子

架空配电线路常用的绝缘子有针式瓷绝缘子、柱式瓷绝缘子、蝴蝶式瓷绝缘子（又称茶台瓷瓶）、棒式瓷绝缘子、拉线瓷绝缘子、瓷横担绝缘子等。低压线路用的低压瓷瓶有针式和蝴蝶式两种。

（1）针式绝缘子

针式绝缘子主要用于直线杆和角度较小的转角杆支持导线，分为高压、低压两种。针式绝缘子的支持钢脚用混凝土浇装在瓷件内，形成"瓷包铁"内浇装结构。

（2）柱式绝缘子

柱式瓷绝缘子的用途与针式瓷绝缘子基本相同。柱式瓷绝缘子的绝缘瓷件浇装在底座铁靴内，形成"铁包瓷"外浇装结构。但采用柱式瓷绝缘子时，架设直线杆导线转角不能过大，侧向力不能超过柱式绝缘子允许抗弯强度。

（3）悬式瓷绝缘子

悬式瓷绝缘子俗称吊瓶，主要用于架空配电线路耐张杆，一般低压线路采用一片悬式绝缘子悬挂导线。10 kV 线路采用两片绝缘子串悬挂导线组成。悬式瓷绝缘子金属附件的连接方式分球窝形和槽形两种。

（4）蝴蝶式瓷绝缘子

蝴蝶式瓷绝缘子俗称茶台瓷瓶，分为中压、低压两种。在10 kV 线路上蝴蝶瓷式绝缘子与悬式瓷绝缘子组成"茶吊"，用于小截面导线耐张杆、终端杆或分支杆等；或在低压线路上，作为直线或耐张绝缘子。

（5）棒式瓷绝缘子

棒式瓷绝缘子又称瓷拉棒，是一端或两端浇装钢帽的实心瓷体，或纯瓷拉棒。

（6）拉线瓷绝缘子

拉线瓷绝缘子又称拉线圆瓶，一般用于架空配电线路的终端、转角杆等穿越导线的拉线上,使上部拉线与下部拉线绝缘。

(7)瓷横担绝缘子

瓷横担绝缘子是一端浇装金属附件的实心瓷件,一般用于10kV线路直线杆。

3. 术语

(1)闪络

是指气体或者液体中的电极间或者沿固体表面发生的破坏性放电。闪络通常只能引起绝缘介质强度的暂时丧失。

(2)破坏性放电

通常是指在电场作用下与绝缘破坏有关的各种现象,它包括由于放电而导致试品两极的完全短路和电极间电压降至零或接近于零。

(3)击穿

是指贯穿固体发生破坏性放电,击穿导致了绝缘的介质强度永久丧失。

(4)机械破坏负荷

它是绝缘子在机械负荷作用下任何一部分丧失机械支持能力而不论是否被电气击穿的负荷。

(5)机电破坏负荷

它是指当电压和机械负荷同时加于其上,在电压一定机械厂负荷升高时,绝缘子的任何一部分丧失其机械或电气性能的机械负荷值。

(二)绝缘子检验

1. 出厂检验

出厂绝缘子应逐个进行外观质量、尺寸偏差检查。此外,进行逐个试验还应包含:高压绝缘子工频火花电压试验,悬式绝缘子拉伸负荷试验,瓷横担绝缘子单向弯曲负荷试验,柱式绝缘子四向弯曲耐受负荷试验。试验负荷为(机电)破坏负荷的50%

2. 现场检验

绝缘子经过长途运输后其质量必定会受到影响,应在发运施工现场前每批抽取5%的数量进行工频耐压试验,试验值大约为制造厂规定的闪络电压值或耐受电压的90%,持续1min不损坏。

3. 绝缘子的技术质量要求

绝缘子的质量应符合现行国家标准GB 1001—1986《盘形悬式绝缘子技术条件》的规定。

瓷件颜色必须符合设计要求,瓷件釉面应光滑、无裂纹、缺釉、斑点、烧痕、气泡或瓷釉烧坏等缺陷。

绝缘子及瓷横担绝缘子应进行外观检查，且应符合下列规定：①悬式绝缘子的钢帽、球头与瓷件三者的轴心应在同一直线上，不应有明显的歪斜，三者的胶装结合应牢固，不应有松动，浇结的水泥表面应无裂纹；②钢帽不得有裂纹、球头不得有裂纹和弯曲，镀锌应良好，无锌皮剥落、锈蚀现象；③悬式绝缘子的弹簧销子规格必须符合设计要求，销子表面应无生锈、裂纹等缺陷，并具有一定的弹性；④在起晕电压要求较高的绝缘子及其包装上，均应有制造厂家的特殊标志；⑤钢化玻璃件上不应有影响性能的折痕、气泡、杂质等缺陷。

五、金具

（一）常用金具

在架空配电线路中，用于连接、紧固导线的金属器具，具备导电、承载、固定的金属构件，统称为金具。金具按其性能和用途可分为悬吊金具（悬垂线夹）、耐张金具（耐张线夹）、接触金具（设备线夹）、接续金具、防护金具和连接金具。

1. 悬垂线夹

悬垂线夹装设在使用悬式绝缘子串的直线杆塔上，将导线固定在绝缘子串上或将避雷线固定在杆塔上。悬垂线夹分为固定型和释放型两种。固定型线夹使导线在线夹中固定得很牢固，导线在任何情况下都不可以在线夹中自由滑动。释放型线夹在正常情况下和固定型线夹一样夹紧导线，但当发生断线时，由于线夹两侧导线张力不平衡，使绝缘子串产生偏斜，当偏斜至某一特定角度时（一般为35°±5°），导线即连同线夹的船形部件从线夹的挂架中脱落，导线在挂架下部的滑轮中顺线路方向滑落到地面，从而减轻直线杆塔在断线情况下所承受的不平衡张力。释放型线夹不适用于居民区或线路跨越铁路、公路、河流及检修困难的地区，使用受到很大的限制。

2. 耐张线夹

耐张线夹的用途是把导线固定在耐张、转角、终端杆的悬式绝缘子串上，按其结构和安装条件可分为楔型、螺栓型等。

开口楔型耐张线夹，安装导线时较为便利，适用于绝缘导线剥除绝缘层后安装，并外加绝缘罩。

螺栓型耐张线夹的本体和压板由可锻铸铁制造，由于其价格较低，被广泛应用，适用于线路终端或电流不流经线夹的场合。

拉线楔型耐张线夹、拉线楔型UT耐张线夹，这两种线夹主要用于安装拉线、避雷线。

3. 设备线夹

①压缩型设备端子。压缩型设备端子一般采用液压施工,应有良好的电气接触性能,适用于永久性接续,适用导线为常规导线。②螺栓型铜铝设备线夹。③抱杆式设备线夹。该线夹用于变压器二次出线螺杆或柱上开关螺杆转接导线,该线夹可锁紧螺杆,防止线夹发热。

4. 接续金具

为将有限长度导线和避雷线连接起来,必须使用接续金具。导线接续金具按承力可分为非承力金具和承力金具两类。按施工方法又可分为液压、钳压、螺栓接续等。接续方法还可分为对接、搭接、插接、螺接等。

(1)承力接续金具

①钢芯铝绞线用钳压接续管(搭接)。钳压时从接续管一端依次交替顺序钳压至另一端。②铝绞线液压对接接续管。以液压方法接续导线。③钢芯铝绞线液压对接接续管,接续管由钢管和铝管组成。

(2)非承力接续金具

①接续弹射C型楔型线夹:C型线夹的弹性可使导线与楔块间产生恒定压力,保证电气接触良好。一般采用铝合金制造,可用于铝绞线的接续。②接续液压H型线夹。用作永久性接续等径或不等径的铝绞线的接续,接触面预先进行金属过渡处理。安装时使用液压机及专用配套模具,压缩成椭圆形。③铝绞线、钢芯铝绞线用铝异径并沟线夹。适用于中小截面的铝绞线、钢芯铝绞线在不承受全张力的位置上接续。线夹、压板、垫瓦均采用热挤压型材制成,紧固螺栓、弹簧垫圈应热镀锌。④接户线过渡线夹,适用于线路为铝绞线、接户线为小截面铜绞线的场所。⑤穿刺线夹,线夹适用于绝缘导线采用带电作业施工,并有利于绝缘防护。

5. 连接金具

连接金具主要用于耐张线夹、悬式绝缘子、横担之间的连接。与槽形悬式绝缘子配套的连接金具可由U形挂板、平行挂板等组合;与球窝型悬式绝缘子配套的连接金具可由直角挂板、球头挂环、碗头挂板等组合。

①平行挂板。用于连接槽形悬式绝缘子,以及单板与单板、单板与双板的连接,仅能改变组件长度,而不改变连接方向。②U形挂环。主要用于与楔形线夹配套。③球头挂环。球头挂环的钢脚侧用来与球窝形悬式绝缘子上端钢帽连接,球头挂环侧根据使用条件分为圆环接触和螺栓平面接触两种。④碗头挂板。碗头侧用来连接球窝形悬式绝缘子下端的钢脚,挂板侧一般用来连接耐张线夹等。

6. 防护金具

主要有防震锤、护线条、悬重锤等，分别起到导线防震、克服上拔力的作用。

①防震锤的种类很多，最长用的 F 形防震锤是由一短段钢线两端各装一重锤组成。当导线振动时，两重锤也上下振动，由于惯性较大，钢绞线不断上下弯曲，重锤的阻尼作用消耗了振动能量。②护线条。护线条是为了防止架空线悬挂点处因振动损坏而安装的，可使架空导线在线夹附近的刚度加大，从而抑制架空线的振动弯曲，减小导线的弯曲应力及挤压应力和磨损，提高导线的耐振动能力。③悬重锤。它是为了克服导线存在上拔力的保护措施之一。挡距中导线最低点的位置处在实际挡距之外时，架空导线出现上拔力。若相邻两挡距的架空导线均出现上拔力，两挡距向上的垂直分力相加，这样的情况最为严重。上拔力可使绝缘子串吊起、横担受力、甚至杆塔被拔起。导线轻度上拔时，可在悬式绝缘子串下加挂重锤来克服。

（二）金具检验

1. 性能要求

①承受全张力的线夹的握力应不小于导线理论拉断力的65%。②承受电气负荷的金具，接触两端之间的电阻不应大于导线电阻值的1.1倍，接触的温升不应大于导线温升，其载流量不应小于导线载流量。③连接金具的螺栓最小直径不小于12 mm，线夹整体强度应不小于导线计算拉力的1.2倍。④以螺栓紧固的各种线夹，其螺栓的长度除确保紧固所需长度外，应有一定裕度，以在不分离部件的条件下即可安装。

2. 金具检查要求

①线夹、压板、线槽和喇叭口不应有毛刺、锌刺等，各种线夹或接续管的导线出口应有一定圆角或喇叭口。②金具表面应无气孔、渣眼、沙眼、裂纹等缺陷，耐张线夹、接续线夹的引流板表面应光洁、平整，无凹凸缺陷，接触面应紧密。③金具表面的镀锌层不得剥落、漏镀和锈蚀，以保证金具的使用寿命。④金具的焊缝应牢固无裂纹、气孔、夹渣，咬边深度不应大于1.0 mm，以保证金具的机械强度。⑤各活动部位应灵活，无卡阻现象。⑥作为导电体的金具，应在电气接触表面上涂电力脂，需用塑料袋密封包装。⑦电力金具应有清晰的永久标志，含型号、厂标及适用的导线截面或外径等。

六、横担

横担用于支持绝缘子、导线及柱上配电设备，保护导线间有足够的安全距离，因此横担要有一定的强度和长度。横担按材质的不同可分为铁横担、木横担和瓷横担三种。

（一）铁横担

铁横担一般采用等边角铁制成，要求热镀锌，锌层推荐不小于 60 pm，因其为型钢，造价较低并便于加工，所以使用最为广泛。

1. 常用铁横担规格

10 kV 架空线路上常用铁横担规格为：56mm×56mm×5mm 及 63mm×63mm×6mm 的角钢，在需要架设大跨越线路、双回线路或安装较重的开关时，可采用 75mm×75mm×8mm 等规格角钢。

2. 横担分类

根据受力情况横担可分为直线型、耐张型和终端型等。直线横担只承受正常情况垂直荷载和检修人员及其所带工具的活动荷载。耐张横担既承受垂直荷载又承受导线的水平荷载，终端横担主要承受导线的最大允许拉力。终端横担根据导线的截面，一般应为双横担，当架设大截面导线或大跨越挡距时、双横担平面间应加斜撑板（角）。

3. 横担安装

单横担的安装：单横担在架空线路上应用最广，一般的直线杆、分支杆、轻型转角杆和终端杆都用单横担。安装时，用 U 形抱箍从电杆背部抱过杆身，穿过 M 形抱铁和横担的两孔，用螺母拧紧固定。螺栓拧紧后，外露长度不应大于 30 mm。

双横担的安装：双横担又称合担，一般用于耐张杆，重型终端杆和转角杆等受力较大的杆型上。

4. 铁横担材料检验

①用于制造横担等的原材料，应附带出厂合格证书。②生产厂应提供同一类型横担符合有关规定的受力检验报告。③尺寸检验，长度误差小于 ±5mm，安装孔距误差小于 ±2mm。④热镀锌检验，锌层厚度应符合要求，均匀、不得有漏镀、黄点、锌刺、锌渣等。

（二）瓷横担

瓷横担可代替铁横担、木横担以及针式绝缘子、悬式绝缘子作为绝缘和固定导线用，其优点是能节省钢材或木材，在相同条件下使用，瓷横担可降低线路造价。

第二节 架空线路的施工准备

一、选线与定位

架空线路在地面上所经过的地带叫路线或路径，选择线路的路径叫选线或定线，确定杆塔位置叫定位。线路路径的走向选择对线路是否经济合理至关重要。选线和定位不仅要考虑施工的经济性，还要考虑到后来的运行与检修经济性和便利性，如考虑交通、运输、跨越、线损、巡线、城乡规划、规避危险地带等各方面因素。所以选线是一个较为复杂的问题。

选线和定位的原则是：①线路的起点与终点之间的距离尽量短，要求线路转角最少，并力求线路转角最小。②要便于施工维护，尽量避免架设在通行困难的山区或沼泽地区。在能够满足与通信线路交叉或接近的条件下最好能靠近公路。③尽量避免跨越房屋，最好绕过居民区。④尽量避免通过果园等经济作物区和其他森林植物区。⑤不允许线路通过易燃易爆危险品堆放区。⑥尽可能避免与其他线路、道路、铁路、河流交叉跨越。⑦杆塔位置要尽量避免在河道、河道边、稻田、泥沼地、流沙区等，避免基础不牢固造成施工成本增加和给后来检修带来困难。⑧应与城镇整体规划、土地、河道整治规划相合。

二、架空线路施工的工艺流程

架空线路施工一般可分为准备工作、施工安装、启动验收三个阶段。

（一）准备工作

1. 现场调查

施工前对线路沿线进行现场调查非常重要。

（1）沿线自然条件的调查。

①沿线各桩位的地形、地貌、地质、地下水的调查，确定各桩位能否利用机械化施工，确定设计选定的杆位、塔位是否适合施工。②了解沿线气候情况，确定有无雨季积水、洪水和山洪等情况，对运输及施工有无影响。

（2）沿线交叉跨越及障碍物的调查。

①了解沿线被跨河流的情况。②了解沿线被跨公路、铁路的情况。③了解沿线被跨电力线、通信线的情况。④了解沿线被跨房屋、树木及其他障碍物的情况。

（3）运输道路、桥梁情况的调查。

①了解沿线各桩位运输道路、距离等情况。②了解沿线河流、桥梁、码头等情况。

2. 复测分坑

根据设计提供的杆塔明细表、线路平断面图，对设计终勘定线、转角、高差、杆位进行复测在此基础上，按基础施工图进行分坑测量：分坑时要定出主桩、辅助桩，在地面上标出挖坑范围，并严格核对基础根开尺寸。

3. 备料加工

输电线路的设备主要有导线、避雷线、绝缘子和金具等，物资部门应根据技术部门编制的设备、材料清册进行订货，明确质量要求、交货期限和到货地点。

输电线路材料有部分要自行安排加工或委托地方加工的，如基础钢筋、地脚螺栓、铁塔、混凝土电杆及铁件（如横担、抱箍等），这个工作要根据工期提前进行，确保施工需要。

（二）施工安装

1. 基础施工及接地埋设

按设计提供的杆塔明细表、杆塔基础配制表、杆塔基础施工图，并按复测分坑放样的位置进行基坑开挖、基础施工，由于杆塔基础的形式很多，所以施工方法和顺序各不相同。但基础都是隐蔽工程，必须严格按质量标准进行验收，并做好记录。接地装置一般随基础工程同时埋设，或基础工程结束后随即埋设接地装置。

2. 杆塔组立接地安装

杆塔工程一般包括立杆和立塔两部分。杆塔组立后就可将接地装置引出线与杆塔相连接。

3. 导地线架设及附件安装

架线包括导地线的展放、紧线、附件安装等内容。放线前要清理通道，处理交叉跨越等工作，放线时可采用拖地放线，也可采用张力放线，然后进行紧线、附件安装等作业。

（三）启动验收

1. 质量总检

这是施工单位在完工后进行的一道严格的自我检查。工程处根据施工收尾和项目验收情况向公司申请竣工验收，同时提供全部质量检查记录，公司组织有关部门人员做统一的、全面的质量检查。

2. 启动试验

在质量总检中存在的问题全部处理后，进行绝缘测量和线路常数测试。在经启动委员会领导批准下，进行72小时试送电。

3. 投产送电

线路经72小时试运行良好就可以投产送电，投产前须移交全部工程记录和竣工图。

在施工中，为保证施工人员安全和设备安全，施工人员应该认真执行安全规程，严格按照作业标准进行施工。施工中应遵守施工组织纪律，做到分工明确，一切行动听指挥；遵守劳动纪律，做到坚守岗位，精神集中，尽心尽责完成本岗位工作；遵守技术纪律，坚持按规程操作，坚持按技术规范、技术措施施工。电力施工企业在执行《电力建设安全工作规程（架空电力线路部分）》的同时，在安全管理上应认真执行《电力建设安全健康与环境管理工作规定》。

三、测量工具

在电力架空输电线路的施工中，为确保施工质量和电力线路的安全运行，要进行多方面的测量工作，主要如下所述：①杆塔主杆基础分坑测量：把杆塔基础坑的位置测定，并钉立木桩作为开挖基础的依据。②拉线基础分坑测量：把杆塔拉线基础坑的位置测定，并钉立木桩作为拉线基础开挖依据。③基础的操平找正和检查：开挖后的基础坑质量，是基坑能否进行基础施工的关键。为了确保各类型基础是建筑在指定的杆塔位置上，必须以杆塔中心桩为依据，对基坑进行质量检查、对施工中的基础进行操平找正。④杆塔检查：对杆塔的组立质量及杆塔本身结构进行检查，保障输送电力能量的支柱安全，确保电力线路安全运行。⑤弧垂观测和检查：线路设计中，通过严格计算的弧垂值，既可保证对地、对被跨越物有充足的安全距离，又可保证线路应力在许可范围内。施工时，根据设计的弧垂值，计算出观测弧垂并进行严格观测和检查，才能确保施工质量及保证线路安全运行。

在施工测量中，我们常用的测量工具主要有水准仪、经纬仪。另外，全站仪、全球定位系统（GPS）也逐渐应用于施工测量中。

四、常用电工工具

电工工具是电气操作的基本工具，电气操作人员必须掌握电工常用工具的结构、性能和正确的使用方法。

常用电工工具大致可分为三类：①通用电工工具：指电工随时都可以使用的常备工

具。②线路装修工具：指电力内外线装修必备的工具。③设备装修工具：指设备安装、拆卸、紧固及管线焊接加热的工具。

（一）通用工具

1. 验电器

它是用来判断电气设备或线路上有无电源存在的器具。分为低压和高压两种。

（1）低压验电器的使用方法

①使氖管小窗背光朝向自己，以便于观察。②为防止笔尖金属体触及人手，在螺钉旋具试验电笔的金属杆上，必须套上绝缘套管，仅留出刀口部分供测试需要。③验电笔不能受潮，不能随意拆装或受到严重振动。④应经常在带电体上试测，以检查是否完好。不可靠的验电笔不准使用。⑤检查时如果氖管内的金属丝单根发光，则是直流电；如果是两根都发光则是交流电。

（2）高压验电器的使用方法

①使用时应两人操作，其中一人操作，另一个人进行监护。②在户外时，必须在晴天的情况下使用。③进行验电操作的人员要戴上符合要求的绝缘手套，并且握法要正确。④使用前应在带电体上试测，以检查是否完好。不可靠的验电器不准使用高压验电器应每六个月进行一次耐压试验，以确保安全。

2. 尖嘴钳

尖嘴钳的头部尖细、适用于在狭小空间操作。主要用于切断截面较小的导线、金属丝、夹持小螺钉、垫圈，并可将导线端头弯曲成型。

3. 断线钳

断线钳又名斜口钳、偏嘴钳，专门用于剪断较粗的电线或其他金属丝，其柄部带有绝缘管套。

4. 螺钉旋具

螺钉旋具又名螺丝刀、旋凿或起子。按照其功能不同，头部开关可分为一字槽和十字槽。其握柄材料又分为木柄和塑料柄两类。

一字槽螺丝刀以柄部以外的刀体长度表示规格，单位为 mm，电工常用的有 100mm、150mm、300mm 等几种。

十字槽螺丝刀按其头部旋动螺钉规格的不同，分为四个型号：Ⅰ、Ⅱ、Ⅲ、Ⅳ号，分别用于旋动直径为 2～2.5mm、6～8mm、10～12mm 等的螺钉。其柄部以外刀体长度规格与一字形螺丝刀相同。

螺丝刀使用时，应按螺钉的规格选用合适的刀口，以小代大或以大代小均会损坏螺钉或电气元件。

5. 电工刀

电工刀在电气操作中主要用于剖削导线绝缘层、削制木排、切割木台缺口等。由于其刀柄处没有绝缘，不能用于带电操作。割削时刀口应朝外，以免伤手。剖削导线绝缘层时，刀面与导线成45°角倾斜切入，以免削伤线芯。

①使用时刀口应朝外进行操作，用完后应随即把刀身折入刀柄内。②电工刀的刀柄结构是没有绝缘的，不能在带电体上使用电工刀避免触电。③电工刀的刀口应在单面上磨出呈圆弧状的刃口。在剖削绝缘导线的绝缘层时，必须使圆弧状刀面贴在导线上进行切割，这样刀口就不易损伤线芯。

(二)线路装修工具

1. 钢锯

（1）锯弓

锯弓是用来张紧锯条的，锯弓分为固定式和可调式两类。

（2）锯条

锯条是用来直接锯削材料或工件的工具。一般由渗碳钢冷轧制成，也有用碳素工具钢或合金钢制造的。锯条的长度以两端装夹孔的中心距来表示，手锯常用的锯条长度为300mm、宽为12mm、厚0.8mm。

2. 手锤

手锤由锤头、木柄等组成。规格有0.25kg、0.5kg、1kg锤子。

3. 管子钳

用来拧紧或拧松电线管上的束节或管螺母，使用方法与活动扳手相同。

4. 墙孔錾

有圆棒錾、小扁錾、大扁錾和长錾四种。

（1）圆桦錾：用来装打混凝土结构的木榫孔。

（2）小扁錾：用来捶打砖墙上的木榫孔。

（3）大扁錾：用来装打角钢支架和撑架等的埋没孔穴：

（4）长錾：用来装打混凝土墙上通孔。

在使用墙孔錾时要不断转动錾身，并经常拔离建筑面，使孔内灰沙、石屑及时排出，避免錾身堵塞在建筑物内。

5. 剥线钳

用来剥离6mm^{2}以下的塑料或橡皮电线的绝缘层。钳头上有多个大小不同的切口，以适用于不同规格的导线。使用时导线必须放在稍大于线芯直径的切口上切剥，以免损伤线芯。

6. 射钉枪

射钉枪又称射钉工具枪或射钉器，是一种比较先进的安装工具。它利用火药爆炸产生的高压推力，将尾部带有螺纹或其他形状的射钉射入钢板、混凝土和砖墙内，起固定和悬挂作用。其操作分为装弹、击发、退弹壳三个步骤。

7. 手电钻

电钻主要由电动机、减速器、手柄、钻夹头或圆锥套筒及电源连接装置等部件组成，规格以最大钻孔直径表示。

8. 冲击钻

冲击钻的作用是在砌块和砖墙上冲打孔眼，其外形与手电钻相似，钻上有锤、钻调节开关，可分别当普通电钻和电锤使用。

它是一种电动工具，可以作"电钻"也可作"电锤"使用。使用时只需要调至相应的挡位即可。

①应在停转的情况下进行调速和调挡（"冲"和"锤"）。钻打墙孔时，应按孔径选配专用的冲击钻头。②钻打过程中，为了及时将土屑排除，应经常把钻头拔出；在钢筋建筑物上冲孔时，遇到坚硬物不应施加过大压力，避免钻头退火折断。

9. 电锤

用于混凝土、砖石等硬质建筑材料上的钻孔，规格以最大钻孔直径表示。

10. 绝缘棒

主要是用来闭合或断开高压隔离开关、跌落保险，棒由工作部分、绝缘部分和手柄部分组成。

11. 绝缘夹钳

主要用于拆装低压熔断器等。绝缘夹钳由钳口、钳身、钳把组成，所用材料多为硬塑料或胶木。钳身、钳把由护环隔开，以限定手握部位。绝缘夹钳各部分的长度也有一定要求，在额定电压10kV及以下时，钳身长度不应小于0.75m，钳把长度不应小于0.2m。使用绝缘夹钳时应配合使用辅助安全用具。

12. 紧线器

用来收紧户内外绝缘子线路和户外架空线路的导线。使用时定位钩必须勾住架线支架或横担，夹线钳头夹住需收紧导线的端部，然后扳动手柄，逐步收紧。

13. 蹬板

又叫踏板，用来攀登电杆。绳的长度一般应保持一人一手长。蹬板和绳均应能承受300kg以上的重量，每半年要进行一次载荷试验。要采取正确的站立姿势，才能保持平稳。

14. 脚扣

脚扣用于攀登电杆，由弧形环扣、脚套组成，分为木杆脚扣和水泥杆脚扣两种。水泥杆脚扣可用于攀登木杆，但木杆脚扣扣环上有铁齿不能攀登水泥杆。水泥杆脚扣扣环上有橡胶皮套。每次登杆前对脚扣必须做人体冲击试验。

15. 腰带、保险绳、腰绳

是用来防止空中坠落事故的。腰带系在腰部以下，臀部以上部位。保险绳是用来防止失足时人体坠落到地面上的，其一端系在腰带上，另一端用保险绳挂钩勾挂在横担或其他固定物上。腰绳绕电杆系在腰带上。

16. 防护用品

登杆操作必须戴防护帽、防护手套，穿电工绝缘胶鞋和电工工作服。

(三)设备装修工具

是进行电气设备检修或安装的工具。

1. 顶拔器

俗称拉具，分为双爪和三爪两种，是拆卸皮带轮和轴承等的专用工具。使用时各爪与中心丝杆应保持等距离。

2. 套筒扳手

用来拧紧或拧松沉孔螺母，或在无法使用活络扳手的地方使用。由套筒和手柄两部分组成，套筒的选用应适合螺母的大小。

3. 滑轮

俗称葫芦，专用于起吊较重的设备。在起重过程中，如需随时定位，或为防止在起吊时设备翻滚，应采用组合滑轮。

4. 电烙铁

是烙铁钎焊的热源，有内热式和外热式两种。

使用时应注意：①根据焊接面积大小选择合适的电烙铁。②电烙铁用完要随时拔去电源插头。③在导电地面(如混凝土)使用时，电烙铁的金属外壳必须妥善接地，防止漏电时触电。

5. 喷灯

喷灯是火焰钎焊的热源，火焰温度可达1000℃。使用时要注意安全，防止发生火灾。

6. 梯子

电工在登高作业时，要特别注意人身安全。而登高工具必须牢固可靠，方能保障登高作业的安全。电工用梯有直梯和人字梯两种。

第三节 架空线路架设

一、杆位复测

施工前测量包括设计测量和施工复测。设计测量由设计部门完成，施工部门要根据设计部门提供的资料、图纸在施工前进行复测。复测的要求是核实勘查设计定线的桩位，包括编号、方向、距离、标高等要与线路平、断面图一致。如有不符应予以纠正。

为了按照设计所确定的路径施工电力线路，必须对全线路的转角桩、直线桩和杆位中心桩进行一次测量，这种测量就是施工测量。

（一）施工测量的要求

①路径、基本挡距、基本杆高等要符合设计图及设计交桩要求。②保证对地距离，交叉跨越及平行接近满足《铁路电力施工规范》的要求。③直线杆顺线路方向位移不应大于设计挡距的5%（35kV线路用经纬仪视距法复测时，误差不应大于1%）；垂直线路位移不应大于50mm。④转角杆位移不应大于50mm。⑤对于丢失的杆位的中心桩，应按设计图纸予以补钉。

（二）施工测量人员、工具及仪器

①测量人员：一般技术员1～3名，测量工人6～15名。②测量工具：对讲机、测量绳、皮尺、花杆、锤子、砍刀、板尺、口哨、指挥旗、标桩、油漆等。③测量仪器：经纬仪、测量仪等。

（三）施工测量内容

测量施工不同于设计定测，尤其是铁路电力线路，一般只测量下列项目：①直线杆桩的测量。②转角杆桩的测量。③距离和高差的测量。④丢桩补测。⑤钉辅助桩。⑥坑位测定。

二、基础施工

杆塔埋入地下的部分称为杆塔基础。基础的作用是防止电杆承受垂直荷重、水平载重及事故荷重等作用而产生上拔、下压、甚至倾倒。

（一）基本要求

第一，10kV 及以下线路钢筋混凝土电杆其埋设深度，当设计未作规定时不宜小于表 1-1 所列。

表 1-1 10kV 及以下线路钢筋混凝土电杆其埋设深度

杆高	8	9	10	11	12	13	15	18
埋深	1.5	1.6	1.7	1.8	1.9	2.0	2.3	2.6～3.0

第二，杆上变压器台的电杆其埋深设计未作规定时不宜小于2.0m。

第二，基础坑施工时应按设计要求的位置与深度挖掘基坑。电杆基础坑深度允许偏差为深100mm，浅50mm，坑底要平整。拉线基坑深度误差为浅50mm以内，深没有限制。

基础施工前的定位，应符合下列要求：①调整杆位不应改变原设一杆形。②直线杆的顺线路方向位移不应超过设计挡距的3%，垂直线路方向位移不应超过50mm。③转角杆和分歧杆的横线路及顺线路方向的位移均不超过50mm。

单杆立好后应正直，位移偏差应符合下列要求：①电杆的倾斜不应使杆梢的位移大于半个杆梢。②直线杆横向位移不应大于50mm。③转角杆应向外侧预偏，紧线后不应向内角倾斜，向外角倾斜不应使杆，梢位移大于一个杆梢；转角杆的横向位移不应大于50mm。④终端杆应向拉线侧预偏，紧线后不应向拉线反方向倾斜，向拉线侧倾斜不应使杆梢位移大于一个杆梢。

第四，双杆基坑根开的中心偏差不应超过 ±30mm，深度宜一致。

双杆立好后应正直，偏差应符合下列要求：①直线杆结构中心与中心桩之间的横向位移不应大于50mm；转角杆结构中心与中心桩之间的横线路及顺线路方向位移不应大于50mm。②迈步不应大于30mm。③根开不应超过 ±30mm。

第五，电杆基础采用底盘、卡盘时应符合下列规定：①在土质松软和斜坡上埋设电杆时，适当加深或增设卡盘。②卡盘上口距地面不应小于500mm，卡盘与电杆连接应紧密。③直线杆的卡盘应与线路平行，并在电杆左、右交替埋设。④承力杆的卡盘应埋设在承力侧。⑤底盘基础坑坑底应平整，底盘的圆槽面应与电杆中心线垂直，找正后应填土夯实致底盘表面。

（二）土壤的工程分类

基础的开挖应根据不同的土质采用不同的方法，土壤大致分为黏性土、砂石类土和岩石三大类。黏性土可分为黏土、亚黏土、亚砂土三种。砂石类土又可分为砂土和碎石。岩石有泥灰岩、页岩和花岗岩。

（三）基坑、拉线坑开挖

按照划好的坑口尺寸，规定的坑底尺寸和规定的坡度使用锹和镐进行挖掘。

①要熟悉了解开挖基坑的基础型式及尺寸要求，检查开挖基础的土壤情况是否与设计相符。②杆塔基础坑深，以施工基面为准，拉线坑以拉线坑中心的地面标高为准。③基坑开挖前要保护好辅助桩。④挖出的土应堆放在离坑边1m以外的地方，以免影响坑内工作和立杆。⑤当挖到一定深度坑内出水时，应在坑的一角深挖一个小坑集水，然后用水桶排出。⑥当地下水位高，土质不良时，应采取适当措施处理，一般用打板桩的方法。⑦坑底可用水平尺操平，边测量边修整，使四角与坑中心在同一平面上。⑧钢筋混凝土杆超深部分100～300mm，以填土夯实处理。⑨回填土时，每填入300mm厚夯实一次。土中可掺石块，但杂草必须清除。基坑顶部应带有自然坡度的防沉层，土质一般时防沉层应高出地面300mm，冻土和不易夯实的土质，防沉层应高出地面500mm。

不带卡盘和底盘的杆坑以圆形坑为好，取土少，不易倒杆。带卡盘底盘可挖方坑，为便于立杆可在放置电杆侧开挖马道。

三、组杆

为了施工方便，一般都在地面上将电杆顶部金具及绝缘子等组装完毕，然后立杆。也可在立杆后再进行组装金具和绝缘子。

（一）横担、杆顶支座及绝缘子的安装

在一根电杆上根据需要安装一条或数条横担。这些横担须平行安设在一个垂直面上，和线路成直角。如高低压同杆架设时，高压横担应在低压横担上方。直线杆横担要装设在受电侧。终端杆、转角杆、分歧杆以及导线张力不平衡处的横担，均应装在张力的反方向。

1. 铁横担的安装

目前，在钢筋混凝土电杆上安装角铁横担，采用U形螺栓或双螺栓固定。为防止横担倾斜，在横担和电杆之间加入一M形抱箍，增加其稳定性。

①10kV直线杆的组装方式：一般采用U形螺栓，设M形垫铁。②耐张杆：一般为

双横担，设 M 形垫铁。

横担安装应平直，误差不应大于下列规定：端部上下歪斜、左右歪斜不大于20mm。

2. 瓷横担的安装

瓷横担用于直线杆上起到代替横担和瓷瓶双重作用，它绝缘性能较好，断线时能自行转动，不致因一处断线而扩大事故。

(二)电杆装配的质量要求

电杆组装后应进行一次全面检查，检查电杆装配是否符合设计规范，安装工艺是否符合要求。其检查项目如下：

①电杆各部分螺栓，螺丝穿入方向，顺线路者均由送电侧穿入，横线路方向位于两侧者一律向外穿，中间者向统一方向穿（一般是面向受电侧，由左向右），垂直地面者一律由下向上穿。螺丝两端必须有铁垫，伸出长度要露出螺帽三丝以上，但不应大于50mm。②横担应牢固地装设在电杆之上，并与电杆保持垂直，当电杆立起后，使横担处于水平位置。如果是双重横担，各横担应保持平行。横担端部上下、左右歪斜不大于20mm。③绝缘子安装应连接可靠牢固。针式绝缘子应竖直安装，固定在横担上时应有弹簧垫圈或使用双螺帽以防松脱；悬式绝缘子安装时，与横担、导线金具的连接处无卡压现象，绝缘子串上的弹簧销子，螺栓及穿钉方向规定为：垂直方向应由上向下穿，顺线路方向由电源侧向受电侧穿入，两边应由内向外，中间应由左向右穿入。④导线与电杆、构架、导线间距的规定：导线与拉线、电杆、构架的净空距离要求高压时不小于0.2m，低压时不小于0.1m，过引线、引下线与邻相净空距离要求高压不小于0.3m，低压不小于0.15m。

四、立杆

(一)立杆方法

立杆的方法很多，常用的有以下几种：

1. 汽车立杆

这种方法比较理想，既安全可靠，效率义高，有条件的地方应尽量采用。用汽车吊起立电杆的方法：首先应将吊车停在合适的地方，放好支腿，若遇土质松软的地方，支脚下垫一块面积较大的厚木板。起吊电杆的钢丝绳套，一般可拴在电杆重心以上的部位，对于拔梢杆的重心在距大头端电杆全长的2/5处并加上0.5mm。等径杆的重心在电杆的1/2处。如果是组装横担后整体起立，电杆头部较重时，应将钢丝绳套适当上移。拴好钢丝套后，再在杆顶向下500mm处临时结三根调整绳。起吊时坑边站两人负责电杆根部进坑，另三人各扯一根调整绳，站成以坑为中心的三角形，由一人指挥。立杆时，在立杆范围以内应禁止行人走动，非工作人员应撤离施工现场以外。电杆在吊至杆坑中之后，应进行校正、填土、夯实，其后方可拆除钢丝绳套。

2. 撑式立杆

这种方法使用工具比较简单，但劳动强度大，当立杆少，又缺乏机械的情况下，而且低于12m的混凝土杆可以采用。主要立杆工具有权杆、大绳、顶板滑板等。

3. 倒落式立杆

立杆时由于地形和地物的限制，不能用汽车吊进行，可采用这种方法。立杆的主要工具有人字抱杆、滑轮、卷扬机、钢绳等。立杆前先把要立的电杆移到杆坑合适位置，安装好各类工具，起吊要使抱杆同时立起，缓慢牵动，使电杆根部正确沿滑板入坑，电杆应在抱杆失效前接触坑底，在起吊过程中，两根晃绳紧密配合，适当松紧来保证电杆不摇晃并沿直线竖起，防止电杆向牵引侧倾倒。

4. 固定式人字抱杆立杆法

以立10kV线路电杆为例，起吊工具有人字抱杆1副，高度约为杆高的1/2；起吊用钢丝绳1条，长约45m，直径一般为10mm；固定抱的滑轮1个；绞磨1台；钢钎数根。

（二）杆身调正

电杆立起后，应进行找正，即电杆位置调正。杆身调正包括顺线路方向和横线路方向的调正。顺线路方向的调正方法是：当第一根电杆立起后，观测人员要在距离已立好电杆3～4个坑位远的线路中心立花杆，由1人站在花杆后面10m以外的坑位中心观测，看电杆是否位于线路中心线上。横线路方向调正时，应距电杆10m以外垂直线路中心线方向看电杆是否垂直，否则进行调整。

1. 单电杆调正后应满足的要求

①直线杆的横向移动不应大于50mm；电杆的倾斜不应大于半个杆梢（35kV电杆倾斜度不应大于3‰）。②转角杆应向外角预偏，紧线后不应向内角倾斜，向外角倾斜不应使杆梢位移大于一个杆梢。③终端杆应向拉线预偏，紧线后不应向拉线反方向倾斜，向拉线侧倾斜不应使杆梢位移大于一个杆梢。④变更导线并带有双侧拉线的跨越杆、耐张杆，应向非跨越方向预偏，紧线后不应向跨越方向倾斜，向非跨越方向倾斜，不应大于一个杆梢。

2. 双杆立好后，位移偏差应符合的规定

①直线杆双杆中心与中心桩之间的横向位移不大于50mm，转角双杆中心与中心桩之间的横线路及顺线路方向位移不应大于50mm。②迈步不应大于30mm。③根开不应超过

±30mm。④两杆高差不应大于20mm。

五、拉线制作与安装

(一)拉线的结构

配电线路的拉线一般由拉线抱箍、延长环、楔形线夹（俗称上把）、绞线、拉线绝缘子、UT线夹（俗称下把、底把）、拉线棒和拉线盘等元件构成。

(二)拉线制作

拉线制作主要是钢绞线做回头和回头尾线的固定绑扎方法。①钢绞线的截取。通常可根据经验估计实际长度，钢绞线在截取前应用扎丝在剪断处两侧各缠3～5圈，然后再剪断，防止钢绞线散股。②钢绞线回头制作方法。制作回头前应量取回头长度，一般上、下把回头长度可取300～500mm。③将钢绞线穿入楔形线夹并将回头绑扎固定。

把钢绞线穿入楔形线夹时，短头应从楔形线夹的凸肚侧穿出，钢绞线应紧贴楔形线夹的舌头。

(三)拉线安装的有关规定

①拉线装设的方向应与电杆受力方向相反且在同一条直线上。承力拉线应与线路方向的中心线对正；分角拉线与线路分角线对正；防风拉线应与线路垂直。②拉线与地面夹角越小效果越好，但线路占地面积大，所以拉线与地面夹角一般为45°～60°。③配电线路拉线不宜固定在横担上，应设拉线抱箍。导线三角形排列时，在横担上方距横担中心150～300mm处。导线水平排列时，在横担下方距横担中心150～300mm处。④拉线受力较大时应采用拉线棒与拉线盘。拉线棒与拉线盘垂直，拉线棒出土露出地面长度为500～700mm，拉线坑需挖一马道，拉线盘距地面1.2～1.5m。⑤无论采用UT线夹还是花篮螺栓，拉线安装完毕，都应有一半以上的调整长度，以便以后拉线松的时候进行调整。调整后，UT线夹的双帽应并紧。花篮螺栓调整后应予封固。⑥疫装拉线绝缘子的位置，应使拉线断线而沿电杆下垂时，绝缘子离地面的高度在2.5m以上，不致触及行人。⑦拉线位于交通要道或人易触及的地方，须套有红白油漆相间标志的竹（塑料）管保护。⑧拉线设置受地形和条件限制时，可用钢筋混凝土撑杆代替。⑨耐张杆两侧导线截面不同时，应在截面小的一侧设拉线或按两侧导线截面的不同设两条不同规格的拉线。⑩过道拉线：拉线距路面中心的垂直距离不应小于6m；对轨面高度不应小于7m；拉线柱埋深不应小于杆长1/6；拉线柱上端拉线固定点的位置距杆顶为250mm，距地面不小于4.5m；拉线柱应向张力反方向倾斜1°～20°；拉线柱坠线与拉柱夹角不应小于30°。

（四）撑杆安装

当地形受到限制，无法安装拉线时，也可用撑杆代替拉线，作为平衡张力稳定电杆之用。撑杆的规格和高度，应根据电杆的高度、规格和受力情况来确定。撑杆与电杆间的夹角，应满足设计要求，一般为30°，允许偏差为±5°。撑杆底部埋深不宜小于0.5m，且底部应垫以底盘或块石，并应与撑杆垂直。在撑杆与主杆的结合处，一般采用 ∠63×63×6的角钢制成的联板支架（两块）和四个M16×210～270的方头螺栓固定。在角钢联板与主杆及撑杆之间要垫以4块特制的M形抱铁，使撑杆与电杆连接紧密、牢固。

六、导线架设

当电杆立好后，进入导线架设的最后阶段。这个过程中施工负责人需要对架线施工做全面考虑，如工具、材料的准备、人员分工、通信联系方式、紧线受力问题等。

架线程序通常可分为放线、挂线、接线、紧线、调整弧垂和固定导线等。

（一）放线

1. 放线前检查

放线前应检查导线的规格、型号是否符合设计要求。导线有无严重机械损伤，如断线、破股、背花、灯笼等情况，特别是铝导线还应观察有无严重腐蚀现象。当导线有损伤时应按要求进行缠绕、修补、锯断重接的现场处理。达到下列情况之一时必须锯断重接：①单金属绞线超过总面积的17%，钢芯铝绞线超过总面积的25%。②导线损伤截面在允许范围内，但损伤长度已超过一个修补金具所能修补的长度。③钢芯铝绞线的钢芯断股。④导线的金钩、破股、灯笼使导线形成无法修复的永久变形。导线的修补：导线在同一处损伤程度导致强度损失不超过总拉力的5%时可缠绕修理；导线在同一处损伤程度已超过5%，但不足17%且截面积损伤也不超过总面积的25%时可采用修补管补修。

2. 放线

放线通常按每个耐张段进行。放线前，应选择合适位置安放放线架和线盘，线盘在放线架上要保持导线从上方引出，在放线段内每根电杆上挂一个开口滑轮（铝制）；不得将导线在横担上拖拉。牵引导线要一条一条的进行，牵引动力视导线截面大小，可用人力或机动车辆进行，随导线拖至每根电杆处，用绳子吊升导线，其方法是将绳子穿过放线滑轮，一端绑导线，拉动另一端而将导线吊起进入滑轮内。在放线过程中，线盘处应有专人看守，负责导线质量，发现问题应立即停止，待处理后继续进行。放线速度应尽量均匀，不应突然加快，以防止绞线架倾倒。

3. 注意事项

①放线架应支架牢固。②导线经过地区要消除障碍，在岩石等坚硬地面处，应垫稻草等物，以免磨伤导线。③在每基杆上应设专人监护，注意滑轮转动是否灵活，导线是否掉槽，压接管通过滑轮是否卡住。④人力牵引导线放线时，拉线人之间要保持适当距离，以不使导线拖地为宜。

(二)紧线

在紧线过程时，必须按照设计的弧垂要求进行，防止导线弧垂过大或过小。弧垂过大容易造成导线对地的限距不够，还容易造成导线间的混连，弧垂太小使导线所承受的运行张力明显增大。所以弧垂的大小直接和导线的安全运行息息相关，紧线工作的安全重点是解决杆塔和导线的受力问题。

紧线是在两耐张杆之间进行的。当耐张杆、转角杆和终端杆的拉线完成之后就可以进行紧线工作了。线路较长，导线截面较大时可利用卷扬机或绞磨进行。对一般中小型铝绞线或钢芯铝绞线可用紧线器。其方法是：先将导线通过滑轮组，用人力初步拉紧，然后将紧线器上的钢丝绳松开，固定在横担，另一端夹住导线。用紧线器紧线时横担两侧的导线应同时收紧，以免横担受力不均而歪斜。最常用的方法是先紧中相，然后两边相。

紧线时，要根据当时的气温，确定导线的弧垂值。观测弧垂的方法是：在耐张段内选一个标准挡距，在该挡距的两端电杆上，根据要求的弧垂值，各绑一横板，当导线紧到观察挡导线弛度最低点和两块横板，这三点成一条直线时就可以了。

导线弧垂规定如下：①导线弧垂由气象条件、导线截面及挡距等条件决定，正常挡距的弧垂见有关规定。②导线弧垂的误差，不应超过设计弧垂的 ±5%。导线紧好后，同挡距内各相导线弧垂力求一致，水平排列的导线弧垂相差不应大于50mm。③架设新导线时，应考虑导线的初伸长，一般采用减小导线弧垂法补偿，弧垂减小的百分数为：硬铝绞线——2.0%；钢芯铝绞线——1.2%。④同一层横担上架设截面不同的导线时，导线弧垂应以弧垂最大的导线为准。

紧线时应注意的几个问题：①紧线前，应检查导线是否都放在铝滑车中；小段紧线亦可将导线放在针式绝缘子的顶部沟槽内。不许将导线放在铁横担上，以免磨伤。②紧线时要有统一的指挥和明确的松紧信号。指挥人员要根据观测挡对弧垂观测的结果，指挥松紧导线。各种导线在不同温度下的弧垂值，因地区气象特点而不同。不同气象地区，应根据本地区电力部门规定的弧垂进行紧线。③紧线时，一般应做到每基电杆有人，以便及时松动导线，使导线接头能顺利越过滑子或绝缘子。

（三）导线在绝缘子上的固定

紧线后要对架空配电线路的导线进行固定，导线在针式绝缘子及悬式绝缘子上的固定普遍采用绑扎线缠绕法和耐张线夹固定法。绑线的材料与导线材料相同，其直径应在 2.6～3mm 范围内。铝导线在绑扎前，将导线与绝缘子和绑线接触的地方缠绕铝包带且与导线绕向一至。

1. 导线在针式绝缘子上固定应符合的规定

①直线杆：10kV 导线应固定在针式绝缘子的顶槽内，0.38kV 及以下导线应固定在针式绝缘子的侧槽内。②30°及以下直线转角杆：导线应固定在针式绝缘子外槽内。③双针式绝缘子直线杆：导线及辅助线各绑在两个绝缘子外侧的侧槽内，但不绑成菱形。④绑扎应牢固。

2. 导线在绝缘子上的绑扎方法

（1）顶绑法

直线杆针式绝缘子上的绑扎。绑扎时，首先在导线绑扎处绑铝带150mm。所用铝带宽为10mm，厚为1mm。绑线的材料应与导线的材料相同，其直径应在2.6～3mm范围内。绑扎步骤如下：①绑线短头留整个长度的1/5左右，起手在左侧，绑线在导线上先缠绕两圈，然后两线头拧二个劲（垂直向下）。②短头在前，长头在后顺瓶颈到右侧，两线头拧二个劲（垂直向上）。③短线头右前上起，在导线上缠绕1圈，在右下回到瓶颈中前部；长线头右后下起，在导线上缠绕1圈，在右下再经瓶颈后部回到左侧。④长头在导线下起，在导线上缠绕1圈，经瓶颈前部回到右侧。⑤长头在导线下起，在导线上缠绕1圈，经瓶颈后部回到左侧。⑥长头在导线下起，在导线上缠绕1圈，经瓶颈前部回到右侧。下起在导线上缠绕1圈。⑦长头右下后起，经瓶顶到左上前下缠。⑧长头在导线下向后在瓶颈上逆时针缠绕1.25圈到瓶颈后中部，⑨短头在瓶颈上顺时针缠绕1/2圈，到瓶颈后中部。⑩两绕头在瓶颈后中部拧三个劲，余绕剪下，按顺时针方向按倒。

（2）侧绑法

转角杆针式绝缘子上的绑扎，导线应放在绝缘子颈部外侧。若导线截面较大时，直线杆也可以用这种绑扎方法。绑扎步骤如下：①绑扎短头留整个长度的1/8左右，起手在左侧，绑线在导线上先缠绕两圈，然后两线头拧二个劲（垂直向前）。②短头沿逆时针方向按在瓶颈前中部，长头在瓶颈前面逆时针方向到右侧。③长头在右前上经瓶颈后面逆时针到左后下缠绕。④长头在左下沿前瓶颈到右侧，经右下沿后瓶逆时针方向到左侧上前，再沿前瓶颈回到右侧。⑤长头右侧下起，在导线上缠绕2圈，沿瓶颈前面顺时针方向到左侧。⑥长头右侧下起，在导线上缠绕2圈，沿瓶颈前面逆时针方向到右侧。⑦长头右侧下起，在导线上缠绕2圈，右侧上起沿瓶颈前面顺时针方向到前中部。⑧两绕头在瓶颈前中部拧三个劲，余线剪下，沿顺时针方向按倒。

（3）终端绑

蝶形绝缘子一般安装在终端杆，耐张杆上。绑扎步骤如下：①绑扎长度：铝导线截面为50mm²及以下，铜导线截面为35mm²及以下时，绑扎长度为150mm；铝导线截面为70～120mm²，铜导线截面为50～70mm²时，绑扎长度为200mm。②把绑线盘成圆盘，在绑线一端留出一个短头，长度比绑扎长度多50mm。③把绑线短头夹在导线与折回导线中间凹进去的地方，然后用长头在导线上绑扎。第一圈要距离绝缘子外缘80mm。④绑扎到规定长度后，与短头拧2～3圈的麻花线，余线剪去，留下部分并压在导线上。⑤把导线端部折回，压在绑线上。⑥绑线长度一般为4.5m。

3. 耐张线夹固定导线法

耐张线夹是用来将导线与绝缘子串连接在一起的金具，用于耐张杆、终端杆、分支杆及45°～90°的转角杆。安装时首先将导线的固定处缠绕一段铝包带用来防止导线损伤。然后将导线安放于耐张线夹的线槽内，在导线上放上压舌，同时装上U形螺丝并拧紧螺丝，通过压舌将导线牢牢地固定在线槽内，最后通过线夹的连接螺丝把耐张线夹和悬式绝缘子串上的U形挂环连接在一起。

（1）耐张线夹固定方法如下

①用紧线器将导线收紧，使弧垂比所要求的数值稍小些，然后将导线与耐张线夹接触部分用铝包带包缠上。包缠时应从一端开始绕向另一端，其方向须与导线外层线股缠绕方向一致，包缠长度须露出线夹两端各10～20mm。最后将铝包带或线股端头压在线夹内，以免松脱。②卸下线夹的全部U形螺栓，使耐张线夹的线槽紧贴导线缠绕部分，装上全部U形螺栓及压板，并稍拧紧。最后按顺序拧紧。所有螺栓拧紧后复紧，再检查复紧一次。

（2）架空线路上的线夹安装应注意以下事项

①线夹型号应与导线、避雷线的型号配套。否则，导线、避雷线在线夹中固定不牢靠，可能发生事故。②铝绞线、钢芯铝绞线和铝包钢绞线不得与线夹直接接触，而应在这些绞线的表面紧密缠包1～2层铝包带（用预绞丝护线条者除外），以防止运行中被线夹磨损。铝包带的缠绕方向应与导线外层线股绞制方向相同，两端露出线夹口10～30mm，铝包带的端头应压入线夹内，以防端头散开。③在线路经过的居民区，线路与铁路、公路、通信线路和其他电力线路交叉跨越的地点，以及线路检修困难的地段，均不得采用释放型线夹，以免松动而造成事故。⑤线夹上的螺栓应有弹簧垫圈，螺栓应拧紧，受力应均匀。

（四）导线在杆塔上过引线（跳线）的连接

1. 过引线采用并沟线夹连接时应符合的要求

①铜铝导线的连接必须使用铜铝过渡线夹，线夹的连接面应平整、光洁，连接螺栓齐全，并逐个均匀拧紧。②钢芯铝绞线、硬铝绞线的连接应采用铝制并沟线夹，线夹的连接面应平整、光洁，连接螺栓齐全，并逐个均匀拧紧。③采用并沟线夹时，其数量不应少于两个。连接面应平整、光洁。导线及并沟线夹槽内应清除氧化膜，涂电力复合脂。线夹两端应用绑扎线绑扎50mm，采用双线夹时，除端部绑扎外，还在两线夹间绑扎50mm，将两根导线绑扎在一起。

2. 过引线采用绑扎连接时应符合的要求

70mm² 以下硬铝线右搭接绑缠，绑扎长度如下：

35mm² 及以下绑扎长度≥150mm；

50mm² 绑扎长度≥200mm；

70mm² 绑扎长度≥250mm。

绑扎连接时，应接触紧密、均匀、无硬弯，过引线呈均匀弧度。绑扎用的绑线，应选用与导线同金属的单股线，其直径不应小于2.0mm。

过引线对相邻导线的距离：10 kV 不应小于300mm，0.38 kV 不应小于150mm。

七、导线的连接

（一）导线的连接要求

①导线连接应牢固可靠，挡距内接头的机械强度不应小于导线抗拉强度的90%。②导线接头处应保证有良好的接触。接头处的电阻应不大于等长导线的电阻。③不同材料的导线连接需要采用特殊处理方法，型号不同的导线连接方式要考虑导线的使用场合。

（二）导线连接

1. 导线钳压连接

钳压接法适用于硬铝线、钢芯铝绞线。施工方法如下：①将两根铝绞线接头处用绑线缠好，端头锯齐，以免导线散开。②导线连接部分表面，连接管内壁用汽油清洗干净，然后导线表面涂一层中性凡士林，再用钢刷清除表面的氧化膜。③将两根导线分别从连接管的两端头插入，使导线端头露出管外20～30mm为止，然后将其端部用绑线扎紧，以防松散。如为钢芯铝绞线时，应再插入一根导线，中间插入一片铝垫片、再插入另一根导线，这样可增加接头握着力，使接触良好。④选择合适的压模嵌在压钳中，并使两侧导线平直，按顺序、压坑数和尺寸进行压接。钢芯铝绞线连接管应从中间开始，依次向一端交错钳压，再从中间向另一端交错钳压。铝绞线连接管压接顺序是从管端开始，依次向另一端上下交错钳压。⑤校直及打磨：压接后的连接管一般都会有不同程度的弯曲，所以压接后应用木锤对连接管进行校正。校正后再用细砂纸将连接管的毛刺擦去。

2. 并沟线夹法

这种方法适用于杆上分支线和跳线的连接。并沟线夹分等径和不等径两种线夹的型号可根据导线的截面进行选择。安装时，线夹内和导线表面都要用钢丝刷将氧化膜除净，涂以中性凡士林油，并在其上包缠铝包带。拧紧线夹螺栓，拧螺栓时要彼此均匀拧紧，以保证接头强度，减小接触电阻。

八、接户线

接户线是指从配电线路上某一级电杆引到用户室外第一支持点的一段线路，无论是沿墙敷设或直接自电杆引下的，均称接户线。套护线是指用户室外配电箱（或接户线第一支持点）到用户进户点的一段线路。由于一般一条接户线带一个或几个用户，所以套护线的数量也不等，套护线长度不超过50m。进户线是指套护线引到用户室内第一支持点的一段线路。接户线是将电能输送和分配到用户的最后一部分线路，也是用户用电线路的开端部分。按架空配电线路的电压，可分为高压接户线和低压接户线。

（一）高压接户线

高压接户线一般适用于用电量较多的单位。供电部门与用户的线路分界处应装设开关，可以是跌落式熔断器、隔离开关或柱上开关。高压接户线如图1-5-25所示。对高压接户线的要求如下：①当接户导线截面积较小时，一般使用悬式绝缘子与蝶式绝缘子串联方式固定在建筑物的支持点上；当截面积较大时则使用悬式绝缘子和耐张线夹的方式固定在建筑物的支持点上。支持点应安装牢固，能承受接户线的全部拉力。②高压接户线引入室内时，必须采用穿墙套管而不能直接引入，以防导线与建筑物接触漏电伤人及接地故障发生。③高压接户线截面要求。铜线截面不小于16mm^2，铝线截面不小于25mm^2。④高压接户线的挡距不应大于30m，线间距离不应小于0.6m（穿墙套管线间距不应小于0.45m），对地距离不应小于4m。⑤高压接户线不宜跨越道路，如必须跨越，应设高压接户杆。⑥不同金属、截面的接户线在挡距内不应连接，挡距内不允许有接头。

（二）低压接户线

低压接户线适用于家庭照明、小型动力等用户，这些小型动力用户不需要再架设专门的变压器。对低压接户线的要求如下：①低压接户线在墙上固定采用角铁或铁板嵌入墙内，配以针式绝缘子固定导线。当导线截面较大超过16mm^{2}时用蝶式绝缘子固定导线。

②低压接户线应采用橡皮绝缘导线或黑护套塑料绝缘导线，导线截面积应根据允许载流量选择，但不应小于表1-2中的规定。③低压接户线的挡距不宜大于25m，超过25m时宜设接户杆，低压接户杆的挡距不应超过40m。④低压接户线在房榴处引入线对地面距离不应小于2.5m，不应高于6m，不足2.5m者应立接户杆升高。接户杆宜采用钢筋混凝土杆，梢径不应小于100mm。⑤低压接户线在最大弧垂时的对地距离不应小于下列数值：跨越车辆通行的街道6m；跨越通车困难的街道，人行道3.5m；跨越胡同3m。⑥低压接户线的固定应符合下列规定：接户线在杆上的一端，应采用蝶式绝缘子固定；用户墙上或房榴处也应采用蝶式绝缘子固定；接户线横担宜采用镀锌角钢制作，角钢截面不应小于40mm×4mm；接户线横担宜采用穿墙壁螺栓固定，为防止拔出，内端应有垫铁；混凝土结构的墙壁，可不穿透，但应用水泥浇灌牢固，禁止采用木塞固定。

表1-2 导线截面积载流量

接户线架设方式	档中（m）	最小截面积（mm²）	
		绝缘铜线	绝缘铝线
自电杆引下	25 以下	4.0	6.0
沿墙敷设	6 及以下	2.5	4.0

第二章 室内配电装置和电气设备的安装

第一节 施工准备及施工

一、施工准备

（一）熟悉图纸及现场

①10kV 及以下室内变配电工程应按照供电部门审批的正式图纸进行施工。②施工员应掌握和了解有关规程规范和标准图册。③熟悉图纸并进行工程现场调查，了解工程概况、施工条件以及土建施工进度。④结合现场调查情况，认真审查设计图纸，发现问题作好书面记录，为设计交底做好准备。图纸审查主要有以下六点：A. 电气图纸与土建、通风管道、设备管道、消防系统及其他专业的图纸有无矛盾。B. 主要尺寸、位置、标高有无差错，预埋、预留位置尺寸是否正确。设备距墙、设备之间的距离是否符合供电规范的要求。C. 图纸之间、图纸与设备说明书之间有无矛盾。D. 按图施工有无实际困难。E. 设备进入变配电室的通道、设备孔洞、结构门洞是否符合设备的要求。F. 根据施工规范和施工工艺的要求提出对施工图纸的改进意见。⑤施工单位应有技术、生产部门和施工员参加建设单位组织的设计交底。施工员应提出审查图纸中的意见，设计、施工单位会签变更洽商，作为施工及竣工的依据。⑥向建设单位或订货单位了解主要设备订货和到货情况、规格型号是否与图纸相符。⑦根据施工图纸及本工程特点、规程规范，编制施工方案或施工交底书。大型变配电工程，主变压器单台容量为1000kV•A 及以上，且台数为3台及以上或主变压器总容量为3000kV•A 及以上应编制施工方案。⑧编制施工材料、设备预算书。编制加工件清单，绘制加工图，有关部门以此进行备料和安排加工。

(二)设备开箱点件检查

①设备到达现场后应及时进行点件检查验收。现场点件验收应有建设单位、订货单位、工程监理、安装单位、厂家共同检查,并做好记录。②变配电设备一般检查项目:A. 产品出厂合格证、验收报告、随箱图纸、说明书是否齐全。B. 设备铭牌型号、规格是否与图纸相符。C. 设备部件及元件(如继电器、仪表、插件、保险管、指示灯等)有无丢失,易损件(如绝缘瓷件、仪表玻璃、开关手柄、指示灯罩等)有无损坏。元件部件有无腐蚀、变形。D. 设备安装尺寸(如地脚螺栓间距、轮距)是否与说明书和设计图纸相符。E. 设备外观检查:框架有无开焊变形,油漆应完整无损。F. 检查柜体尺寸(如测量柜体的对角线、柜体上下宽度尺寸误差等)是否符合出厂要求。按装箱单清点附件、备件、装用工具等是否齐全。③设备检查验收后应与建设单位、订货单位、工程监理、供货单位签署检查验收记录。④设备检查验收记录、设备出厂合格证、试验报告单、随箱图纸等资料应作为竣工资料在工程竣工交接时移交建设单位。以上文件的复印件应报监理一份,经监理批复后开始安装。⑤对目检不能发现的结构内部质量问题,参与检查各方应作好备忘录,如在试运行时出现设备质量问题应由出厂单位和供货单位承担一切责任。

(三)安装前,建设工程应具备的条件

①基础、构架、预留孔洞及预埋件符合电气设备的设计和安装要求;②屋顶、楼板施工完毕,不得有渗漏;③室内地面、顶面、墙角装饰工程施工完毕;④有可能损坏已安装的设备或安装后不能再进行的装饰工程全部结束;⑤变配电室门窗齐全,施工道路畅通。

二、施工

(一)设备基础安装

1. 盘、柜基础的安装

预埋铁随土建施工时按施工图预先埋设在混凝土结构中,成排盘、柜基础两端应有预埋铁,预埋铁间距一般在600 ~ 800mm 为宜。预埋铁的高度应根据所选的设备和基础型钢而定。

调直型钢。基础型钢的规格应按施工的要求,图纸无标注时,选用10号槽钢。首先将有弯的型钢校直,然后按图纸尺寸要求预制加工基础型钢架,并刷好防锈漆。

按施工平面图位置,将预制加工基础型钢架放在预留铁件上,用水准仪或不小于600mm 的水平尺找平、找正。找平过程中,需用垫片调整高度,其垫片最多不能超过3片。然后将基础型钢架、预留铁、垫片用电焊牢。手车式柜基础型钢顶面高出抹平地面10mm

为宜（如柜前不铺胶垫时基础型钢顶面应与抹平地面相平），其他柜型的基础型钢顶面高出抹平地面40～50mm为宜。

2. 变压器轨道基础的安装

变压器轨道基础的安装只限于油浸式电力变压器。干式变压器可直接安装在地面上，也可参照油浸式电力变压器轨道基础安装。

埋设方式。变压器室混凝土面施工时埋入混凝土内，其预留铁顶面与地面平。

3. 电缆保护管的安装

穿墙至室外的电缆保护套其规格、数量、位置、长度应按施工图纸进行安装图纸无标注时，电缆保护管室外应出散水200mm，室内应距电缆沟或墙壁20mm，变压器室的电缆保护管管口应高出室内地面100mm。

穿墙至室外的电缆保护管必须有每米100mm的坡度。电缆保护管应焊接接地线与接地干线连接。

（二）接地系统安装

人工接地体（接地极）和接地线的规格尺寸、数量、敷设位置应符合施工图纸的规定，图纸无标注时，可按一般常规做法。人工接地体：采用50mm×50mm×5mm镀锌角钢制作。单根长度为2.5m，其间距不小于5m，距建筑物不小于1.5m，接地极顶面埋设深度不小于0.6m。

当接地装置必须埋设在距建筑物出入口或人行道小于3m时，应采用均压带做法或在接地装置上面敷设50～90mm厚度沥青层，其宽度应超过接地装置2m。

接地体（线）的连接应采用焊接，焊接应牢固无虚焊。焊接处的药皮敲净后，刷沥青做防腐处理：接地干线一般采用镀锌扁钢，扁钢敷设前应调直，然后将扁钢放置沟内，依次将扁钢与接地体焊接。扁钢应侧放而不可平放，侧放时散流电阻较小。

接地体（线）的焊接应采用搭接焊，其搭接长度必须符合下列规定：①扁钢为其宽度的2倍（且至少3个棱边焊接）。②圆钢为其直径的6倍。③圆钢与扁钢连接时，其长度为圆钢直径的6倍。④扁钢与钢管、扁钢与角钢焊接时，为了连接可靠，除应在其接触部位两侧进行焊接外，还应焊以由扁钢弯成的弧形（或直角形）卡子或直接用接地扁钢本身弯成的弧形（或直角形）与钢管（或角钢）焊接。

明设接地干线的安装：①用25mm×4mm镀锌扁钢制作卡子，用M8膨胀螺栓固定在墙上；卡子间距：对40mm×4mm扁钢接地干线不大于1m，对25mm×4mm扁钢接地干线不大于0.7m。②明设接地干线与埋地接地干线之间应具有侧接地电阻用的断接线。接地干线通过建筑物的伸缩缝处应做补偿弯。③接地线沿建筑物墙壁水平或垂直敷设时，离地面应保持250～300mm的距离，接地线与建筑物墙壁间隙应不小于10mm，水平和垂直误差不大于2mm/m，但全长不得超过10mm。

接地干线应刷黑色油漆，油漆应均匀无遗漏，断接卡子及接地端子处不得刷油漆。

接地电阻测试。接地极和接地干线施工必须及时请质检部门、工程监理进行隐检，然后方可进行回填，分层夯实。最后，接地电阻遥测数据填写在隐检记录上。合格后签署隐蔽工程验收单。

接地系统隐蔽工程验收单及接地电阻试验报告单应作为竣工资料，在竣工交接时移交建设单位。

第二节 配电装置和电气设备的安装

一、电力变压器的安装

（一）变压器的二次搬运

①变压器的二次搬运应由起重单位作业，电工配合。最好采用汽车吊装，也可采用倒链吊装，卷扬机、滚杠运输。距离较长时最好用汽车运输，运输时必须用钢丝绳固定牢固，并应行车平稳，尽量减少振动。②变压器吊装时，索具必须检查合格，钢丝绳必须挂在油箱的吊钩上。上盖的吊环仅作吊芯用，不得用此吊环吊装整台变压器。③变压器搬运时，应注意保护瓷套，最好用木箱或纸箱将高低压瓷瓶罩住，使其不受损伤。④变压器搬运过程中，不应有冲击或严重振动情况，一利用机械牵引时，牵引的着重点应在变压器的重心以下，以防倾斜。运输倾斜角不得超过15°，以防止内部结构变形。⑤搬运道路要事先平整夯实，过沟时要垫道木，防止沟盖压坏，损伤变压器。雨后要防止土壤软化塌陷。⑥利用滚杠搬运时，要注意滚杠压脚和手，要有专人指挥。撬棍撬变压器时注意不要撬油箱和油管，以防漏油。⑦变压器在搬运或装卸前，应核对高低压的方向，以免安装时调换方向困难。⑧干式变压器一般带有保护罩，需整体搬运，牵引绳不可绑在外壳上，运输时要注意防护。

（二）变压器的稳装

①变压器就位时，应注意其方位和距墙尺寸与图相符，允许误差为±25mm，图纸无

注明时，纵向按轨道定位，横向距离不得小于800mm，距门不得小于1000mm，并适当照顾屋内吊环的垂线位于变压器的中心，以便于吊芯。②变压器就位可用汽车吊直接甩进变压器室内，或在变压器室门口用道木搭设临时平台，用吊车或三不搭、倒链吊至临时平台上，然后用倒链拉入室内合适位置。③干式变压器在地下室安装，一般采用卷扬机吊装，沿预留设孔洞垂直吊装，水平吊装同油浸式变压器。然后，按施工图纸位置固定在地面上。④油浸式电力变压器装有气体继电器，应使其顶盖沿气体继电器方向有1%～1.5%的升高坡度（制造厂规定不需要安装坡度者除外）。⑤变压器的防地震措施的安装。⑥变压器宽面推进时，低压侧应向外；窄面推进时，油枕侧一般应向外。在装有开关的情况下，操作方向应留有1200mm以上的距离。⑦油浸变压器的安装，应考虑能在带电的情况下，便于检查油枕和套管的油位、上层油温、气体继电器等。⑧装有滚轮的变压器，滚轮应能转动灵活，在变压器就位后，应将滚轮用能拆卸制动装置加以固定。

（三）气体继电器（瓦斯继电器）的安装

①先关闭截油阀，将运输用的临时短管拆下，安装气体继电器。气体继电器应水平安装，观察窗应安装在便于检查的一侧，箭头方向应指向油枕，与连通管的连接应密封良好。截油阀应位于油枕和气体继电器之间。旋紧螺丝，消除漏油，再打开截油阀。②打开放气嘴，放出空气。直到有油溢出时将放气嘴关上，以免存气使继电器误动作。③当操作电流为直流时，必须将正极接在水银侧接点上，以免接点断开时产生飞弧。④事故喷油管的安装位置应注意到事故排油时不致危及其他电气设备。拆下防爆喷油管口临时封闭的钢板，换以2mm厚的玻璃，玻璃两面应用环形橡皮垫密封，玻璃朝外的一面用玻璃刀刻成"+"字，刻线长度等于防爆管的内径，以便发生故障时气流能顺利冲破玻璃。

（四）防潮呼吸器的安装

①防潮呼吸器安装前，应检查硅胶是否失效，如已失效，应在115～120℃温度烘烤8h使其复原或更新。浅蓝色硅胶变为浅红色，即已失效。对白色硅胶，不加鉴定一律烘烤。②安装时，必须将呼吸器盖子处的橡皮垫取掉，使其通畅，并在下方隔离器具中装适量的变压器油，起滤尘作用。

（五）温度计的安装

①套管温度计的安装。应直接安装在变压器上盖的油温检测孔内，并在孔内加适量变压器油。温度计的刻度方向应便于检查。②电触点温度计的安装。安装前应进行校验。电触点温度计的感温头直接插入在变压器上盖的油温检测孔内，并在孔内加适量变压器油。温度计指示仪表安装在便于观察的变压器的侧面；软管不得有压扁或死弯，其富余

部分应盘圈并固定在温度计附近。③干式变压器的电阻温度计的安装。干式变压器的电阻温度计的二次仪表安装在值班室或操作台上，一次感温头安装在变压器内，导线通过预埋管穿线连接，导线应符合仪表要求。同时按使用说明书要求配置附加电阻，经校验调试后方可使用。

（六）电压切换装置（有载分接开关）的安装

①有载调压控制台一般安装在控制室内，导线通过预埋管穿线与分接开关连接。连接应紧固正确。接通控制电源，动作与指示应正确无误。②电压切换装置的机构应动作灵活、润滑良好、机械连锁及限位开关动作正确。调换开关的触头及铜辫子软线应完整无缺，触头间应有足够的压力（一般为80～100N）。

（七）变压器连线

①变压器的一、二次连线、地线、控制线的安装应符合有关的规定。②变压器的一、二次连线的安装不应使变压器的绝缘套管直接承受应力。③变压器的工作零线与中性点接地线应分别敷设。工作零线宜用绝缘导线。④变压器中性点的接地回路中，靠近变压器处应做可拆卸的连接点。⑤油浸变压器附件的控制导线应采用具有耐油性能的导线或耐油塑料套管进行保护。靠近墙壁的导线应用金属软管保护。

（八）变压器吊芯检查

①油浸变压器在试运前应作吊芯检查。制造厂规定不做吊芯检查者：560kV·A及以下，运输过程中无异常情况者可不作吊芯检查。②检查应在气温不低于0℃、芯子温度不低于周围空气温度、空气相对湿度不大于75%的条件下进行（器身暴露在空气中的时间不得超过16h）。③作好吊芯检查的准备工作。准备合格的倒链及钢丝绳、1m左右的短道木2～4根、安全变压器及安全行灯、手电筒等；根据现场情况搭设一步或二步脚手架，并检查合格；准备盛油容器，经过清洗的油桶、油抽子、漏斗、小油桶等；必要时准备耐油密封垫（厂家应提供配件）；拆卸妨碍吊芯的母线、支架、二次线等。④吊芯检查，检查所有螺栓应紧固，并应有防松措施。铁芯无变形，表面漆层良好，铁芯应接地良好。⑤线圈的绝缘层应完整，表面无变色、脆裂、击穿等缺陷。高低压线圈无移动变化情况。⑥圈间、线圈与铁芯、铁芯与轭铁间的绝缘层应完整无松动。⑦引出线绝缘良好，包扎紧固，无破裂情况，引出线固定应牢固可靠，接触良好紧密，引出线接线正确。⑧所有能触及的穿芯螺栓应连接紧固。用兆欧表测量穿芯螺栓与铁芯、轭铁以及铁芯与轭铁之间的绝缘电阻，并作1000V的耐压试验。⑨油路应畅通，油箱底部清洁无油垢杂物，油箱内壁无锈蚀。⑩芯子检查完毕后，应用合格的变压器油进行冲洗，并从箱底油堵处

将油放净。吊芯过程中,芯子与箱壁不应碰撞。⑪吊芯检查后如无异常,就应立即将芯子复位并注油至正常油位(变压器油应事先试验合格)。⑫吊芯检查完成后,要对油箱系统密封进行全面仔细检查,不得有漏油渗油现象。⑬吊芯检查报告应作为竣工资料之一,在竣工交接时提交建设单位。

二、配电盘、柜安装

配电柜也称开关柜或配电屏,其外壳通常采用薄钢板和角钢焊制而成。根据用途及功能的需要,在配电柜内装设各种电气设备,如隔离开关、自动开关、熔断器、接触器、互感器以及各种检测仪表和信号装置等。安装时,必须先制作和预埋底座,然后将配电柜固定在底座上。其固定方式多采用螺栓连接(对固定场所,有时也采用焊接)。

(一)盘、柜的二次搬运

①盘、柜的运输应由起重工作业,电工配合。根据设备的质量、距离长短,可采用汽车、汽车吊配合运输,人力推车运输或卷扬机滚杠运输。②设备吊点。盘、柜顶部有吊环者,吊索应穿在吊环内;盘、柜顶部无吊环者,吊索应挂在四角主要承力结构处,不得将吊索掉在设备部件上(如开关拉杆等)。吊索的绳长应一致,以防柜体变形或损坏部件。③运输中必须用软绳索将设备与车舍固定牢固,防止磕碰,以免仪表、元件或油漆损坏。④二次搬运盘、柜顺序应按施工图的位置进入变配电室,以先里后外的顺序搬运至设备基础附近,以便安装。

(二)盘、柜的安装

盘、柜的安装应按施工图位置顺序排列在预制的型钢基础上,单台盘、柜只找柜面和侧面的垂直度。成列盘、柜的安装,应先找正两端的柜。然后在距柜顶和柜底各200mm处在两端柜之间绷两根小线(可采用棉线或尼龙线)作为稳装成列盘柜的基准线。其他柜以第一台柜为基准比对基准线逐台找正。找正时采用贴片在柜体和型钢基础之间进行调整,每处垫片最多不得超过3片。稳装到最后两台柜时,为便于安装,可将最后一台柜移开后将两台柜顺序排列在型钢基础上,以成排柜为基准进行找正。

找平找正后,按设备底角孔在型钢基础架上好孔,然后移开盘、柜。按柜固定螺栓尺寸,在基础型钢架上用手电钻钻孔。一般的要求是,低压柜钻 ϕ12.2孔,高压柜钻 ϕ16.2孔。钻孔后将盘、柜重新推回到型钢基础上(移动设备时注意找正时的垫片位置),分别用M12、M16镀锌螺栓固定。柜体与型钢基础、柜体与柜体、柜体与两侧挡板均采用镀锌螺栓固定,找正要求再进一步找平、找正。

盘、柜接地,每台柜应单独与接地干线连接。①柜、屏、台、箱、盘的金属框架及基础型钢必须接地(PE)或接零(PEN)可靠；装有电器的可开启门，门和框架的接地端子间应用裸编织铜线连接，且有标识。②低压成套配电柜、控制柜(屏、台)和动力、照明配电箱(盘)应有可靠的防电击保护。

手车式高压柜安装应做到：①手车推入、拉出应灵活，主回路隔离触头应准确地插入触头座。②接地触头或接地簧片在手车推入时必须和车体接触良好，接触处如有油漆或锈污，必须用砂纸擦净③安全挡板能随手车的进出而灵活升降，不得卡住。

当高压柜及低压柜同设一室且二者中只有一个柜顶有裸线的母线时，二者之间的净距离不应小于2m。

成排布置的配电柜总长度超过6m时，柜后的通道应有两个通向本室或其他房间的出口，并应布置在通道的两端，当两出口之间距离超过15m时，其间还应增加出口。

配电柜安装完毕后，漆层应完整、无损伤，固定支架均应刷漆。

配电柜安装完毕后进行检查并作好监测记录，盘、柜检查记录作为竣工资料之一，在竣工交接时提交建设单位。

三、母线安装

变配电装置的配电母线一般由硬母线制作，又称汇流排。它用绝缘子支承，有时需穿越室内外建筑物，其材料多为铝(铜)板材。

(一)母线支架的制作和安装

①母线支架用50mm×50mm×5mm的角钢制作，用M10膨胀螺栓固定在墙上。②母线支架的间距，低压母线不得大于900mm，高压母线不得大于1200mm，封闭母线、插接布线的支架选用"输电母线槽"。

(二)母线安装的一般规定

本款规定适用于10 kV及以下硬母线的安装，封闭布线、插接母线"输电母线槽"。

①进入现场的铜、铝母线、铝合金管母线应报请监理对材质进行核验。②母线表面应光滑平整，不应有裂纹、折皱、夹杂物及变形和扭曲现象。③各种金属支架、构架的安装螺丝孔不应采用气焊割孔或电焊吹孔。④支持绝缘件底座、套管的法兰、保护网(罩)等不带电的金属构件、支架应按规定进行接地，接地线宜排列整齐、方向一致。⑤母线与母线、母线与分支线、母线与电器接线端子搭接时，其搭接的处理应符合下列规定：铜与铜：室外、高温且潮湿或对母线有腐蚀性气体的室内，必须搪锡，在干燥的室内可直接连接。铝与铝：直接连接。钢与钢：必须搪锡或镀锌，不得直接连接。铜与铝：在干燥的室内，铜导体应搪锡，室外或空气相对湿度接近100%的室内，应采用铜铝过渡板，

铜端应搪锡。钢与铜或铝：钢搭接面必须搪锡。

（三）母线的加工

①母线加工前应当进行调直，母线调直必须用木槌，下面垫道木进行作业，不得用铁锤调直。母线调直后按所需长度进行切断，切断时用手锯或砂轮作业，不得用电弧或电焊进行切断。母线的切断面应平整。②矩形母线应减少直角弯曲，母线弯曲需用工具进行冷煨，矩形母线不得进行热煨弯。③母线扭弯，扭弯部分的长度不得小于母线宽度的2.5～5倍。④母线开始煨弯处距最近绝缘子的母线支持夹板边缘的距离不应大于0.25L，但不得小于50mm。同时母线开始煨弯处距母线连接位置不应小于50mm。

（四）母线的安装

绝缘子安装。绝缘子安装前要摇测绝缘，绝缘电阻值大于1mΩ为合格。检查绝缘子外观无裂纹、缺陷现象，绝缘子灌注的螺栓、螺母应牢固。绝缘子上下要各垫一个石棉垫固定在支柱上，同时绝缘子夹板、卡板的制作要与母线的规格相适应，绝缘子夹板、卡板的安装要牢固。

母线的螺栓连接。矩形母线应采用贯穿螺栓连接。管形和棒形母线应用专用线卡连接，严禁用内螺纹管接头或锡焊连接。

母线采用螺栓连接时，垫圈应选用专用加厚垫圈，相邻螺栓垫圈间应有3mm以上的净距，螺母侧必须配齐镀锌的弹簧垫、螺栓。母线平置时，贯穿螺栓应由下往上穿，其余情况下，螺母应置于维修侧，螺栓长度应在螺栓紧固丝扣后能露出螺母2～3扣。螺栓受力应均匀，不应使电器的连接端子受到额外应力。母线的接触面应连接紧密，连接螺栓应用力矩扳手紧固。

母线安装除应满足本章的一般规定外，还应满足以下规定：①水平段：两支持点高度误差不大于3mm，全长不大于10mm。②垂直段：两支持点垂直误差不大于2mm，全长不大于5mm。③间距：平行部分间距应均匀一致，误差在5mm以内。

对水平安装的母线应采用开口扁钢卡子，对垂直安装的母线夹板，母线只允许在垂直部分的中部夹紧在一对夹板上，同一垂直部分的其余的夹板和母线之间应留有1.5～2mm的间隙。

母线安装调整完毕后将元宝卡子扭斜，卡子扭斜的方向应一致，使卡子的对角固定母线。

母线固定金具与支持绝缘子间固定应平整牢固，不应使其所支持的母线受到额外应力。交流母线的固定金具或其他支持金具不应形成闭合磁路。

管形母线安装在滑动式支持器上时，支持器的轴座与管形母线之间应有1～2mm的间隙。

（五）母线安装后的试验

低压母线在拆除和原有通路的二次回路接线后，用500V兆欧表摇测试验，各相母线对地及各相母线之间的绝缘电阻不得小于0.5高压母线必须作工频耐压试验，一般可同高压设备一起委托符合资质要求的试验单位试验。

四、隔离开关及负荷开关的安装

（一）隔离开关的安装

隔离开关是在无负载情况下切断电路的一种开关，起隔离电源的作用。根据级数分为单级和三级；根据装设地点分为室内型和室外型。

室内三级隔离开关由开关体和操作机构组成。常用的隔离开关本体有 GN 型，操作机构为 CS6 型手动操作机构。

1. 外观检查

安装隔离开关前，应按下列要求进行检查清理：①隔离开关的型号及规格应与设计施工图相符；②接线端子及闸刀触头应清洁，并且接触良好（可用 0.05×10mm 的塞尺检查触头刀片的接触情况），触头如有铜氧化层，应使用细纱布擦净，然后涂上凡士林油膏；③绝缘子表面应洁净，无裂纹、无破损、无焊接残留斑点等缺陷，瓷体与铁件的连接部分应牢固；④隔离开关底座转动部分应灵活；⑤零配件应齐全、无损坏，闸刀触头无变形，连接部分应紧固，转动部分应涂以适合当地环境与气候条件的润滑油；⑥用 1000V 和 2500V 兆欧表测量开关的绝缘电阻，10kV 隔离开关的绝缘电阻值应在 80 ～ 1000mΩ 以上。

2. 隔离开关的安接

隔离开关经检查无误后，即可进行安装。

①预埋底脚螺栓。隔离开关装设在墙上时，应先在墙上划线，按固定孔的尺寸，预埋好底脚螺栓；装设在钢构架上时，应先在构架上钻好孔眼，装上紧固螺栓。②本体吊装固定。用人力或滑轮吊装，把开关本体安放于安装位置，然后对正底脚螺栓，稍拧紧螺母，用水平尺和线垂进行位置校正后将固定螺母拧紧。在吊装固定时，要注意不要使本体瓷件和导电部分遭受机械碰撞。③安装操作机构。将操作机构固定在事先预埋好的支架上，并使用其扇形板与隔离开关上的转动拐臂（弯连接头）在同一垂直平面上。④安装操作连杆。连杆连接前，应将弯连接头连接在开关本体的转动轴上，直连接头连接在操作机构扇形板的舌头上，然后把调节元件拧入直连接头。操作连杆应在开关和操作机

构处于合闸位置装配，先测出连杆的长度，然后下料。连杆一般采用 φ20mm 的黑铁管制作，加工好后，两端分别与弯连接头和调节元件进行焊接。⑤接地连接。开关安装后，利用开关底座和操作机构外壳的接地螺栓，将接地线（如裸铜线）与接地网连接起来。

3. 整体调试

开关本体、操作机构和连杆安装完毕后，应对隔离开关进行调试。

①第一次操作开关时，应缓慢作合闸和分闸试验。合闸时，应观察可动触刀有无旁击，如有旁击现象，可用改变固定触头的位置使可动触刀刚好插入静触头内。插入的深度不应小于90%，但也不应过大，以免合闸时冲击绝缘子的端部。动触刀与静触头的底部应保持3～5mm 的间隙，否则应调整直连接头而改变拉杆的长度，或调节开关轴上的制动螺钉以改变轴的旋转角度，来调整动触刀插入的深度。②调整三相触刀合闸的同步性（各相前后相差值应符合产品的技术规定，一般不得大于3mm）时，可借助于调整升降绝缘子连接螺钉的长度，来改变触刀的位置，使得三相触刀同时投入。③开关分闸后的张开角度应符合制造厂产品的技术规定。④调整触刀两边的弹簧压力，保证动、静触头有紧密的接触面。此时一般用 0.05×10mm 的塞尺进行校验，其要求是：线接触时应塞不进去；面接触时塞尺插入的深度不应超过4mm（接触面宽度≤50mm）或6mm（接触面宽度≥60mm）。⑤如隔离开关带有辅助接头时，可根据情况改变耦合盘的角度进行调整。要求常开辅助接头应在开关合闸行程的80%～90%时闭合，常闭触头应在开关分闸行程的75%断开。⑥开关操作机构的手柄位置应正确，合闸时手柄应朝上，分闸时手柄应朝下。合闸与分闸操作完毕后其弹性机械锁销（弹性闭锁销）应自动进入手柄末端的定位孔中。⑦开关调整完毕后，应将操作机构中的螺栓全部固定，将所有开口销子分开，然后进行多次的分合闸操作，在操作过程中再详细检查是否有变形和失调现象。调试合格后，再将开关的开口销子全部打入，并将开关的全部螺栓、螺母紧固可靠。

（二）负荷开关的安装

负荷开关是负载情况下闭合或切断电路的一种开关。常用的室内负荷开关有 FN2 和 FN3 型，这类开关采用了由开关传动机构带动的压气装置，分闸时喷出压缩空气将电弧吹熄。它灭弧性能好，断流容量大，安装调整方便。FN2-10R 型负荷开关，带有 KN1 型熔断器作过载及短路保护使用，其常用的操作机构有手动的 CS4 型或电动的 CS4-T 型。

FN2 型负荷开关是三级联动式开关，与普通隔离开关很相似，不同之处是又多了一套灭弧装置和快速分断机构。它由支架、传动机构、支持绝缘子、闸刀及灭弧装置等主要部分组成。其检查、安装调试与隔离开关大致相同，但调整负荷还应符合下列要求：①负荷开关合闸时，辅助（灭弧）闸刀先闭合，主闸刀后闭合；分闸时，主闸刀先断开，辅助（灭弧）闸刀后断开；②灭弧筒内的灭弧触头与灭弧管的间隙应符合相关要求；③合闸时，刀片上的小塞子应正好插入灭弧装置的喷嘴内，并避免将灭弧喷嘴破坏，否则应及时处理；④三相触头的不同时性不应超过3mm，分闸状态时，触头间距及张开的角度应符合产品的技术规定，否则应按隔离开关的调整方法进行调整；⑤带有熔断器的负荷开关在安装前应检查熔断器的额定电流是否与设计相符。

五、互感器的安装

电压和电流互感器统称为互感器。电压互感器用 PT 或 TV 表示（CVT 与传统的电压互感器不同，它是电容式电压互感器），它能将高电压变换为测量保护中使用的低电压；电流互感器用 CT 或 TA 表示，它能将大电流变换为小电流。此外，使用互感器可使测量仪表的低压电路与高压电路相隔离，解除高压给仪表和工作人员的带电威胁。同时降低了仪表的绝缘要求，使结构简单，成本降低。

（一）互感器安装的仪表规定

1. 互感器的搬运

①互感器在运输和保管期间应防止受潮、倾倒或机械损伤。②油浸式互感器应直立搬运，运输倾斜角不宜超过15°。③油浸式互感器整体起吊时，吊索应固定在规定的吊环上，不得利用瓷裙起吊，并不得碰伤瓷套。

2. 互感器的外观检查和器身检查

互感器运达现场后应进行外观检查，安装前应进行器身检查（油浸式互感器发现异常情况时才需进行器身检查）。检查项目与要求如下：①附件应齐全，无锈蚀或机械损伤；②瓷件质量应符合有关技术规定；③油浸式互感器的油位应正常，密封良好，油位指示器、瓷套法兰连接处、放油阀均应无浸油现象；④瓷套管应无掉落、裂纹等现象，瓷管套与上盖间的胶合应牢靠，法兰盘应无裂纹，穿心导电杆应牢固，各部螺栓应无松动；⑤铁芯无变形、无锈蚀，线圈绝缘应完好、紧固，油路应无堵塞现象，绝缘支撑物应牢固；⑥互感器的变比分接头位置应符合设计规定；⑦二次接线应完整，引出端子应连接牢固，绝缘良好，标志清晰；⑧互感器除应按上述要求检查外，还应遵照电力变压器检查的有关规定。

3. 互感器的安装要求

①互感器应水平安装，并列安装的互感器应排列整齐，同一组互感器的极性方向应一致。②互感器的二次接线端子和油位指示器的位置，应位于便于检查的一侧。

（二）电压互感器及其安装

1. 电压互感器

电压互感器能提供量测量仪表和继电保护装置用的电压电源，二次电压均为100V。电压互感器按其冷却条件分为干式和油浸式两种；按相数分为单相和三相；按原理分为电容电压互感器和电磁式电压互感器；按安装地点分为户内式和户外式两种；按绕组数分为双绕组、三绕组两种等。

2. 电压互感器的安装

（1）电压互感器的固定

电压互感器一般直接固定在混凝土墩上或构件上。若在混凝土墩上固定，需等混凝土达到一定强度后方可进行。配电柜内的电压互感器一般为成套设备，无须安装，只须检查接线。

（2）电压互感器的接线

在接线时应注意以下几点：①互感器套管上的母线或引线，不应使套管受到拉力，以免损坏套管；②电压互感器外壳及分级绝缘互感器的一次线圈的接地引出端子必须妥善接地；③电压互感器低压侧要装设熔断器，熔体额定电流一般为2A为宜；④电压互感器与新装变压器一样，交接运行前必须经交流耐压试验，并应测量线圈的绝缘电阻（一次线圈对外壳的绝缘电阻用2500V兆欧表测量，二次线圈对一次线圈及外壳的绝缘电阻用1000V兆欧表测量）；⑤电压互感器在运行中，二次侧不可短路；⑥电压互感器的副边绕组必须可靠接地。

（三）电流互感器及其安装

1. 电流互感器

电流互感器是将大电流变成小电流的装置，所以又称交流器，它提供测量仪表和继电保护装置的电流电源。电流互感器的一次（即主边）电流由负荷而定，二次电流（即副边）均为5A。电流互感器按其冷却条件可分为空气冷却和油冷却两种；按功能可分为计量式和保护式；按一次线圈的匝数又可分为单匝式和多匝式。

2. 电流互感器的安装

电流互感器一般在金属构件上（如母线架上）和母线穿越墙壁或楼板处安装固定。安装固定时应注意以下几点：①电流互感器安装在墙孔及楼板中心时（安装方法与穿墙套管相似），其周边应有2～3mm的间隙，然后塞入油纸板，以便于拆卸维护和避免外壳生锈；②每相的电流互感器，其中心应安装在同一平面上，并与支持绝缘子等设备在同一中心线上，各互感器的间距应一致；③零序电流互感器安装时，与导磁体或其他无关的带电导体相距不应太近；互感器构架或其他导磁体不应与铁芯直接接触，或不应构成分磁电路。

3. 电流互感器的接线

在实际接线时还要符合下列要求：①接至电流互感器端子的母线，不应使电流互感器受到任何拉力；②电流互感器的法兰盘及铁芯引出的接线端子，一般用裸铜线用螺栓进行接地连接；③电流互感器在运行时，其二次线圈不应开路；④当电流互感器的二次线圈绝缘电阻低于（10～20）MΩ 时，必须进行干燥处理，使其绝缘恢复；⑤电流互感器二次线圈接地端必须可靠接地。

六、支持绝缘子、避雷器的安装

（一）支持绝缘子的安装

在变配电所中，硬母线在绝缘子支架上的安装有水平安装方式和垂直安装方式。关于支持绝缘子安装应注意下列事项：①支持绝缘子装在砖墙、混凝土墙或金属支架上，均需预先埋好底脚螺栓或金属支架，等到混凝土凝固后才可安装瓷器。支架上的穿钉螺孔要做成略为长形，以便安装时调节间距。②检查外表有无裂缝、细孔或机械损伤，用汽油将瓷体擦净。并检查出厂合格证明，如没有合格证，应进行绝缘测量及耐压试验，在20℃时绝缘电阻值应在 1 000mΩ 以上，必要时再进行耐压试验。③在直线上安装瓷瓶时，应先将两头装好作基准点，拉好一条钢丝后把中间的瓷瓶一一装好，使其达到水平与垂直一致。④瓷瓶的底座及金属支架都须接地，一般用扁钢或裸铜线，为了美观，各瓷瓶的接地引线方向必须一致。⑤垂直装瓷瓶时，应从高处往下装，以免工具或材料跌落而打坏瓷瓶。⑥如底部基础尚未完工或瓷瓶附近烧电焊时，为防止损坏瓷器，应用麻布或厚纸包扎瓷瓶，以起到保护作用。

（二）避雷器的安装

1. 安装避雷器需注意的几个事项

在安装避雷器现场，首先检查避雷器应选用符合一级分类试验产品，其冲击电流可按 GB50057-1994规定方法选取，当较难计算时，可按 IEC 60364-5-534 的规定，每一个相线和中性线对保护地之间的避雷器的冲击电流值不应小于12.5 kA。采用3+1形式时、中性线与保护地之间不宜小于50 kA，在分配点盘处或 UPS 前端宜安装第二级避雷器，在重要的终端设备和精密敏感设备处宜安装第三级避雷器，其标称放电电流不应小于3 kA。

在线路上多处安装避雷器时，两避雷器之间不宜小于5m 如小于5m 应加装退耦元件。

电源线路多级避雷器防护，主要目的是达到分级泄流，避免单级防护时，如果所选单级避雷器防护水平低，随着过大的雷击电流而出现损坏单级避雷器，导致防雷失败；

如果所选避雷器防护水平高，限制电压也会相对较高，再加上从防雷器安装位置到被保护设备间线路的感应雷强度，会造成到达被保护设备的浪涌电压超过设备耐压值，造成设备的线路或元件发生击穿。通过合格的多级泄流能量的配合，保证避雷器有较长的使用寿命和设备电源的残压低于设备端的耐雷电流冲击电压，确保设备的安全。

避雷器一般并联安装在各级配电柜（箱）开关之后的设备侧，它与负载的大小无关。而接串联型的避雷器时必须考虑负载的功率，不能超过串联型的避雷器的额定功率，并留有一定的余量。

在选用避雷器标称放电电流时，并不是选择的越高越好。若选择的太高这无疑会增大用户的工程费用，同时也是一种资源的浪费；但也不能选择太低，否则对设备起不到保护作用。所以在选供电线路避雷器时，标放电电流应科学合理，这样才能达到最佳效果。

安装建筑物及设备的供电系统避雷器，首先检查是否是单相或三相供电，是否是 TT 供电模式。在 TN-C-S 供电系统中，防雷器只需选用三片防雷模块，防雷器并行接到三根电源相线上，相线通过防雷器接到保护地中性线上。

3+1 防雷器是指相线与中性线之间安装压敏电阻防雷模块，而中性线和地线之间安装放电间隙的防雷器模块。

如果是 TN-S 制式的供电系统（3+1）电路结构的防雷器，三根相线通过防雷器连接到中线，中线通过火化间隙器连接到保护地线中，这种电路结构可以预防由于市电故障而产生的短时过电压，从而避免引起防雷器产生短路电流的问题。

在 TT 型供电系统中，先用防雷器（3+1）把三根相线通过防雷器连接到中线，中线通过火花间隙器连接到（保护地）线，中性线串接到一起。这种电路结构可预防因为市电故障而产生的短路时过电压，从而避免防雷器产生短路电流的问题。

注意在电源前端，断路器的容量大于防雷器的要求数值时，须在防雷器的前端串接适当的断路保护器。

2. 在安装避雷器时需注意的几个环节

（1）交流工作接地

是在变压器的中性点与中性线接地，在高压系统里采用中性点接地方式，可使接地继电保护准确动作并消除单相电弧接地电压，可防止零序电压偏移，保护三相电压基本平衡。做好交流接地一定要高度重视，仔细、认真施工。

（2）安全保护接地

其目的是将电气设备的金属部分与接地体之间做良好的金属接地。具体来说就是将用电设备的金属构架用(保护地)线连接起来,但严禁将保护地线与中性线连接。加装保护接地装置是降低它的接地电阻,不仅保护智能电气系统设备安全有效地运行,也是保护非智能建筑内设备及人身安全的必要手段。

(3)直接接地

在现代化的、智能化的楼宇内,包含有大量的计算机通信设备和带有大量的自动化设备。因此,为了使其准确性高、稳定性好,除了需要一个稳定的供电电源外,还必须具备一个稳定的基本电位。在具体工作中,可采用较大截面的绝缘铜线作为引线,一端直接与基准电位连接,另一端与供电设备的直流接地。在安装避雷器系统的过程中,要求防雷保护接地电阻应小于4Ω,直流工作接地应小于等于4Ω,才能保证智能化楼宇的安全。

3. 阀型避雷器的安装

①新装避雷器,首先应检查其电压等级是否与被保护设备相符。②新装和复装(无雷期退出运行)前,必须进行工频交流耐压试验和直流泄漏试验及绝缘电阻的测定,达不到标准要求的,不能使用。③安装前,应检查避雷器是否完好。其瓷件应无裂纹、无破损;密封应完好,各节的连接应紧密;金属接触的表面应清除氧化层、污垢及异物,保护清洁。④安装时的线间距离应符合规定:3kV 时为46cm;6kV 时为69cm;10kV 时为80cm。水平距离均应在40cm 以上。⑤避雷器应对支持物保持垂直,固定要牢靠,引线连接要可靠。⑥避雷器的上、下引线要尽可能短而直,不允许中间有接头。其截面应不小于规定值,铝线不小于25mm²,铜线不小于16mm²。⑦避雷器的安装位置与被保护设备的距离,应越近越好,对3 ～ 10kV 电气设备的距离应不大于15m。

阀型避雷器在安装前,应作简单的现场试验,可用2500V 及以上的兆欧表测量其绝缘电阻,对配电线路常用的 FS 型避雷器,其绝缘电阻一般应大于2000mΩ,每次测量,应做好记录建卡工作,以便掌握其绝缘电阻有无大的变化,若绝缘电阻值与上次比较下降幅度很大,说明有可能是密封老化致使受潮或火花间隙短路造成的。

4. 阀型避雷器的巡视检查

①瓷套是否完好,有无破损、裂纹及闪络痕迹,表面有无严重污秽。②引线有无松动及烧伤现象或机械损伤情况。③上帽引线处密封是否正常,有无进水现象。④瓷套与法兰处的水泥接缝及油漆是否完好。⑤听一听避雷器内部有无声响。

七、穿墙套管的安装

穿墙套管是高压架空进户线引入室内时或其他情况下作为引导导电部分穿过建筑物或穿过电气设备箱壳,是导体部分与地绝缘及支持用。引入线的高压套管安装方法有两种，一种是在施工时把套管螺栓直接埋在墙上，并预留三个套管孔，套管就直接固定在墙上；另一种是根据图样，在施工时在墙上与六角钢架大小的方孔，套管在角钢架中钢板上安装。一般变配电所的引入、引出线，常采用这种方式。

采用这种穿墙板安装瓷套管应注意下列事项：①角钢支架用混凝土牢靠，若安装在外墙上，其垂直面应略呈斜坡，使套管安好后屋外的一端稍低；若套管两端均在屋外，角钢支架仍需保持垂直，套管仍需水平。②角钢架必须良好接地，以防发生意外事故。③套管应详细检查，不应有裂纹或破碎现象，并用1000～2500V摇表测定绝缘，电阻值需在1000mΩ以上，必要时应作耐压试验。④套管的中心线应与支持绝缘子中心线在同一直线上，尤其是母线式套管更应注意，否则母线穿过时会发生困难。⑤瓷套管两端导线与墙面的距离见下表，必须符合母线安装一节的规定，若受现场限制不能达到时应将角钢架四面的端凸角削去，使其与角钢架形成45°。

八、二次接线的安装

凡用于电力系统或电气设备的量测仪表，控制操作信号装置、继电保护和自动装置等设备均属二次设备用导线或控制电缆，将二次设备按一定的工艺和功能要求连接起来所构成的电路，均称为二次接线或二次回路。

（一）二次接线的连接组件

二次接线除电缆和导线外，还包括接线端子板、电阻器和保险器等主要元器件。

1. 接线端子板

接线端子板适用于二次设备之间或配电柜之间转线时连接导线用的主要元件。其种类较多，按结构形式可分为固定端子板（不能拆开的端子）和活动端子板（可以拆开的端子）。

（1）固定端子板

它由绝缘材料（如胶木，分层绝缘材料等）制成，上面敷有一定间隔的带压接螺钉的铜条，用于连接导线。固定端子二次接线中。

（2）活动端子板

它是在金属制作的端子板上，由几个或几十个绝缘胶木制作的端子用螺钉固定而成，接线端子可以拆开，并且可装设试验端子和二次回路保险管，其性能较完善，可用于复杂的二次接线。

2. 电阻器

二次回路通常采用陶瓷电阻器作为专用的附加电阻，用来提供二次设备需要的不同电压值或二次设备的热稳定。应水平位置安装，并使其有良好的散热条件。

3. 保险器

二次回路专用的短路保护装置，一般采用管形玻璃式，直接安装在端子板的保险管端子上。

4. 接线端子标号牌

二次接线比较复杂，导线根数又多，为区别不同接线与端子的功能与标号，电缆线芯和导线的端部均应装设接线端子标号牌，以表明其回路编号，便于安装、检查和维修。目前多采用聚氯乙烯套管坐标号牌，由于聚氯乙烯用防褪色的墨汁写字困难，所以一般采用二氯乙烷加紫药水（即龙胆紫）制成的混合液体作为写字墨水。

（二）二次接线的敷设方式

二次接线的敷设方式应由控制盘、继电保护盘、互感器及配电间隔的具体结构和周围的环境等条件决定。

1. 在混凝土或砖结构上的敷设方式

这种敷设方式通常将导线敷设在金属线夹或绝缘线夹上，导线与结构表面的间距约为10mm。

金属线夹一般用1mm厚的铁皮制成，绝缘线夹用胶木或塑料板制成。高度和长度应根据导线的线径、根数、排列层数等实际情况而定。在金属线夹内的导线束，要用绝缘带（如黄蜡带、塑料袋）将其包扎，包扎层数一般为2～3层，两端应各伸出2mm。

2. 直接在混凝土或金属表面上的敷设方式

导线直接敷设在混凝土或金属表面上时，可将导线直接将线卡固定。线卡可按图示尺寸加工，线卡下导线束固定的处理与上述方法相同。

3. 在配电柜上的敷设方式

当在配电柜内敷设时，一般常采用带扣的抱箍绑扎导线，不另设支撑点。带扣抱箍可用厚0.2mm、宽8～12mm的镀锌铁皮按图中形式制作。如绑扎导线较少，一般可采用铝线卡作为导线的抱箍。此外还应注意配电柜内敷设的二次导线不允许有接头。

4. 在线槽内的敷设方式

为简化敷设工作，目前已广泛采用将导线敷设在预先制成的线槽内。线槽由钢板或塑料制成，敷设时，先将线槽固定在配电柜上，然后将导线放在槽内，并用布带或线绳将其绑扎成束，接至端子板的导线由线槽旁边的孔眼中引出。

（三）二次接线的敷设

当量测仪表、继电保护、互感器或其他自动装置分别安装完毕后，就可进行二次接线的敷设工作。

1. 确定敷设位置

根据安装接线图确定导线的敷设位置，用直尺或线垂划好线，标出线夹固定螺钉的安装位置。

线夹的间距通常根据下列要求确定：①裸铅皮或橡皮保护包皮的绝缘电缆在垂直敷设时，线夹间距为400mm，水平敷设时，为150mm。②橡皮或塑料导线在垂直敷设时线夹间距为200mm，水平敷设时为150mm。

2. 固定线夹和敷设导线

先用螺钉将线夹挂上，然后开始进行敷设：为避免导线交叉应根据安装图的编号及端子的排列顺序，合理安排导线的排列位置，再根据导线实际需要的长度（包括弯曲和预留长度）切断导线，并将其拉直。敷设时，先将端部的一个线夹和抱箍把导线包住，使其成束（单层或多层），再将导线沿敷设方向用线夹夹好，然后在导线下垫好绝缘层。最后将导线束进行修整，一般可用小木锤将线束轻轻敲平，使其整齐美观。

3. 导线分支

当导线分支由线束引出时，必须将导线做成慢弯，不能用带尖棱的工具（如螺丝刀，平口钳等）弯曲导线。导线的弯曲半径一般为导线直径的3倍左右，当导线穿过金属板时，应加套绝缘衬管保护。

（四）导线的分列和连接

1. 导线的分列

导线的分列是指导线有线束引出，并有次序的与端子连接。为了使导线分列正确，在分列时应根据接线图校线，并将校好的导线挂上临时标号，以备接线。

分列的方法通常有单层分列法、扇形分列法和垂直分列法。

（1）单层分列法

当接线端子不多，而且位置较宽时，可采用单层分列法。为使导线分列整齐美观，分列时一般从外侧端子（终端端子）开始，依次将导线接在相应的端子上，并使导线横平竖直。

（2）扇形分列法

在不复杂的单层或双层配线时，常采用扇形分列法，此法接线简单、安装迅速、外形整齐。敷设时，应将导线校好拉直，先从外侧敷设固定，然后逐渐移到中间。

（3）垂直分列法

这种分列法用于端子板垂直安装时导线的分列，常用于配电柜内端子板的导线连接。

电缆沟引向配电柜的导线校直后，将其绑扎成束（单层或双层）后，固定在端子板两端，然后由线束引出导线，接至端子板。

上述各种分列法的导线均不应交叉，如遇特殊情况，应设法使导线的上层部分不存在交叉现象。此外，接线端子板上的每个端子一般只接一根导线。由线束引接到端子板或仪表、器件的导线，如长度超过200mm时，应用铝线卡、线绳或扎带将其绑扎成束，铝线卡或扎带下也应垫上绝缘层。

2. 二次导线与元器件的连接

从线束引出的导线经分列后，应将其正确的连接到接线端子和元器件上。

（1）剪断多余导线和线头加工

根据线束到端子的距离（包括弯曲部分）量好尺寸，剪断多余部分。然后用剥线钳或小刀剥削绝缘层时，应将小刀倾斜10°左右往外削，不能采用将线芯绝缘层割成环形刀口，再用钳子拉掉绝缘层的方法，以免损伤导线，去掉绝缘层后，用小刀背刮掉线芯上的氧化层和绝缘屑，以保证导线接触良好。线端处理完毕后，挂上标号牌，才能将导线连接到端子上。

（2）固定导线

导线直接与元器件连接时，应根据螺钉（或螺杆）的直径将导线的端部弯成一个圆环，其弯曲方向与螺钉旋入或螺母拧紧方向一致。

（3）装设终端附件

若导线截面为6mm^{2}以上的多芯绞线和10mm^{2}以上的单芯导线接入端子时，导线末端应采用终端附件（俗称线鼻子）连接。

（4）备用线芯

接线时如遇有备用的导线或电缆线芯，不要剪断，应将其卷成螺旋形并放在其他导线旁边。一般方法是用直径为20～30mm的圆木棒或螺丝刀柄，将备用线绕在上面，然后抽出木棒即成螺旋形。

（五）二次接线的检查

1. 校线

二次回路在接线前后均应进行校线工作，以保证导线与端子的连接正确。如果是单层配线方式，并且线路较短、所有导线及其连接都比较明显时，只需仔细与二次连接图和安装图校对，就可判断接线是否正确时，则必须进行校线工作。

（1）摇表校线法

校线时，用一根连接线将其一端接至电缆的铅皮上或接地，另一端接至导线束的任何一根导线上；在电缆或导线束的另一端，将摇表的一端子接在铅皮或接地端上，然后用摇表另一端子依次接触电缆或导线束的每一线芯。当摇动摇表时，若指针为零，则表示导线连接的那根导线与摇表端子接触的线芯时同一根线芯。此外也可使用万用表代替摇表校线。

（2）电话听筒校线法

当检查两端在不同房间内或距离较远的导线（或控制电缆）时，常使用电话听筒校线法进行校线。当听筒中有响声并可同时通话时，说明导线构成闭合回路，则两听筒所接的线芯为同一线芯。

（3）电缆校正器校线法

此法是专用电缆校正器校线，校正器是由一些分别为100Ω、200Ω 等的电阻组成的电阻箱。校线时，先将被测电缆的铅包皮与电阻箱的一个公共端钮相连，其他各线芯分别与电阻箱的100Ω、200Ω 等按钮相连，然后在电缆的另一端用欧姆表测量，使欧姆表的一根表笔与电缆铅皮相连，另一根表笔分别与各线芯相接触，从而测出各线芯对铅皮的电阻值。如测出电阻为100Ω，则说明与万用表相连的此根线芯和接在电缆校正器100Ω 端钮上的线芯是同一线芯。如此依次进行测量，就可较方便地校出每根线芯。

2. 二次绝缘电阻的测定

对新安装的二次接线回路，必须测量其绝缘电阻值，以检验绝缘二次回路的绝缘情况。测量绝缘电阻时，应使用$500 \sim 1000V$的摇表；电压为48V及以上的回路，应使用不超过500V的摇表。

（1）二次回路的测定范围

二次回路的测定范围应包括所有电气设备的二次回路，如操作、信号、保护、测量等回路以及这些回路的所有电器。这些回路可分为以下几种：①直流回路：由保险器或自动开关隔离的一段。②电流回路：由一组电流互感器连接的所有保护装置及仪表回路，或一组保护装置的数组电流互感器回路。③电压回路：由一组或一个电压互感器连接的回路。

（2）二次回路绝缘电阻的允许值

对新安装的二次接线回路，应测量导线对地以及线芯间或相邻导线的绝缘电阻值，并应使之符合下列规定：①直流小母线或控制盘的电压小母线，在断开所有其他连接支路时，其绝缘电阻应不小于$10md\Omega$。②二次回路的每一支回路和熔断器、隔离开关、操作机构的电源回路均应不小于$1m\Omega$。在较潮湿的地方，可降低到$0.5m\Omega$。

若测量中发现某一回路绝缘电阻不符合规定，应找出原因（一般多因触点、接点、线圈受潮所致）。找出原因后，作适当处理，然后再测定绝缘电阻直至合格。

3. 二次回路的交流耐压试验

二次回路的试验标准电压为1000V。绝缘电阻在10mΩ以上的回路可用2500V摇表来代替，时间为1min。48V以下的回路可不作交流耐压试验。

九、配电箱和开关箱的安装与维护

配电箱是指定型成品配电箱，如动力配电箱、计量箱和通用控制箱等，箱内的仪表、开关、电器等元器件均由制造厂配置。配电箱主要有悬挂式、嵌墙式和落地式三种安装方式。

（一）配电箱、开关箱安装的基本要求

1. 配电箱、开关箱的设置

配电箱、开关箱应装设在干燥、通风及常温场所，不得装设在有严重损伤作用的瓦斯、烟气、潮气及其他介质中，也不得装设在易受外来固体物撞击、强烈振动、液体浸溅及高温烘烤场所。否则，应予清除或作防护处理。

①配电系统应设置配电柜或总配电箱、分配电箱、开关箱，试实行三级配电。配电系统宜使三相负荷平衡。220V或380V单相设备宜接入220/380V三相四线供电。②总配电箱以下可设若干分配电箱；分配电箱以下可设若干开关箱。总配电箱应设在靠近电压电源的区域，分配电箱应设在用电设备或负荷相对集中的区域，分配电箱与开关箱的距离不得超过30m。③每台用电设备必须有各自专用的开关箱，严禁用同一个开关箱直接控制2台及2台以上的用电设备（含插座）。④动力配电箱与照明配电箱宜分别设置。当合并设置为同一配电箱时，动力和照明应分路配电；动力开关箱与照明开关箱必须分设。⑤配电箱、开关箱周围应有足够2人同时工作的空间和通道，不得堆放任何妨碍操作、维修的物品，不得有灌木、杂草。⑥配电箱、开关箱应采用冷轧钢板或阻燃绝缘材料制作，钢板厚度应为1.2～2.0mm，其中开关箱箱体钢板厚度不得小于1.2mm，配电箱箱体钢板厚度不得小于1.5mm，箱体表面应作防腐处理。⑦配电箱、开关箱内的电器应先安装在金属或非木质阻燃绝缘电器安装板上，然后方可整体紧固在配电箱、开关箱箱体内。金属电器安装板与金属箱体应作电气连接。⑧配电箱、开关箱内的电器（含插座）应按其规定位置紧固在电器安装板上，不得歪斜和松动。⑨配电箱的电器安装板上必须分设N线端子板和PE线端子板。N线端子板必须与金属电器安装板绝缘；PE线端子板必须与金属电器安装板作电气连接进出线中的N线必须通过N线端子板连接；PE线必须通过PE线端子板连接。⑩配电箱、开关箱内的连接必须采用铜芯绝缘导线，导线绝缘的颜色标

志应规范要求配置并排列整齐；导线分支接头不得采用螺栓压接，应采用焊接并作绝缘包扎，不得有外露带电部分。⑪配电箱、开关箱的金属箱体、金属电器安装板以及电器正常不带电的金属底座、外壳等必须通过 PE 线端子板与 PE 线作电气连接，金属箱门与金属箱必须通过采用编织软铜线作电气连接。⑫配电箱、开关箱中导线的进线口和出线口应设在箱体的下底面。⑬配电箱，开关箱的进、出口应配置固定线卡、进出线应加绝缘护套并成束卡在箱体上，不得与箱体直接接触，移动式配电箱、开关箱的进、出线应采用橡皮护套绝缘电缆，不得有接头。⑭配电箱、开关箱外形结构应能防雨、防尘。

2. 配电箱、开关箱的安装高度

配电箱的安装高度应按设计要求确定。配电箱、开关箱应装设端正、牢固。固定式配电箱、开关箱的中心点与地面的垂直距离应为1.4～1.6m。移动式配电箱、开关箱应装设在坚固、稳定的支架上。其中心点与地面的垂直距离应为0.8～1.6m。

3. 安装配电箱后壁的处理和预留孔洞的要求

在240mm厚的墙壁内安装配电箱时，其墙后壁需加装10mm厚的石棉板和直径为2mm、孔洞为10mm铅丝网，再用1：2水泥砂浆抹平，以防开裂。墙壁内预留孔洞的大小，应比配电箱的外形尺寸略大20mm左右。

4. 其他安装要求

①配电箱的金属构件、铁制盘及电器的金属外壳，均应作保护接地（或保护接零）处理。②接零系统中的零线，应在引入线处或线路末端的配电箱处作好重复接地。③配电箱内的母线应有黄（L1）、绿（L2）、红（L3）、黑（接地的零线）、紫（不接地的零线）等分相标志，可用刷漆涂色或采用与分相标志颜色相应的绝缘导线。④配电箱外壁与墙面的接触部分应涂防腐漆，箱内壁及盘面均刷两道驼色油漆。除设计有特殊要求外，箱内油漆颜色一般均应与工程门窗颜色相同。

5. 电器装设的选择

第一、配电箱、开关箱内的电器必须可靠、完好，严禁使用破损、不合格的电器。

第二、总配电箱的电器应具备电源隔离作用，正常接通与分断电路，以及短路、过载、漏电保护功能。电器设备应符合下列原则：①当总路设置总漏电保护器时，还应装设总隔离开关、分路隔离开关以及总断路器、分路断路器或总熔断器、分路熔断器、当总路所设总漏电保护器同时具备短路、过载、漏电保护功能的漏电断路器时，可不设总断路器或总熔断器。②当各分路设置分路漏电保护器时，还应装设总隔离开关、分路隔离开关以及总熔断器、分路断路器或总熔断器、分路熔断器。当分路所设漏电保护器同时具备短路、过载、漏电保护功能的漏电断路器时，可不设分路断路器或分路熔断器。③隔离开关应设置于电源进线端，应采用分段时具有可见分段点，并能同时断开电源所有极的隔离电器。如采用分段时具有可见分段点的断路器，可不另设隔离开关。④熔断器应选用具有可靠灭弧分段功能的产品。⑤总开关电器的额定值、动作整定值与分路开关电器的额定值、动作整定值相适应。

第三、总配电箱应装设电压表、电流表、电度表及其他需要的仪表。专用电能计量仪表的装设应符合当地供用电管理部门的要求。装设电流互感器时，其二次电路必须与保护零线有一个连接点，且严禁断开电路。

第四、分配电箱应装设总隔离开关，分路隔离开关以及总断路器、分路断路器或总熔断器、分路熔断器。

第五、开关箱必须装设隔离开关、断路器或熔断器以及漏电保护器。当漏电保护器同时具有短路、过载、漏电保护功能的漏电断路器时，可不装设断路或熔断器。隔离开关应采取分断时具有可见分断点，能同时断开电源所有极的隔离电器，并应将其设置于电源进线端。当断路器具有可见分段点时，可不另设隔离开关。

第六、开关箱中的隔离开关只可直接控制照明电路和容量不大于3.0 kW的动力电路，但不应频繁操作。容量大于3.0 kW的动力电路应采用断路器控制，操作频繁时还应附设接触器或其他启动控制装置。

第七、开关箱中各种开关电器的额定值和动作整定值应与其控制用电设备的额定值和特性相适应。

第八、漏电保护器应装设在总配电箱、开关箱靠近负荷的一侧，且不得用于启动电气设备的操作。

第九、漏电保护器的选择应符合现行国家标准GB 6829《剩余电流动作保护器的一般要求》和GB 13955《漏电保护器安装和运行的要求》的规定。

第十、开关箱中漏电保护器的额定漏电动作电流应不大于30mA，额定漏电动作时间应不大于0.1s。使用于潮湿或有腐蚀介质的漏电保护器应采用防溅型产品，其额定漏电动作电流应不大于15mA，额定漏电动作时间应不大于0.1s。

第十一、总配电箱中漏电保护器的额定漏电动作电流大于30mA，额定漏电动作时间应大于0.1s，但其额定漏电动作电流与额定动作时间的乘积应不大于30mA·s。

第十二、总配电箱和开关箱中漏电保护器的级数和线数必须与其负荷的相数和线数一致。

第十三、配电箱、开关箱中的漏电保护器宜选用无辅助电源型（电磁式）产品，或选用辅助电源故障时能自动断开的辅助电源型（电子式）产品。当选用辅助电源故障时不能断开辅助电源型（电子式）产品时，应同时设置缺相保护。

第十四、漏电保护器应按产品说明书安装、使用。对搁置已久重新使用或连续使用的漏电保护器应逐月检查其功能，发现问题及时修理或更换。

第十五、配电箱、开关箱的电源进线端严禁采用插头和插座作活动连接。

（二）配电箱的安装

1. 配电箱的安装方法

①配电箱的安装高度除施工图中有特殊要求外，暗装时底口距地面为1.4m，明装时为1.2m，但对明装电度表板应为1.8m。②安装配电箱、板及所需木砖、铁活等均需要预先随土建砌墙时埋入墙内。③在240mm厚的墙内安装配电箱时，其后壁需用10mm厚石棉板及铅丝直径为2mm、孔洞为10mm的铅丝网钉牢，再用1：2水泥砂浆抹好，以防开裂。另外，为了施工及检修方便，也可在盘后开门，以木螺丝在墙后固定。为了美观应涂以与粉墙颜色相同的调和漆。④配电箱外壁与墙有接触的部分均涂防腐油，箱内壁及盘面均涂灰色油漆两道。箱门油漆颜色除施工图中有特殊要求外，一般均与工程中门窗的颜色相同。铁制配电箱均需先涂防锈油漆再涂油漆。⑤配电盘上装有计量仪表、互感器时，二次侧的导线使用截面不小于2.5mm²的铜芯绝缘导线。⑥配电盘后面的配线需排列整齐，绑扎成束，并用卡钉紧固在盘板上。盘后引出及引入的导线应留出适当的裕度，以利于检修。⑦为了加强盘后配线的绝缘强度和便于维修管理，导线需按相位颜色套上软塑料套管，U相用黄色，V相用绿色，W相用红色，零线用淡蓝色。⑧导线穿过盘面时，木盘需套瓷管头，铁盘需装橡胶护圈。工作零线穿过木盘面时，可不加瓷管头，只套以塑料管⑨配电盘上的闸刀、保险器等设备，上端接电源，下端接负荷。横装的插入式保险等应从面对配电盘的左侧接电源，右侧接负荷。⑩零线系统中的重复接地应在引入接线处，在末端配电盘上也应作重复接地。⑪零母线在配电盘上不得串接。零线端子板上分支路的排列须与插保险对应，面对配电盘从左到右编排1、2、3。

2. 配电箱的悬挂式安装

采用悬挂式安装的配电箱，可以直接安装在墙上，也可安装在支架上或柱上。

①预埋固定螺栓在墙上安装配电箱之前，应先量好配电箱安装孔的尺寸，在墙上画好孔的位置，然后钻孔，预埋固定螺栓（有时采用胀管螺栓固定）。预埋螺栓的规格应根据配电箱的型号和重量选择，螺栓的长度应为埋设深度（一般为12～150mm）加上箱壁、螺母和垫圈的厚度，再加上3～5mm的预留长度。配电箱一般有上、下各两个固定螺栓，埋设时应用水平尺和线锤校正使其水平或垂直，螺栓中心间距应与配电箱安装孔中心间距相等，以免错位造成安装困难。②配电箱的固定。待预埋件的填充材料凝固干透后，

方可进行配电箱的安装固定。固定前先用水平尺和线锤校正箱体的水平度和垂直度，如不符合要求，应检查原因，调整后再将配电箱固定牢靠。

3. 配电箱的嵌墙式安装

待预埋线管工作完毕后，将配电箱的箱体嵌入墙内（有时用线管与箱体组合后，在土地建施工时埋入墙内），并做好线管与箱体的连接固定和跨接地线的连接工作，然后在箱体四周填入水泥砂浆。

当墙壁的厚度不能满足嵌入式的需要时，可采用半嵌入式安装，是配电箱的箱体一半在墙面外，一般嵌入墙内。

第三节 工程交接验收

一、电力变压器安装

（一）在验收时应做的检查

①外观完整无缺损。②变压器安装和电气控制接线应符合设计要求。③油枕的油位应正常。④轮子的制动装置应牢固。⑤相色标志正确，接地线连接可靠，油漆完整，无渗油。

（二）在验收时应移交的资料和文件

①变更设计的证明文件。②制造厂提供的产品说明书、试验记录、合格证件及安装图纸等技术文件。③安装技术记录（包括器身检查记录）。④绝缘油化验报告。⑤调整试验记录。

二、盘、柜及二次回路结线安装

（一）在验收时应做的检查

①盘、柜的固定及接地应可靠，盘柜漆层应完好、清洁整齐。②盘、柜内所装电器元件应齐全完好，安装位置正确，固定牢固。③所有二次回路接线应准确，连接可靠，标志齐全清晰，绝缘符合要求。④手车或抽屉式开关柜在推入或拉出时应灵活，机械闭锁可靠，照明装置齐全。⑤柜内一次设备的安装质量验收要求应符合国家现行有关标准规范

的规定。⑥用于热带地区的盘、柜应具有防潮、抗霉和耐热性能，按国家现行标准《热带电工产品通用技术》要求验收。⑦盘、柜及电缆管道安装完后，应作好封堵。可能结冰的地区，还应有防止管内积水结冰的措施。⑧操作及联动试验正确，符合设计要求。

（二）在验收时应提交的资料和文件

①工程竣工图。②变更设计的证明文件。③制造厂提供的产品说明书、调试大纲、试验方法、试验记录、合格证件及安装图纸等技术文件。④根据合同提供的备品备件清单。⑤安装调试记录。⑥调整试验记录。

三、母线、绝缘子及套管的安装

（一）在验收时应做的检查

①金属构件的加工、配制、焊接（螺接）应符合规定。②各部螺栓、垫圈、开口销等零部件应齐全可靠。③母线配制及安装架设应符合规定，且连接正确，螺栓紧固、接触可靠；相间及对地电气距离符合要求。④瓷件、铁件及胶合处应完整，充油套管应无渗油，油位正常。⑤油漆完整，相色正确，接地良好。

（二）在验收时应提交的资料和文件

①工程竣工图。②变更设计的证明文件。③制造厂提供的产品说明书、试验方法、试验录、合格证件及安装图纸等技术文件。

四、配线工程

（一）在验收时各种配线方式均应符合的要求

①各种间隔距离符合规定。②各种支持件的固定符合要求。③配套的弯曲半径、盘箱设置的位置符合要求。④明配线路的允许偏差值符合要求。⑤导线的连接和绝缘符合要求。⑥非带电金属部分的接地良好。⑦铁件防腐良好、油漆均匀、无遗漏。

（二）在验收时应提交的资料和文件

①工程竣工图。②变更设计的证明文件。③安装技术记录（包括隐蔽工程）。④试验记录（包括绝缘电阻的测试记录）。

五、低压电器安装

（一）验收时各种电器均应符合的要求

①电器的型号、规格符合设计要求。②电器的外观检查完好。③电器安装应牢固、

平正、符合设计和产品要求。④电器的接地连接可靠。

(二)通电后应符合的要求

①操作时，动作应灵活。②电磁系统无异常响声。③线圈及接线端头允许温升不超过规定。

(三)验收时应提交的资料和文件

①工程竣工图。②变更设计的证明文件。③随产品提供的说明书、试验记录、产品合格证件、安装图纸。④绝缘电阻和耐压试验记录。⑤经调整、整定的低压电器调整记录。

六、35kV 及以下架空电力线路工程

(一)在验收时应做的检查

①采用器材的型号、规格应符合设计要求。②线路设备标志应齐全。③电杆组立的各项误差不能超过标准数值。④拉线的制作和安装符合要求。⑤导线的弧垂、相间距离、对地距离、交叉跨越距离及对建筑物接近距离符合要求。⑥电气设备外观应完整无缺损。⑦相位正确、接地装置符合规定。⑧基础埋深、导线连接、补修质量应符合设计要求。⑨沿线的障碍物、应砍伐的树及树枝等杂物应清除完毕。

(二)在验收时应提交的资料和文件

①竣工图。②变更设计的证明文件(包括施工内容明细表)。③安装技术记录(包括隐蔽工程记录)。④交叉跨越距离记录及有关协议文件。⑤调整试验记录。⑥接地电阻实测值记录。⑦有关的批准文件。

七、防雷、接地

(一)防雷工程

防雷工程在竣工验收时，应进行下列检查：①防雷措施应与设计相符。②避雷器外观检查完好，瓷套无裂纹、破损等缺陷，封口处密封良好。③避雷器安装牢固，安装方式符合设计要求。④接地引下线安装牢固，各接点紧固可靠。⑤油漆完整，相色正确，接地良好。⑥避雷针(带)的安装位置及高度应符合设计求。

(二)接地工程

接地工程在验收时应进行下列检查：①接地装置应符合设计要求。②整个接地网外露部分的连接可靠，接地线规格正确，油漆完好，标志齐全明显。③供连接临时接地线用的连接板的数量和位置应符合有关规定。④接地电阻应符合规定。

(三)验收时应提交的资料和文件

①工程竣工图。②变更设计的证明文件。③制造厂提供的产品说明书、试验记录、合格证件及安装图纸等技术文件。④安装技术记录(包括隐蔽工程检查记录等)。⑤试验记录(包括接地电阻测试记录)。

八、电缆线路工程

(一)验收时应做的检查

①电缆、电缆终端头和电缆中间头的规格、型号应符合设计和有关规定；排列整齐，无机械损伤；标志牌应装设齐全、正确、清晰。②电缆的固定、弯曲半径、有关距离和单芯电力电缆的金属护层的接线、相序排列等应符合要求和规定。③电缆终端、电缆中间接头应安装牢固，不应有渗油、漏油现象。④接地应良好，接地电阻应符合设计要求。⑤电缆终端的相色应正确，电缆支架等的金属部件的防腐层应完好。⑥电缆沟内应无杂物，盖板齐全，隧道内应无杂物，照明、通风、排水等设施应符合设计要求。⑦直埋地缆路径标志应与实际路径相符。路径标志应清晰、牢固、间距适当，且应符合方位标志和标桩的有关处所的要求。⑧水底线路电力电缆的两岸、禁锚区内的标志和夜间照明装置应符合设计规定。⑨防火措施应符合设计，且施工质量合格。

(二)隐蔽工程应在施工过程中进行中间验收并做好签证

①电缆规格，特性应符合设计要求。②电缆埋地深度、敷设要求与各种设施平行交叉距离、备用长度等应符合标准的规定。③电缆应无机械损伤、弯曲半径、高差等应符合规定。

(三)验收时应提交的资料和技术文件

①电缆线路路径的协议文件。②设计资料图纸、电缆清册、变更设计的证明文件和竣工图。③直埋电缆输电线路的敷设位置图，比例宜为1：500。地下管线密集的地段不应小于1：100，在管线稀少、地形简单的地段可为1：1000。平行敷设的电缆线路宜合用一张图纸。图上必须标明各线路的相对位置，并有标明地下管线的剖面图。④制造厂提供的产品说明书、试验记录、合格证件及安装图纸等技术文件。⑤隐蔽工程的技术记录。⑥电缆线路的原始记录：电缆的型号、规格及其实际敷设总长度和分段长度，电缆终端和接头的形式及安装日期；电缆终端和接头中填充的绝缘材料名称、型号。⑦试验记录。

第三章 低压与高压设备施工

第一节 常用低压器安装

一、低压电器安装前相关要求和规定

低压电器安装前，建筑工程应具备下列条件：①屋顶、楼板应施工完毕，不得渗漏。②对电器安装有妨碍的模板、脚手架等应拆除场地应清扫干净。③室内地面基层应施工完毕，并应在墙上标出抹面标高。④环境湿度应达到设计要求或产品技术文件的规定。⑤电气室、控制室、操作室的门、窗、墙壁、装饰棚应施工完毕，地面应抹光。⑥设备基础和构架应达到允许设备安装的强度；焊接构件的质量应符合要求；基础槽钢应固定可靠。⑦预埋件及预留孔的位置和尺寸，应符合设计要求。预埋件应牢固。

设备安装完毕，投入运行前，建筑工程应符合下列要求：①门窗安装完毕。②运行后无法进行的和影响安全运行的施工工作完毕。③施工中造成的建筑物损坏部分应修补完整。

二、低压电器安装一般规定

做好低压电器安装前的检查：①设备铭牌、型号、规格，应与被控制线路或设计相符。②外壳、漆层、手柄，应无损伤或变形。③内部仪表、灭弧罩、瓷件、胶木电器，应无裂纹或伤痕。④螺丝应拧紧。⑤具有主触头的低压电器，触头的接触应紧密，采用0.05mm×10mm的塞尺检查，接触两侧的压力应均匀。⑥附件应齐全、完好。

低压电器的安装高度应符合设计规定；当设计无规定时，应符合下列要求：①落地安装的低压电器，其底部宜高出地面50～100mm。②操作手柄转轴中心与地面的距离，宜为1 200～1500mm；侧面操作的手柄与建筑物或设备的距离，不宜小于200mm。

低压电器的固定，应符合下列要求：①低压电器根据其不同的结构，可采用支架、金属板、绝缘板固定在墙、柱或其他建筑构件上。金属板、绝缘板应平整；当采用卡轨支撑安装时，卡轨应与低压电器匹配，并用固定夹或固定螺栓与壁板紧密固定，严禁使用变形或不合格的卡轨。②当采用膨胀螺栓固定时，应按产品技术要求选择螺栓规格；其钻孔直径和埋设深度应与螺栓规格相符。③紧固件应采用镀锌制品，螺栓规格应选配适当，电器的固定应牢固、平稳。④有防震要求的电器应增加减震装置；其紧固螺栓应采取防松措施。⑤固定低压电器时，不得使电器内部受外应力。

电器的外部接线，应符合下列要求：①接线应按接线端头标志进行。②接线应排列整齐、清晰、美观。导线绝缘应良好、无损伤。③电源侧进线应接在进线端，即固定触头接线端；负荷侧出线应接在出线端，即可动触头接线端。④电器的接线应采用铜质或有电镀金属防锈层的螺栓和蝶钉，连接时应拧紧，且应有防松装置。

成排或集中安装的低压电器应排列整齐；器件间的距离，应符合设计要求，并应便于操作及维护。

室外安装的非防护型的低压电器，应有防雨、雪和风沙侵入的措施。

电器的金属外壳、框架的接零或接地，应符合现行国家标准《电气装置安装工程接地装置施工及验收规范》的有关规定。

低压电器的试验，应符合现行国家标准《电气装置安装工程电气设备交接试验标准》的有关规定。

三、低压电器安装相关规定

（一）低压断路器的安装

低压断路器的安装技术要求如下：

第一，低压断路器的安装，应符合产品技术文件的规定；当无明确规定时，宜垂直安装，其倾斜度不应大于5°。

第二，低压断路器与熔断器配合使用时，熔断器应安装在电源侧。

第三，低压断路器操作机构的安装，应符合下列要求：①操作手柄或传动杠杆的开、合位置应正确；操作力不应大于产品的规定值。②电动操作机构接线应正确；在合闸过程中，开关不应跳跃；开关合闸后，限制电动机或电磁铁通电时间的连锁装置应及时动作；电动机或电磁铁通电时间不应超过产品的规定值。③开关辅助接点动作应正确可靠，接触应良好。④抽屉式断路器的工作、试验、隔离三个位置的定位应明显，并应符合产品技术文件的规定。⑤抽屉式断路器空载时进行抽、拉数次应无卡阻，机械连锁应可靠。

低压断路器的接线应符合下列要求：①裸露在箱体外部且易触及的导线端子，应加绝缘保护。②有半导体脱扣装置的低压断路器，其接线应符合相序要求，脱扣装置的动作应可靠。

低压断路器使用注意事项如下：①低压断路器的整定脱扣电流一般是指在常温下的动作电流，在高温或低温时会有相应的变化。②有欠压脱扣器的断路器应使欠压脱扣器通以额定电压，否则会损坏。③断路器手柄可以处于三个位置，分别表示合闸、断开、脱扣三种状态。当手柄处于脱扣位置时，应向下扳动手柄，使断路器再扣，然后合闸。

（二）低压熔断器的安装

熔断器安装技术要求如下：①熔断器及熔体的容量，应符合设计要求，并核对所保护电气设备的容量与熔体容量相匹配；对后备保护、限流、自复、半导体器件保护等有专用功能的熔断器，严禁替代。②熔断器安装位置及相互间距离，应便于更换焰体。③有熔断指示器的熔断器，其指示器应装在便于观察的一侧。④瓷质熔断器在金属底板上安装时，其底座应垫软绝缘衬垫。⑤安装具有几种规格的熔断器，应在底座旁标明熔断器规格。⑥有触及带电部分危险的熔断器，应配齐绝缘抓手。⑦带有接线标志的熔断器，电源线应按标志进行接线。⑧螺旋式熔断器的安装，其底座严禁松动，电源应接在熔芯引出的端子上。

熔断器使用注意事项如下：①熔体熔断后，应先查明故障原因，排除故障后方可换上原规格的熔体，不能随意更改熔体规格，更不能用铜丝代替熔体。②在配电系统中，选各级熔断器时要互相配合，以实现选择性。③对于动力负载因其启动电流大，故熔断器主要起短路保护作用，其过载保护应选用热继电器。

（三）常用刀开关的安装

一般刀开关安装技术要求如下：①开关应垂直安装。当在不切断电流、有灭弧装置或用于小电流电路等情况下，开关可水平安装。开关水平安装时，分闸后可动触头不得自行脱落，其灭弧装置应固定可靠。②可动触头与固定触头的接触应良好；大电流的触头或刀片宜涂电力复合脂。③双投刀闸开关在分闸位置时，刀片应可靠固定，不得自行合闸。④安装杠杆操作机构时，应调节杠杆长度，使开关操作到位且灵活；开关辅助接点指示应正确。⑤开关的动触头与两侧压板距离应调整均匀，合闸后接触面应压紧，刀片与静触头中心线应在同一平面，且刀片不应摆动。

胶盖闸刀开关安装技术要求如下：①胶盖闸刀开关必须垂直安装，在开关接通状态时，瓷质手柄应朝上，不能有其他位置，否则容易产生误操作。②电源进线应接入规定的进线座，出线应接入规定的出线座，不得接反；否则，易引发触电事故。

安装铁壳开关时，应注意以下事项：①铁壳开关，必须垂直安装，安装高度按设计要求，若设计无要求，可取操作手柄中心距地面1.2～1.5m。②铁壳开关的外壳应可靠接地或接零。③铁壳开关进出线孔的绝缘圈（橡皮、塑料）应齐全。④采用金属管配线时，管毛应穿入进出线孔内，并用管螺帽拧紧。如果电线管不能进入进出线孔内，则可在接近开关的一段，用金属软管（蛇皮管）与铁壳开关相连。金属软管两端均应采用管接头固定。⑤外壳应完好无损，机械连锁应正常，绝缘操作连杆应固定可靠，可动触片应固定良好、接触紧密。

（四）接触器的安装

低压接触器安装前的检查，应符合下列要求：①衔铁表面应无锈斑、油垢；接触面应平整、清洁。可动部分应灵活无卡阻。灭弧罩之间应有间隙；灭弧线圈绕向应正确。②触头的接触应紧密，固定主触头的触头杆应固定可靠。③当带有常闭触头的接触器与磁力启动器闭合时，应先断开常闭触头，后接通主触头；当断开时应先断开主触头，后接通常闭触头，且三相主触头的动作应一致，其误差应符合产品技术文件的要求。

低压接触器安装完毕后，应进行卜列检查：①接线应正确。②在主触头不带电的情况下，启动线圈间断通电，主触头动作正常，衔铁吸合后应无异常响声。

真空接触器安装前，应进行下列检查：①可动衔铁及拉杆动作应灵活可靠、无卡阻。②辅助触头应随绝缘摇臂的动作可靠动作，且触头接触应良好。③按产品接线图检查内部接线应正确。

（五）热继电器的安装

热继电器安装技术要求如下：①热继电器在接线时，其发热元件串联在电路当中，接线螺钉应旋紧，不得松动。辅助触头连接导线的最大截面积不得超过2.5mm²。②为使热继电器的额定电流与负载电流相符，可以旋动调节旋钮使所需的电流值对准红色的箭头。旋钮上指示额定电流值和所需电流值之间可能有些误差，若需要可在实际使用时按情况微调。

热继电器的使用注意事项如下：①热继电器整定电流必须与被保护的电动机额定电流相同，若不符合将失去保护作用。②除了接线螺钉外，热继电器的其他螺钉均不得拧动，否则其保护性能将会改变。③热继电器在出厂时均调整为自动复位形式，如需要手动复位，可在购货时提出要求，或进行有关的调整。

（六）按钮的安装

按钮安装应符合下列要求：①按钮之间的距离宜为50～80mm，按钮箱之间的距离宜为50～100mm；当倾斜安装时，其与水平的倾角不宜小于30°。②按钮操作应灵活、可靠、无卡阻。③集中在一起安装的按钮应有编号或不同的识别标志，"紧急"按钮应有明显标志，并设保护罩。

（七）行程开关的安装

行程开关的安装、调整，应符合下列要求：①安装位置应能使开关正确动作，且不妨碍机械部件的运动。②碰块或撞杆应安装在开关滚轮或推杆的动作轴线上。对电子式行程开关应按产品技术文件的要求调整可动设备的间距。③碰块或撞杆对开关的作用力及开关的动作行程，均不应大于其允许值。④限位用的行程开关，应与机械装置配合调整；确认动作可靠后，方可接入电路使用。

第二节　常用控制设备

一、低压配电柜的安装

（一）低压配电柜安装一般规定

低压配电柜安装的一般规定：①配电箱上的母线其相线应用颜色标出，L1相应用黄色；L2相应用绿色；L3相应用红色；中性线N相宜用蓝色；保护地线（PE线）应用黄绿相间双色。②柜（盘）与基础型钢间连接紧密，固定牢固，接地可靠；柜（盘）间接缝平整。③盘面标志牌、标志框齐全，正确并清晰。④小车、抽屉式柜推拉灵活，无卡阻碰撞现象；接地触头接触紧密，调整正确；推入时接地触头比主触头先接触，退出时接地触头比主触头后脱开。⑤有两个电源的柜（盘）母线的相序排列一致，相对排列的柜（盘）母线的相序排列对称，母线色标正确。⑥盘内母线色标均匀完整；二次结线排列整齐，回路编号清晰、齐全；采用标准端子头编号，每个端子螺丝上接线不超过两根。柜（盘）的引入、引出线路整齐。⑦柜、屏、台、箱、盘的金属框架及基础型钢必须接地（PE）或接零（PEN）可靠；装有电器的可开门，门和框架的接地端子间应用裸编织铜线连接，且有标识。⑧低压成套配电柜、控制柜（屏、台）和动力、照明配电箱（盘）应有稳定的电击保护。

(二)低压配电柜安装工艺

1. 设备开箱检查

①施工单位、供货单位、监理单位共同验收，并做好进场检验记录。②按设备清单、施工图纸及设备技术资料，核对设备及附件、备件的规格型号是否符合设计图纸要求：核对附件、备件是否齐全；检查产品合格证、技术资料、设备说明书是否齐全。③检查箱、柜(盘)体外观无划痕无变形油漆完整无损等。④箱、柜(盘)内部检查：电气装置及元件的规格、型号、品牌是否符合设计要求。⑤柜、箱内的计量装置必须全部检测，并有质检监督部门的检测报告。

2. 设备搬运

设备运输由起重工作业，电工配合。根据设备重量、距离长短采用人力推车运输或卷扬机、滚杠运输，也可采用汽车吊配合运输。采用人力推车搬运时，注意保护配电柜外表油漆、配电柜指示灯不受损。汽车运输时，必须用麻绳将设备与车身固定，开车要平稳，以防撞击损坏配电柜。

3. 配电柜安装

(1)基础型钢安装

①将有弯的型钢调直，然后按图纸、配电柜(盘)技术资料提供的尺寸预制加工型钢架，并刷防锈漆做防腐处理。②按设计图纸将预制好的基础型钢架放于预埋铁件上，用水平尺找平、找正，可采用加垫片方法，但垫片不得多于3片，再将预埋铁、垫片、基础型钢焊接为一体。最终基础型钢顶部应高于抹平地面100mm以上为宜。③基础型钢与地线连接：基础型钢安装完毕后，将室外或结构引入的镀锌扁钢引入室内(与变压器安装地线配合)与型钢两端焊接，其焊接长度为扁钢宽度的2倍，再将型钢刷2道灰漆。

(2)配电柜(盘)安装

①按设计图纸布置将配电柜放于基础型钢上，然后按柜安装固定螺栓尺寸在基础型钢上用手电钻钻孔。一般无钻孔要求时，钻 $\phi 6.2$mm孔，用M16镀锌螺丝固定。②柜(盘)就位、找平、找正后，柜体与基础型钢固定，柜体与柜体、柜体与侧挡板均用镀锌螺丝连接。③每台配电柜(盘)单独与接地干线连接。从配电柜(盘)下部的基础型钢侧面上焊上M10螺栓，用6mm² 铜线与柜上的接地端子连接牢固。

4. 柜(盘)上方母线配制及电缆连接

柜(盘)上方母线配制详见母线安装要求。配电柜电缆进线采用电缆沟下进线时，需加电缆固定支架。

5. 柜(盘)二次回路配线

①按原理图逐台检查柜(盘)上的全部电器元件是否相符,其额定电压和控制、操作电源电压必须一致。②按图敷设柜与柜之间的控制电缆连接线。③控制线校线后,将每根芯线煨成圆圈,用镀锌螺丝、眼圈、弹簧垫连接在每个端子板上。端子板每侧一般一个端子压一根线,最多不能超过两根,并且两根线间加眼圈。多股线应涮锡,不允许有断股。

6. 柜(盘)试验调整

①所有接线端子螺丝再紧固一遍。②绝缘摇测:用500～1 000 V绝缘电阻摇表在端子板处测试每回路的绝缘电阻,保证大于10mΩ。③接临时电源:将配电柜内控制、操作电源回路的熔断器上端相线拆下,接上临时电。④模拟试验:按图纸要求,分别模拟控制、连锁、操作、继电器保护动作正确无误、灵敏可靠。⑤拆除临时电源,将被拆除的电源线复位。

7. 送电运行验收

送电空载24 h无异常现象后,办理验收手续,收集好产品合格证、说明书、试验报告。

二、照明配电箱(盘)安装

照明配电箱安装一般分为:成套照明配电箱的明装、成套照明配电箱的安装和现场制作配电箱的安装等。但无论采用哪种安装方式都要符合照明配电箱(盘)安装的一般规定:①配电箱(板)不应采用可燃材料制作,在干燥无尘场所采用的木制配电箱(板)应做阻燃处理。②配电箱(盘)安装时,其底口距地一般为1.5m;明装时底口距地1.2m;明装电度表板底口距地不得小于1.8m。③配电箱内不宜装设不同电压等级的电气装置;必须设置时,交流、直流或不同电压等级的电源,应具有明显的标志。④配电箱(板)内,应分别设置中性线N和保护地线(PE线)汇流排;中性线N和保护地线应在汇流排上连接,不得绞接,并应有编号。⑤导线引出板面,均应套设绝缘管。⑥配电箱上应标明用电回路名称。⑦配电箱安装垂直偏差不应大于3mm。⑧暗设时,其面板四周边缘应紧贴墙面,箱体与建筑物接触的部分应刷防腐漆。⑨配电箱内装设的螺旋式熔断器(RL1),其电源线应接在中间触点的端子上,负荷线接在螺纹的端子上。

(一)成套照明配电箱明装

成套照明配电箱明装安装顺序为:支架的制作安装—配电箱安装固定—导线连接—送电前检查—送电运行。

根据设计要求找出配电箱位置,并按照箱的外形尺寸进行弹线定位。弹线定位的目的是对有预埋木砖或铁件的情况,可以更准确地找出预埋件,或者可以找出金属胀管螺栓的位置。配电板位置应选择在干燥无尘的场所，且应避开暖卫管、窗门及箱柜门。在无设计要求时，配电板底边距地高度不应小于1.8Me 小型配电箱可直接固定在墙上。配电箱直接安装在墙上时，应先埋设固定螺栓。固定螺栓的规格和间距应根据配电箱的型号和重量以及安装尺寸决定。采用膨胀螺栓固定配电箱适用于箱体的固定及墙体内暗配管的连接。中大型配电箱可采用铁支架固定安装。铁支架可采用角钢和圆钢制作。在柱子上安装时，可用抱箍固定配电箱。

施工时，先量好配电箱安装孔尺寸，在墙上画好孔位，然后打洞，埋设螺栓（或用金属膨胀螺栓）或预埋制作好的支架。待填充的混凝土牢固后，即可安装配电箱。安装配电箱时，要用水平尺校正其水平度，同时要校正其安装的垂直度。配电箱安装固定完成后，进行配电箱的外部接线，即配电箱内的开关与配管配线中的导线连接，然后进行送电前的检查，以及送电运行。

（二）成套照明配电箱暗装

成套照明配电箱暗装安装顺序为：配电箱安装固定——导线连接——送电前检查——送电运行。

此安装方式通常是按设计指定位置，在土建砌墙时先把与配电箱尺寸和厚度相等的木框架嵌在墙内，使墙上留出配电箱安装的孔洞，待土建结束，配线管安装工作结束，敲去木框架将配电箱嵌入墙内，校正垂直和水平，垫好垫片将配电箱固定好，并做好线管与箱体的连接固定，然后在箱体四周填入水泥砂浆。预埋前应需要砸下敲落孔压片。配电箱严禁用电、气焊开孔。箱体上不应开长孔，也不允许在箱体侧面开孔。当墙壁的厚度不能满足嵌入式要求时，可采用半嵌入式安装，使配电箱的箱体一半在墙面外、一半嵌入墙内。其安装方法与嵌入式的相同。

配电箱安装固定完成后，进行配电箱的外部接线，然后进行送电前的检查，以及送电运行。

（三）现场制作照明配电箱安装

现场制作照明配电箱的暗装程序为：弹线定位——箱体安装——盘面安装——箱内配线——线路检查绝缘摇测。

此安装方式中，配电箱箱体根据平面图设计的位置安装，其明装和暗装方法与以上相同，此外要进行配电盘内电器元件的安装、箱内配线和线路检查绝缘摇测等程序。

①配电盘内电器元件的安装：将盘面板放平，再将全部电具、仪表置于其上，进行实物排列。带电体之间的电气间隙和漏电距离不应小于相关规定。②加工：位置确定后，用方尺找正，画出水平线，分均孔距。然后撤去电具、仪表，进行钻孔。钻孔后除锈，刷

防锈漆及灰油漆。③固定电具：油漆干后装上绝缘管头，并将全部电具、仪表摆平、找正，用螺丝固定牢固。④相关规范规定：盘上总开关应垂直装在盘面板的左面。当计算负荷电流在30 A及以上时应装电流互感借。盘面上电器控制回路的下方，要设所控制的回路名称编号的标志牌。⑤配电箱内布线：导线应一线一孔通过盘面与器具或端子等对应连接。同一端子，导线不应超过两根。工作零线和保护线应在汇流排上采用螺栓连接，不应并头绞接。多股铝导线和截面超过2.5mm²的导线与电气器具的端部连接应焊接或压接端子后再连接。开关、互感器等应上端进电源，下端接负荷或左侧电源右侧负荷。接线相序应一致，而对开关从左侧起为L1、L2、L3或L1（L2、L3）。当配电箱盘板面导线连接完成后，必须清除箱内杂物，检查盘面安装的各种元件是否齐全、牢固，并整理好配管内的电源和负荷线。配电箱的进出线应有适当余量，以便检修。管内导线引入盘面时应理顺整齐，盘后的导线应沿箱体的周边成把成束布置，中间不应有接头，多回路之间的导线不能有交叉错乱现象。

三、动力配电箱的安装

动力配电箱分为自制动力配电箱和成套动力配电箱两大类。其安装方式有悬挂明装、暗装和落地式安装。悬挂式明装及暗装的施工方法与照明配电箱的相同。

落地式动力配电箱安装注意以下事项：落地式配电箱的安装高度及安装位置应根据图纸设计确定；无详细规定者，配电箱底边距地高度宜为1.5m。安装配电箱用的木砖、铁构件应预埋。在240mm厚的墙内安装配电箱时，其后壁需用10mm厚的石棉板及直径为2mm、网孔为10mm的铁丝网钉牢，再用1：2的水泥砂浆抹好以防开裂。配电箱外壁与墙接触部分均应涂防腐漆。箱内壁及盘面均涂灰色油漆两道。箱门油漆颜色除施工图有要求外，一般均与工程中门窗的颜色相同。

落地式配电箱不论安装在地面上，还是安装在混凝土台上，均要埋设地脚螺栓，以便固定配电箱。埋设地脚螺栓时，要使地脚螺栓之间的距离与配电箱安装孔尺寸一致，且地脚螺栓不可倾斜。其长度要适当，使紧固后的螺栓高出螺帽3～5扣为宜。

配电箱安装在混凝土台上时，混凝土的尺寸应视贴墙或不贴墙两种安装方式而定。不贴墙时，四周尺寸均应超出配电箱50mm为宜；贴墙安装时，除贴墙的一边外，其余各边应超出配电箱50mm。待地脚螺栓或混凝土台凝固后，即可将配电箱就位，进行水平和垂直调整，其水平误差不应大于1/1000，其垂直误差不应大于1.5/1000；待所有尺寸符合要求后，将螺帽拧紧固定。

配电箱安装在震动场所时，应采取防震措施：在盘与基础之间加以适当厚度的橡皮垫（其厚度一般不小于10mm）。

第三节　高压母线施工

一、施工准备

由于母线安装程序较为相似，本节仅以矩形母线为例讲述其安装工艺及方法。

母线装置安装前，建筑工程应具备下列条件：①基础、构架符合电气设备的设计要求；②屋顶、楼板施工完毕，不得渗漏；③室内地面基层施工完毕，并在墙上标出抹平标高；④基础、构架达到允许安装的强度，焊接构件的质量符合要求，高层构架的走道板、栏杆、平台齐全牢固；⑤有可能损坏已安装母线装置或安装后不能再进行的装饰工程全部结束；⑥门窗安装完毕，施工用道路通畅；⑦母线装置的预留孔及预埋件符合设计的要求。

施工图纸齐备，并经过图纸会审、设计交底，且安装施工方案也已编制，并通过审批。

母线、绝缘子及穿墙管瓷件等的等的材质查核符合设计要求和规范规定，出厂合格证齐全。

主材基本到齐，辅材能满足连续施工需要，常用机具基本齐备。

二、操作工艺

（一）高压母线施工工艺流程

放线检查—支架的制作及安装——母线绝缘子与穿墙套管安装——硬母线加工——母线搭接——铝合金母线的加工制作——母线焊接——硬母线安装——母线的相序排列和涂色——母线安装完毕后的检查及试验。

（二）放线检查

①进入现场首先依照图纸进行检查，根据母线沿墙、跨柱、沿梁至屋架敷设的不同情况，核对是否与图纸相符。②放线检查对母线敷设全方向有无障碍物。③检查预留孔洞、预埋铁件的尺寸、标高、方位是否符合要求。④检查脚手架是否安全及符合操作要求。

（三）支架的制作及安装

①按图纸尺寸加工各类支架。型钢断口必须锯断（或冲压断），不得不采用气割。

②支架安装距离,当裸母线为水平敷设时,不超过3.0m;垂直敷设时,不超过2.0m(管表母线按设计规定)。③支架距离要均匀一致,两支架间距离偏差不得大于50mm。④支架埋入墙内深度要大于150mm,采用膨胀螺栓固定时要符合设计规定。支架跨柱、沿梁或屋架安装时所用抱箍、螺栓、撑架等要坚固。

(四)母线绝缘子与穿墙套管安装

母线绝缘子及穿墙套管安装前应进行检查,要求瓷件、法兰完整无裂纹,胶合处填料完整,绝缘子灌注螺丝、螺母等结合牢固,检查合格后方能使用。

绝缘子及穿墙套管在安装前应按下列项目试验合格:①测量绝缘电阻。②交流耐压试验。

安装在同一平面或垂直面上的支柱绝缘子或穿墙套管的顶面,应位于同一平面上,其中心线位置应符合设计要求。母线直线段的支柱绝缘子的安装中心线应处在同一直线上。

支柱绝缘子和穿墙套管安装时,其底座或法兰盘不得埋入混凝土或抹灰层内。支柱绝缘子叠装时,中心线应一致,固定应牢固,紧固件应齐全。

绝缘子安装应注意以下几点:①绝缘子夹板、卡板的安装要坚固;②夹板、卡板的规格要与母线的规格相适配;③悬式绝缘子串的安装还应符合的要求:除设计原因外,悬式绝缘子串应与地面垂直,当条件限制不能满足要求时,可有不超过5°的倾斜角;多串绝缘子并联时,每串所受的张力应基本相同;绝缘子串组合时,联结金具的螺栓、销钉及紧销等必须符合现行国家标准,且应完整,其穿向应一致,耐张绝缘子串的碗口应向上,绝缘子串的球头挂环,碗头挂板及锁紧等应互相匹配。

穿墙套管安装要求:①安装穿墙套管的孔径比嵌入部分至少大5mm,混凝土安装板的最大厚度不得超过50mm;②额定电流在1500A及以上穿墙套管直接固定在钢板上时,套管的周围不应形成闭合磁路;③穿墙套管垂直安装时,法兰应在上,水平安装时,法兰应在外;④600A及以上母线穿墙套管端部的金属来板(紧固件除外)应采用非磁性材料,其与母线之间应有金属连接,接触应稳固,金属夹板厚度不应小于3mm,当母线为两片及以上时,母线本身间应予以固定;⑤充油套管水平安装时,其储油柜及取油样管路应无渗漏,油位指示清晰,注油和取样位置应装设于监视侧,注入套管内的油必须合格;⑥套管接地端子及不同的电压抽取端子应可靠接地。

(五)硬母线加工

硬母线又称汇流排,是高低压配电装置常用的配电母线,这种母线按材质分有铜、铝、钢三种,目前使用最多的是铝母线。

母线矫直。母线应矫正平直。对弯曲不平的母线，应进行矫直。人工矫直时，先选一段表面平直、光滑、洁净的大型槽钢或工字钢，将母线放在钢面上用木槌敲打。如母线弯曲过大，在弯曲部分放上垫块，如铝板、木板等，然后用铁锤敲打。

母线下料。一般有手工或机械下料两种方法。手工下料可用钢锯；机械下料可用锯床、电动冲剪机等。下料时应注意以下几点：①根据母线来料长度合理切割，以免浪费；②为便于日后检修拆卸，长母线应在适当的部位分段，并用螺栓联结，但接头不宜过多；③下料时，母线要留适当裕量，避免弯曲时产生误差，造成整根母线报废；④下料时，母线的切断面应整。

母线弯曲的注意事项和有关规定如下：①矩形母线应进行冷弯，不得进行热弯；②母线开始弯曲外距最近绝缘子的母线夹板不应大于0.25L，但不得小于50mm；③母线开始弯曲处距母线连接位置不应小于50mm；④多片母线的弯曲应一致。

（六）母线搭接

矩形母线采用螺栓固定搭接时，连接处距支柱绝缘子的支持夹板边缘不应小于50mm，上片母线端头与下片母线平弯起始处的距离不就小于50mm。

螺栓规格与母线规格有关。母线接头螺孔的直径宜大于螺栓直径1mm。钻孔前，先在连接部位按规定划好孔位中心线产冲眼，钻孔应垂直，不歪斜，螺孔间中心距离的误差应在 ±0.5mm 之内。

母线的接触面加工必须平整、无氧化膜。加工方法有手工锉削和使用机械筛、刨、冲压三种。经加工后其截面减少值：铜母线不超过原截面的3%；铝母线不应超过原截面的5%。接触面应保持洁净，并涂以电力复合脂。具有镀银层的母线搭接面，不得任意锉磨。

母线与母线、母线与分支线、母线与电器接线端子搭接时，其搭接面的处理应符合下列规定：①铜与铜：室外、高温且潮湿或对母线有腐蚀性气体的室内，必须搪锡，在干燥的室内可直接连接；②铝与铝：直接连接；③钢与钢：必须搪锡或镀锌，不得直接连接；④铜与铝：在干燥的室内，铜导体应搪锡；室外或空气相对湿度接近100%的室内，应采用铜铝过渡板，铜端应搪锡；⑤铜与铜或铝：钢搭接面必须搪锡；⑥封闭母线螺栓固定搭接面应镀银。

（七）母线焊接

①母线焊接所用的焊条、焊丝应符合现行国家标准，其表面应地氧化膜、水分和油污等杂物。②焊接前，应将母线坡口两侧表面各50mm范围内清刷干净，不得有氧化膜、水分和油污。坡口加工面应无毛刺和飞边。③焊接前，对口应平直，其弯折偏移不应

大于0.2%,中心线偏移不应大于0.5mm。④对口焊接的母线,宜有35°～40°的坡口,1.5～2mm的钝边。⑤铝及铝合金的管形母线、槽形母线、封闭母级及重型母线应采用氩弧焊。⑥每个焊缝应一次焊完,除瞬间断弧外不得停焊,母线焊完未冷却前,不得移动或受力。⑦母线对接焊缝的上部应有2～4mm的加强高度。330kV及以上电压的硬母线焊缝应呈圆弧形,不应有毛刺、凹凸不平之处。引下线母线采用搭接时,焊缝的长度不应小于母线宽度的两倍。角焊缝的加强高度应为4mm。⑧母线对焊缝的部位应符合下列规定:离支持绝缘子母线夹板边缘不应小于50mm;母线宜减少对接焊缝;同相母线不同片上的对接焊缝,其错开位置不应小于50mm。⑨母线焊接后的检验标准应符合下列要求:焊接接头的对口及焊缝应符合本章的有关规定;焊接接头表面应无肉眼可见的裂纹、凹陷、缺肉、未焊透、气孔、夹渣等缺陷;咬边深度不得超过母线厚度(管形母线为壁厚)的10%,且其总长度不得超过焊缝总长度的20%。⑩焊接宜选用手工筑弧焊或半自动氩弧焊,不能采用氧－炔气体或碳弧焊。

(八)硬母线安装

1. 硬母线安装通则如下

第一,在支柱绝缘子上安装母线固定金具。母线在支柱绝缘子上的固定方式有:螺栓因定、卡板固定、夹板固定。螺栓固定是直接用螺柱将母线固定在绝缘子上。

不论采用哪种固定方式,水平敷设时母线应能在金具内自由伸缩,但在母线全长的中点或两个母线补偿器的中点要加以固定。垂直敷设时,母线要用金具夹紧。

单片母线用螺栓固定平敷在绝缘子上时,母线上的孔应钻成椭圆形,长轴部分应与母线长度平行。用卡板固定时,先将母线放置于卡板内。待连接调整后,将卡板顺时针旋转,以卡住母线。用夹板固定时。夹板上的压板与母线保持1～1.5mm的间隙。

当母线立置时,上部压板应与母线保持1.5～2mm的间隙,水平敷设时,母线敷设后不能使绝缘子受到任何机械应力。为了调整方便,线段中间的绝缘子固定螺栓一般是在母线就位放置妥当后才进一步紧固。母线在支柱绝缘子上的固定死点,每一段应设置一个,并宜位于全长或两母线伸缩节中点。母线固定装置应无棱角和毛刺,且对交流母线不形成闭合磁路。

管形母线安装在滑动式支持器上时,支持器的轴座与管形母线之间应有1～2mm的间隙。

多片矩形母线间,应保持不小于母线厚度的间隙;相邻的间隔垫边缘间距离应大于5mm。

第二,母线敷设应按设计规定装设补偿器(伸缩节),设计未规定时,宜每隔下列长度设一个：铝母线：20～30m；铜母线：30～50m；钢母线：35～60m。

补偿器的装设是为了使母线热胀冷缩时有可调节的余地。补偿器的铜制和铝制两种。补偿器间的母线有椭圆孔，供温度变化时自由伸缩。

母线补偿器由厚度为0.2～0.5mm的薄片叠合而成，水得有裂纹、断股的折皱现象，其组装后的总截面不应小于母线截面的1.2倍。

第三，硬母线跨柱、梁或跨屋架敷设时，母线在终端及中间分段处应分别采用终端及中间拉紧装置。终端或中间拉紧固定支架宜装设有调节螺栓的拉线，拉线的固定点应能承受拉线张力，且同一档距内，母线的各相弛度最大偏差应小于10%。

母线长度超过300～400mm而需要换位时，换位不应小于一个循环。槽形母线换位段处可用矩形母线连接，换位段内各相母线的弯曲程度应对称一致。

第四，母线与母线或母线与电器接线端子的螺栓拾接面的安装，应符合下列要求：①母线接触面加工后必须保持清洁，并涂以电力复合脂；②母线平置时，贯穿螺栓应由下往上穿，其余情况下，螺母位置于维护侧，螺栓长度宜露出螺母2～3扣；③贯穿螺栓连接的母线两外侧均应有平垫圈，相邻螺栓垫圈间应有3mm以上的净距，螺母侧应装有弹簧垫圈或锁紧螺母；④螺栓受力应均匀，不应使电器的接线端子受到额外应力；⑤母线的螺杆与接线端子连接时，母线的孔径不应大于螺杆接线端子直径1mm，丝扣的氧化膜必须刷净，螺母接触面必须平整，螺母与母线间应加铜质搪锡平垫圈，并应有锁紧螺母，但不得加弹簧垫。

2. 各母线安装专用技术规定如下

①母线与设备连接外宜采用软连接，连接线的截面不应小于母线截面。②铝母线宜用铝合金螺栓，铜母线宜用铜螺栓，紧固螺栓时应用力矩扳手。③在运行温度高的场所，母线不能有铜铝过渡头。④母线在固定点的活动滚杆应无卡阻，部件的机械强度及绝缘电阻值应符合设计要求。俗铝合金管形母线的安装，还应符合下列规定：管形母线应采用多点吊装，不得伤及母线；母线终端头应有防电晕装置，其表面应光滑，无毛刺或凹凸不平；同相管段轴线应处于一个垂直面上，三相母线管段轴线应互相平行。

硬母线安装时，与室内、外配电装置的安全净距符合规程。当电压值超过本级电压，其安全净距应采用高一级电压的安全净距规定值。

第四节 高压断路器施工

一、施工准备

(一)收集资料和编制安装方案

断路器安装前,首先应熟悉有关的设计图纸、产品安装使用说明书、产品试验的合格证及安装工艺规程等技术资料。从资料中了解高压断路器的技术特性、结构、工作原理以及运输、保管、检查、组装、测试、安装及调整的方法和要求。并根据这些技术资料,结合现场具体情况,编制断路器安装的作业指导书,其内容应包括:设备概况及特点、施工步骤、吊装方案、安装及调整方法、质量要求、劳动力组织、工器具及材料清单、工期安排、安全措施等。在安装前,必须向参加施工的人员进行安全技术交底,使施工人员了解断路器的结构外观、技术性能,掌握断路器的安装、调整的方法和技术要求,以及避免工作中出现不应有的差错和事故。

(二)工器具及材料的准备

1. 工器具的准备

断路器安装所需的施工机具和测试仪应根据断路器的型号和施现场的条件进行选择。除了需要准备常用的起重、焊接、钳工及电工工具外,还需要准备一些专用工具,如拆卸及组装特殊部件的专用扳手、检查死点的样板、测量部件尺寸和间隙的卡尺、测杆及检查触头压力的弹簧秤等。专用工具一般由断路器生产厂提供。

测试仪器主要有万用表、兆欧表、交流电桥、开关参数测试仪、直流发生器及微水测试仪等。

2. 安装材料的准备

各种类型的断路器安装所需的材料大致相似,但也有特殊的,常用的有如下四种:①清洗材料。如白布、绸布、塑料布、金相砂纸及毛刷等。②润滑材料。如润滑油、润滑脂及凡士林等。③密封材料。如耐油橡胶垫、石棉绳、铅粉及胶木等。④绝缘材料。如绝缘漆、绝缘带、变压器油(用于少油断路器)、高纯氮(用于SF6断路器、空气断路器、真空断路器)及 SF_6 气体(SF_6 断路器)等。⑤胶粘材料。如环氧树脂剂及双王 900 等。

(三)运输与开箱检查

断路器从制造厂运回仓库,再由仓库二次倒运的施工现场。在运输和装卸时,不得倾翻、碰撞和强烈振动。一般不在仓库开箱,而在运到现场才能开箱检查,开箱检查以下内容。

①检查断路器出厂时应附的设备装箱清单、产品合格证书、安装使用说明书、接线图及试验报告等有关技术文件是否齐全。②检查产品铭牌数据、分合闸线圈额定电压、电动机规格数量是否与设计相等。③根据装箱清单,清点断路器附件及备件,要求数量齐全、无锈蚀、无机械损坏,瓷铁件应粘合牢固。④检查绝缘部件有无受潮、变形等;操作机械有无损伤;油断路器有无渗漏油。

对于开箱中发现的问题及设备缺陷要及时解决和消除,并做好记录,作为竣工移交的原始资料。

(四)现场的布置

安装断路器的现场应有适合运输车辆,通行的道路及布置起重机具的场地。安装大型断路器要考虑吊车扒杆的高度及回转半径是否满足要求,特别是室内变电站更要考虑这一点。吊车的位置应尽量减小移动次数。对于高空作业要搭设脚手架,脚手架的高度和宽度应能满足高空作业的要求。

安装现场还应设置临时工作间或简易工棚,以便保管安装工具、材料、测试仪器及零部件。另外,还要准备防雨篷布,以便遇有刮风下雨时,遮盖断路器。

(五)安装前的试验

设备安装应根据交接试验规程和厂家技术要求,对要做的部件应该检验合格。只有试验合格方可安装,否则要处理好。

二、安装

(一)安装工作的内容包括

1.掌握有关的技术资料

首先了解制造厂的产品安装使用说明书和产品试验证书中的有关规定,对即将安装的高压断路器心中有数。安装使用说明书和产品试验证书随同高压断路器的装箱发到安装现场,是必须掌握的基本技术资料。

从安装使用说明书中能够了解高压断路器的技术特性、结构、工作原理、以及运输、保管、检查组装、测试、调整的方法和要求，根据这些方法和要求，再结合现场的具体情况制订出施工技术措施，便能够保证高压断路器的安装工作有计划、有秩序地进行。此外，还要注意到高压断路器的结构和技术特性在不断地改进，不同时期生产的同一型号产品，或者不同制造厂，生产的同一型号的产品，个别部件和个别调整数据有可能不完全相同。为了不发生差错，要按照随着高压断路器装箱带来的安装使用说明书进行安装工作，不要单凭以往的经验行事。

产品试验证书中记载有制造厂对整组高压断路器或主要部件进行电气试验和机械实验的技术数据，以及与调整有关的技术数据。把安装中测试和调整的结果与制造厂提供的数据进行对比，可以判断安装工作是否正确，并且能够对高压断路器投入运行以后的可靠程度加以估计。

对于出厂时间比较长的或已经运行过的高压断路器，还应当了解它们在保管期中和运行过程中的状况，例如：发生过哪些问题？有过哪些改进？这样更有助于估计该高压断路器的薄弱环节，以便采取相应的措施，消除缺陷，从而确保安装质量。

安装人员要懂得一些高压电器的理论知识，特别是有关高压断路器传动机构和操动机构的动作原理，这样，有利于正确地进行高压断路器的组装和调整，避免发生一般的机械损坏事故。

2. 加强部件检查

从机械和电气两方面进行高压断路器的部件检查是安装工作的基础，只有确认部件完整，机械和电气性能都符合要求以后才可以进行安装。过去由于临时发现个别部件有缺陷而迫使整个安装工作停顿下来的例子是不少的，有时甚至在安装接近完成的时候，还拆卸个别部件，进行修理或更换。没有做好部件的检查，便匆匆忙忙地进行安装，既难保证工作顺利开展，如果返工、返修，更是影响工作，其结果往往是欲速而不达。

如果高压断路器的出厂时间比较长，运输和保管方法又不当，常常会发生部件生锈腐蚀、脏污和损坏，这些缺陷应当通过检查来加以消除。制造厂分解包装后再发运的大型高压断路器，在重新组装以前，能够方便地检查多数部件。但是，在制造厂装配成组以后再发运的中、小型高压断路器，如果要检查部件，势必进行拆卸，自然会增加现场的工作量，推迟了安装进度。对于这类高压断路器的部件检查问题，除了制造厂有特别的规定以外，通常按照经验处理。例如：①开箱时若发现高压断路器有局部缺陷或机械损伤，分析此缺陷有可能影响某些部件的正常工作时，应当拆卸有关部件，进行检查。②在严寒地区，需要拆开高压断路器的某些不见更换低温润滑油脂时，可以对该有关部件进行检查。③高压断路器经常发生故障的部位，在制造厂没有改善以前，应当拆卸有关部件进行检查。④首次安装的新型高压断路器，为了弄清结构，积累安装经验，便利运行维护，可以拆卸有关部件进行检查。

　　3. 遵守安装技术规定

　　安装技术规定包括安装方法和技术标准两部分，由制造厂和现行规程予以明确，例如：高压断路器的运输、保管方法和要求，高压断路器的安装方法和要求，高压断路器的测试方法和标准，高压断路器的调整方法和标准，以及进行安装工作的正确程序等。安装工作中，常常发生某些指标达不到技术标准的情况，除了采取正确的安装方法尽量使其满足以外，还可以进行具体分析，适当放宽技术标准。例如：瞬时运动速度不一定与技术标准完全吻合；三相动作同时性可以较多地偏离技术标准；导电回路电阻有时也允许较多地偏离标准等。

（二）安装中的安全问题

　　施工安全包括设备安全和人身安全两个方面，由于设备事故往往会导致人身事故，所以根据上面谈到的问题采取相应措施，防止在安装、测试、调整和试运行中发生高压短路器损坏事故，从而也就减少了人身伤亡事故。

　　从施工安全考虑，除了按照一般电气施工安全规程和施工技术措施进行高压短路器安装工作以外，对下面几点应再加以强调。

　　1. 关于设备安全

　　在运输和吊装中，防止套管、瓷套、油标等易碎部件与其它物品碰撞；拧紧这些部件的固定螺栓时要用力均匀，松紧适当，传动机构上的瓷质部件不得承受额外的扭转或弯曲。正确掌握安装、调整的顺序和方法，例如：在操作试验之前，必须先进行操动机构和传动机构的检修，防止油断路器合不上，分不开，或者合闸以后锁扣锁不住，又重新分开；在快速操作试验之前，必须先经过慢速操作试验等。

　　2. 关于人身安全

　　严格遵守安装技术规定。例如：进入大型多油断路器的邮箱里面工作时，必须切断操动机构的操作电源；在合闸状态进行高压断路器的检查和调整时，必须把防止操动机构脱扣的止动螺钉锁住等。统一安装工作的指挥，例如：进行高压断路器和操动机构的机械检查和调整的同时，不得进行快速操作试验和其它测试工作；进行高压断路器的远距离快速操作的同时，不得进行手动操作。

第四章 电力工程项目管理规划与管理组织

第一节 电力工程项目及其管理

一、电力工程项目的概念

电力工程项目是指通过基本建设和更新改造以形成能将其他能转换成电力行业固定资产的项目，其中基本建设是实现电力行业扩大再生产的主要途径。电力工程项目包括发电建设项目和电网建设项目，它们均属于建设工程项目。建设工程项目指通过基本建设和更新改造已形成固定资产的项目，基本建设及更新改造都是进行固定资产再生产的方式。

基本建设项目一般是指在一个总体设计或初步设计范围内，由一个或几个单项工程组成，在经济上进行统一核算、行政上有独立组织形式，实行统一管理的建设单位。凡是属于一个总体设计范围内分期分批进行建设的主体工程和附属配套工程、综合利用工程、供水供电工程等，均应作为一个工程建设项目，不能将其按地区或施工承包单位划分为若干个工程建设项目。同时，需要注意的是，不能将不属于一个总体设计范围内的工程，按各种方式算作一个建设项目。更新改造项目是指对企业、事业单位原有设施进行技术改造或固定资产更新的辅助性生产项目和生活福利设施项目。

二、电力工程项目的分类

电力工程项目种类繁多，为了适应对建设项目进行管理的需要，正确反映建设工程项目的性质、内容和规模，应从不同角度对建设工程项目进行分类。

(一)按建设性质分类

1. 新建项目

新建项目是指按照国民经济和社会发展的近远期规划,根据规定的程序立项,从无到有的项目。

2. 扩建项目

扩建项目是指现有电力企业在原有场地内或其他地点,为扩大电力产品的生产能力在原有的基础上扩充规模而进行的新增固定资产投资项目。

当扩建项目的规模超过原有固定资产价值(原值)3倍以上时,则该项目应视作新建项目。

3. 迁建项目

迁建项目是指原有电力企业,按照自身生产经营和事业发展的要求或根据国家调整生产力布局的经济发展战略的需要或出于环境保护等其他特殊要求,搬迁到异地建设的项目。

4. 恢复项目

恢复项目是指原有电力企业因在自然灾害、战争中,使原有固定资产遭受全部或部分损失,需要进行投资重建以恢复生产能力的建设项目。

此类项目,无论是按原有规模恢复建设,还是在恢复过程中同时进行扩建,均属于恢复项目。但对于尚未建成投产或交付使用的项目,若仍按原设计重建的,原建设性质不变;若按新的设计重建,则按照新设计内容来确定其性质。

基本建设项目按其性质分为上述四类,一个基本建设项目只能有一种性质,在项目按总体设计全部完成前,其建设性质始终是不变的。

(二)按投资作用分类

1. 恢复项目

恢复项目是指直接用于电力产品生产或直接为电力产品生产服务的工程项目。

2. 非生产性建设项目

非生产性建设项目是指用于教育、文化、福利、居住、办公等需要的建设。

(三)按项目建设规模分类

为了适应对工程建设分级管理的需要,国家规定基本建设项目分为大型、中型和小型三类;更新改造项目分为限额以上和限额以下两类。不同等级的建设工程项目,国家规定的审批机关和报建程序也不尽相同。电力建设项目的规模可按照以下方式进行划分:

1. 电力建设项目按投资额划分

投资额在5000万元及以上的为大中型项目，投资额在5000万元以下的为小型项目。

2. 发电厂按装机容量划分

装机容量在25万kW以上的为大型项目，装机容量在2.5万～25万kW之间的为中型项目，装机容量小于2.5万kW的为小型项目。

3. 电网按电压等级划分

①电压在330 kV以上为大型项目；②电压为220kV或110kV，且线路较长在250km以上的为中型项目；③电压在110kV以下的为小型项目。

随着国家电力工业的迅速发展，大电网的逐渐形成，电力的传输距离越来越长，现在已出现很多电压等级达到500kV，甚至于达到750kV超高压的电力线路。

（四）按电网工程建设预算项目分类

①输电线路工程，可分为架空线路工程、电缆线路工程。②变电站、换流站及串联补偿站，均可分为建筑工程项目和安装工程项目。③系统通信工程，可分为通信站建筑工程和通信站安装工程。

三、电力工程项目管理

（一）电力工程项目管理概述

1. 电力工程项目管理的概念

电力工程项目管理是指项目组织运用系统工程的观点、理论和方法对建设工程项目生命周期内的所有工作（其中包括：项目建议书、可行性研究、项目决策、设计、采购、施工、验收、后评价等）进行计划、组织、指挥、协调及控制的过程。电力工程项目管理的核心任务是控制项目目标（主要包括：质量目标、造价目标和进度目标），最终实现项目的功能，以满足使用者的要求。电力工程项目的质量、造价和进度三大目标是一个相互关联的整体，它们之间存在着既矛盾又统一的关系。进行项目管理，必须充分考虑建设工程项目三大目标之间的对立统一关系，注意统筹兼顾，合理确定这些目标，防止产生过分追求某一目标而忽略其他目标的现象发生。

（1）三大目标之间的对立关系

一般情况下：①如果对工程质量有较高的要求，就需要投入较多的资金和花费较长的时间。②如果要抢时间、争速度，以极短的时间完成工程项目，势必会增加投资或使工程质量下降。③如果要减少投资、节约费用，必然要考虑降低工程项目的功能要求及质量标准。

（2）三大目标之间的统一关系

一般情况下：①适当增加投资数量，为采取加快进度的措施提供一定的经济条件，既可以加快进度、缩短工期，使项目尽早动用，又促使投资尽早收回，使项目在全寿命期经济效益得到提高。②适当提高项目功能要求和质量标准，虽然会使前期一次性的投资增加和建设工期的延长，但是这些成本的增加会随着项目开展后经常维修费的节约而得到补偿，会使项目获得更好的投资经济效益。③如果项目进度计划定得既科学又合理，使工程进展具有连续性和均衡性，不但可以缩短建设工期，而且有可能获得较好的工程质量并降低工程费用。

2. 电力工程项目管理的内容

在电力工程项目的决策和实施过程中，因为各阶段的任务与实施主体的不同，所以构成了不同类型的项目管理，由于管理类型的不同，其管理的内容也不尽相同。

（1）业主的项目管理

业主的项目管理是全过程的项目管理，它包括项目决策与实施阶段各个环节的管理，即从项目建议书开始，经过可行性研究、设计和施工，直至项目竣工验收、投产使用的全过程管理。由于项目实施的一次性，使得业主方自行项目管理通常存在着很大的局限性。首先，在技术和管理方面缺乏相应的配套力量；其次，即使是配备健全的管理机构，若没有持续不断的管理任务也是不经济的。为此项目业主需要专业化、社会化的项目管理单位为其提供项目管理服务。项目管理单位既可为业主提供全过程的项目管理服务，也可根据业主需要提供分阶段的项目管理服务。对于需要实施监理的建设工程项目，具有工程监理资质的项目管理单位可为业主提供项目监理服务，这一般需要业主在委托项目管理任务时一并考虑。当然工程项目管理单位也可协助业主将工程项目的监理任务委托给其他具有工程监理资质的单位。

（2）工程总承包方项目管理

在项目设计、施工综合承包或设计、采购及施工综合承包的情况下，业主在项目决策之后，通过招标择优选定总承包单位全面负责工程项目的实施过程，直到最终交付使用功能和质量标准符合合同文件规定的工程项目。由此可见，工程总承包方的项目管理是贯穿于项目实施全过程的全面管理，它既包括项目设计阶段，也包括项目施工安装阶段。工程总承包方为了实现其经营方针和目标，必须在合同条件的约束下，依靠自身的技术和管理优势或实力，通过优化设计及施工方案，在规定期限内，按质、按量全面完成工程项目的承建任务。

（3）设计方项目管理

勘察设计单位承揽到项目勘察设计任务后，需要按照勘察设计合同所界定的工作任务及责任义务，引进先进技术和科研成果，在技术和经济上对项目的实施进行全面而详尽的安排，最终形成设计图纸和说明书，并在项目施工安装的过程中参与监督和验收。因此，设计方的项目管理并不仅仅局限于项目的勘察设计阶段，而且要延伸到项目的施工阶段和竣工验收阶段。

（4）施工方项目管理

施工承包单位通过投标承揽到项目施工任务后，无论是施工总承包方还是分包方，都需要按照施工承包合同所界定的工程范围组织项目管理。施工方项目管理的目标体系包括项目施工质量（quality）、成本（cost）、工期（delivery）、安全和现场标准化（safety）、环境保护（environment），简称 QCDSE 目标系统。显然，这一目标系统既与建设工程项目的目标相联系，又具有施工方项目管理的鲜明特征。

3. 电力工程项目管理的任务

电力工程项目管理的主要任务就是在项目可行性研究、投资决策的基础上，对勘察设计、建设准备、物资设备供应、施工及竣工验收等全过程的一系列活动进行规划、监督、协调、控制和总结评价，通过合同管理、组织协调、目标控制、风险管理及信息管理等措施，确保工程项目质量、进度、造价目标得到有效控制。

（1）合同管理

建设工程合同是业主和参与项目实施各主体之间明确责任、权利关系的具有法律效力的协议文件，也是运用市场机制、组织项目实施的基本手段。从某种程度上讲，项目的实施过程就是合同订立与履行的过程。一切合同所赋予的义务、权利履行到位之日，也就是建设工程项目实施完成之时。建设工程合同管理主要是指对各类合同的依法订立过程和履行过程的管理，其内容具体包括：合同文本的选择，合同条件的协商、谈判，合同书的签署，合同履行、检查、变更和违约、纠纷的处理，总结评价等。

（2）组织协调

这是管理技能和艺术，也是实现项目目标必不可少的方法和手段，在项目实施的过程中，各个项目参与单位需处理和调整众多复杂的业务组织关系。其主要内容包括外部环境协调，项目参与单位之间的协调，项目参与单位内部的协调。

（3）目标控制

目标控制是项目管理的重要职能，是指项目管理人员在不断变化的施工情况中确保既定计划目标的实现而进行的一系列检查和调整活动。工程项目目标控制的主要任务就是在项目前期策划、勘察设计、物资设备采购、施工、竣工交付等各个阶段采取计划、组织、协调控制等手段，从组织、技术、经济、合同等方面采取措施，保证项目总目标的顺利实现。

（4）风险管理

制约建设工程项目目标实现的因素包括很多，这些因素的变化存在着不确定性，有许多影响因素相对于工程项目的参与方来说是不可抗拒的，随着建设工程项目的大型化和技术的复杂化，业主及其他项目参与方所面临的风险也越来越多。为了确保建设工程项目的投资效益，降低风险对建设工程项目的影响程度，必须对项目风险进行评估，并在定量分析和系统评价的基础上提出应对策略。

（5）信息管理

这是项目目标控制的基础，其主要任务就是准确地向各层级领导、各参加单位及各类人员提供所需的综合程度不同的信息，以便在项目进展的全过程中，动态地进行项目规划，迅速正确地进行各种决策，并及时检查决策执行结果。为做好信息管理工作，要求建立完善的信息采集制度以收集信息；做好信息编目分类和流程设计工作，实现信息的科学检索和传递；充分利用现有信息资源。

（6）环境保护

工程建设可以改善环境、造福人类，设计优秀的工程还可以增添社会景观，给人们带来美的享受。但建设工程项目的实施过程和结果，同时也产生了影响甚至恶化环境的因素。因此，应在工程建设中强化环保意识，切实有效地将环境保护和克服损害自然环境、破坏生态平衡、污染空气和水质、扰动周围建筑物和地下管网等现象的发生，作为项目管理的重要任务之一。项目管理者必须充分研究和掌握国家及地区的有关环保法规和规定，对于环保方面有要求的工程项目在可行性研究和决策阶段，必须提出环境影响评价报告，严格按照建设程序向环保行政主管部门报批。在项目实施阶段，做到"三同时"，即主体工程与环保措施工程同时设计、同时施工、同时投入运行。

（二）电力工程目标管理

1. 电力工程目标控制原理

（1）控制的基本概念

控制一般是指管理人员根据事先制定的计划与标准，检查和衡量被控对象在实施过程中的状况和所取得的成果，及时发现偏差并采取有效措施纠正所发生的不良偏差，以确保计划目标得以实现的管理活动。实施控制的前提是确定合理的目标和制订科学的计划，继而进行组织设置和人员配备，并实施有效的领导。计划一旦开始执行，就必须进行控制。当发现实施过程有偏离时，应分析其原因，若需要应确定将采取的纠正措施，并采取行动。控制是一种动态的管理活动，在采取纠偏措施后，应继续进行实施情况的检查。如此循环，直至建设工程项目目标实现为止。

（2）控制的类型

由于控制方式和方法的不同，控制可分为多种类型，归纳起来包括主动控制和被动控制两大类。

第一类，主动控制。

就是预先分析目标偏离的可能性，并拟定和采取各项预防性措施，以使计划目标得以实现。在实施主动控制时，可采取下列措施：①详细调查并分析研究外部环境条件，确定影响目标实现和计划实施的各有利和不利因素，并将这些因素考虑到计划和其他管理职能之中。②识别风险，努力将各种影响目标实现和计划实施的潜在因素揭示出来，为风险分析及管理提供依据，并在计划实施的过程中做好风险管理工作。③用科学的方法制订计划。做好计划可行性分析，消除那些造成资源浪费、经济不可行、财力不可行的各种错误决断，保障工程项目的实施可以有足够的时间、空间、人力、物力和财力，并在此基础上力求使计划得到优化。④高质量做好组织工作，使组织、目标和计划高度一致，将目标控制的任务与管理职能落实到适当机构的人员，做到职责与职权分明，使全体成员能够通力协作，为共同实现目标而努力。⑤制定必要的备用方案，应付可能出现的影响目标或计划实现的情况。一旦发生这些情况，因为有应急措施做保障，从而可以减少偏离量，若理想的话，则能够避免发生偏离的现象。⑥计划应有适当的松弛度，即"计划应留有余地"。这样，可避免那些经常发生但又不可避免的干扰因素对计划产生的影响，减少"例外"情况产生的数量，从而使管理人员处于主动地位。⑦沟通信息流通渠道，加强信息的收集、整理和研究工作，为预测工程未来发展状况提供全面、及时、可靠的信息。

第二类，被动控制。

被动控制是指当系统按计划运行时，管理人员对计划的实施进行跟踪，将系统输出的信息进行加工、整理，再传递给控制部门，使控制人员从中发现问题，找出偏差，寻求并确定解决问题和纠正偏差的方案，然后再回送给计划实施系统付诸实施，使得计划目标一旦出现偏离就能够得以纠正。被动控制是一种十分重要的控制方式，而且是经常采用的控制方式。被动控制可以采取下列措施：①应用现代化管理方法和手段跟踪、测试、检查工程实施过程，当发现异常情况时，及时采取纠偏措施。②明确项目管理组织过程控制人员的职责，发现情况及时采取措施进行处理。③建立有效的信息反馈系统，及时、准确地反馈偏离计划目标值的情况，以便及时采取措施予以纠正。

2. 电力工程目标控制措施

电力工程目标控制措施一般可以概括分为组织措施、技术措施、经济措施和合同措施。

（1）组织措施

组织措施是指从建设工程项目管理的组织方面采取的措施，如实行项目经理责任制，落实工程项目管理的组织机构和人员，明确各级管理人员的任务和职能分工、权利和责任，编制本阶段工程项目实施控制工作计划及详细的工作流程图。组织措施是其他各类措施的前提和保障，而且一般不需要增加什么费用，运用得当可以收到良好的效果。

（2）技术措施

控制在很大程度上要通过技术来解决问题。实施有效的控制，应对多个可能主要技术方案进行技术可行性分析，对各种技术数据进行审核、比较，事先确定设计方案的评选原则，通过科学试验确定新材料，新工艺、新设备、新结构的适用性，对各投标文件中的主要技术方案进行必要的论证，对施工组织设计进行审查，想方设法在整个项目实施阶段寻求节约投资、保障工期和质量的技术措施。使计划能够输出期望的目标需要依靠掌握特定技术的人，需要采取一系列有效的技术措施对项目目标进行有效控制。

（3）经济措施

从项目的提出到项目的实施，始终伴随着资金的筹集和使用。无论是对工程造价实施控制，还是对工程质量、进度实施控制，均离不开经济措施。为了能够实现工程项目目标，项目管理人员要收集、加工、整理工程经济信息和数据，要对各种实现目标的计划进行资源、经济、财务等方面的可行性分析，要针对经常出现的各种设计变更和其他工程变更方案进行技术经济分析（以力求减少对计划目标实现的影响），要对工程概、预算进行审核，要编制资金使用计划，要对工程付款进行审查等。若项目管理人员在项目管理中忽略了或不重视经济措施，不但使工程造价目标难以得到实现，而且会影响到工程质量和进度目标的实现。

（4）合同措施

工程项目建设需要咨询机构、设计单位、施工单位和设备材料供应等单位共同参与。在市场经济的大环境下，这些单位要按照与项目业主签署的合同来参与建设工程项目的管理与建设，他们与业主单位形成了合同关系。确定对目标控制有利的承发包模式及合同结构，拟定合同条款，参加合同谈判，处理合同执行中的问题，以及做好防止和处理索赔的工作等，是建设工程目标控制的重要手段。

第二节 电力工程项目建设程序与范围

一、电力工程项目建设程序

(一)电力工程项目建设程序的概念

电力工程建设是指电力工程建设项目从立项、论证、决策、设计、施工到竣工验收交付使用为止,电力建设全过程中各项工作完成应遵循的先后顺序。

电力工程项目建设程序,又称之为电力基本建设程序,是电力建设过程及其经济活动规律的反映,是电力工程价值形成过程。我国建设行政主管部门颁布了一系列有关的电力工程建设程序的法规及建设程序的执行制度,同时将是否执行电力基本建设程序作为电力建设执法监督的重要内容。

(二)电力工程项目建设程序的内容

一个电力建设项目从计划建设到建成投产,一般要经过建设决策、建设实施和交付使用三个阶段。如下:

1. 项目建议书

项目法人按国民经济和社会发展长远规划、行业规划和建设单位所在的城镇规划的要求,按照本单位的发展需要,经过调查、预测、分析,编报项目建议书。

2. 可行性研究报告

项目建议书批准之后,项目法人委托有相应资质的设计、咨询单位,对拟建项目在技术、工程、经济和外部协作条件等方面的可行性,进行全面分析、论证和方案比较,推荐最佳的方案;可行性研究报告是项目决策的依据,应按照国家规定达到一定的标准,其投资估算和初步设计概算的出入不得大于10%,否则将对项目进行重新决策。

3. 初步设计

可行性研究报告批准之后,项目法人委托有相应资质的设计单位,根据批准的可行性研究报告的要求,编制初步设计。初步设计批准之后,设计概算即为工程投资的最高限额,未经批准,不得随意突破。确因不可抗拒因素造成投资突破的设计概算时,应上报原批准部门审批。

4. 施工图设计

初步设计批准之后，项目法人委托有相应资质的设计单位，根据批准的初步设计，组织施工图设计。

5. 年度投资计划

项目建议书、可行性研究报告、初步设计批准之后，向主管部门（业主）申请列入投资计划。

6. 开工报告

电力建设项目完成各项准备工作，具备开工条件，建设单位应及时向主管部门（业主）和有关单位提出开工报告，开工报告批准之后即可进行项目施工。

7. 竣工验收

按照国家有关规定，电力建设项目批准的内容完成之后，符合验收标准，须及时组织验收、办理交付使用资产移交手续。

（三）电力工程项目建设的主要工作

1. 可行性研究

可行性研究是在工程项目投资决策之前，对与项目有关的社会、经济和技术等各方面的情况进行深入细致的调查研究；对于各种可能拟定的建设方案和技术方案进行认真的技术经济分析、比较和论证；对项目建成后的经济效益进行科学的预测及评价，并在此基础上，综合研究建设项目的技术先进性和适用性、经济合理性以及建设的可能性和可行性。由此确定该项目是否应该投资和如何投资等结论性的意见，为决策部门最终决策提供科学、可靠的依据，并作为开展下一步工作的基础。在对电力工程项目进行可行性研究时，要对该项目做出投资估算，同时还要对该项目投资进行经济性评价。

可行性研究是进行工程建设的首要环节，是决定投资项目成败的关键。可行性研究一般要考虑三个方面：①工艺技术。工艺技术是手段。②市场需求。市场需求是前提。③财务经济状况。财务经济状况是核心。

2. 勘察设计

勘察设计是为了查明工程建设场地的地形地貌、地质构造、水文地质和各种自然现象所进行的调查、测量、观察及试验工作。设计是工程建设的灵魂和龙头，是对建设项目在技术和经济上进行的详细规划和全面安排。按照批准的设计任务书编制设计文件，一般按照初步设计、施工图设计两个阶段进行，技术复杂的项目，可增加技术设计阶段。施工图设计按照批准的初步设计编制，其内容应能够满足建设材料的采购、非标准设备的加工、建筑安装工程施工的需要和施工预算的编制。设计应采用和推广标准化。勘察设计工作完成之后，施工单位可按照勘察设计结果等因素编制施工方案，各相关方可按照初步设计或施工图设计编制设计概算、施工图预算或投资控制指标。

3. 招投标

招投标是发展市场经济，适应竞争需要的一种经济行为。招投标必须贯彻公平、公正、公开和诚实信用的原则，可适用于电力建设工程项目中的设计、设备材料供应、施工等任何阶段的工作。

招投标在现阶段是进行工程发、承包的主要方式，是签订各类工程合同的重要环节。通过招投标方式形成的合同，是工程建设各相关方履行自己的义务、保障自己权利的基本依据。

4. 建设监理

建设监理是指专职监理单位受业主委托对建设工程项目进行以控制投资、进度和确保质量为核心的监督与管理的一种方式。建设监理是深化电力基建改革，建立和发展社会主义市场经济并与国际接轨的需要，是电力基本建设迅速发展的需要。建设监理的依据是国家和电力行业主管部门相关的方针、政策、法规、标准、规定、定额和经过批准的建设计划、设计文件和经济合同。

监理单位是自主经营、独立核算、自负盈亏的企业，必须具备法人资格，经有关主管部门资质认证、审批、核定监理业务范围，发给资质证书后方可承担监理业务。委托方必须和监理单位签订监理委托合同。发电工程项目的建设监理实行总监理工程师负责制，总监理工程师和专业监理工程师应当经有关主管部门资质认证、审批资格、注册颁证，持证上岗。

建设监理业务，可以分阶段监理，也可全过程监理，或按照工程项目分类监理。

5. 投融资

电力工程项目都是投资项目，在其进行投资之前必须先进行融资。在融资时，应当考虑选择经济的资金渠道和合理的资金结构，使得投资项目的资金成本能够控制在一个令人满意的水平，从而确保项目的经济性。我国基本建设投资来源主要有四条渠道，即国家预算拨款，建设银行贷款，各地区、各部门、各企业单位的自筹资金，利用外资。改革开放之后，我国投资体制实施了一系列改革，在投资领域形成了投资主体多元化、投资资金多渠道、项目决策分层次、投资方式多样化和建设实施引入市场竞争机制的新格局。

电力工业是资金密集型行业，20世纪80年代以来，我国改变了独家办电的形式，实行集资办电厂，电网由国家统一建设、统一管理的原则，采取多家办电、集资办电、征收电力建设基金、利用外资办电等政策，为建立新的投融资体系奠定了基础。单一由中央政府投资的主体格局已完全改变，各级地方政府及国有企业、集体企业已逐步成为直接投资的重要主体部分，逐步建立"谁投资、谁决策、谁受益、谁承担投资风险"的机制。目前，中央与地方、地方与地方、政府与企业、企业与企业之间的联合投资以及中外合资、合作建设项目已十分普遍。电力投融资体制可充分调动各方办电积极性，以最大限度多方筹集电力建设资金，增加电力投入。因此各电力集团公司要加强和充实投融资中心功能，充分发挥财务公司在投融资方面的作用。

6. 施工准备

施工准备是基本建设程序中的一项重要内容，既是建筑施工管理的一个重要组成部分，又是组织施工的前提，也是顺利完成建筑工程任务的关键。施工准备按工程项目施工准备工作的范围可分为全场性、单位工程和分部（项）工程作业条件准备等三种。全场性施工准备指的是大中型工业建设项目、大型公共建筑或民用建筑群等带有全局性的部署，包括：技术、组织、物资、劳力和现场准备，是各项准备工作的基础。单位工程施工准备是全场性施工准备的继续和具体化，要求做得细致，预见到施工过程中可能出现的各种问题，能确保单位工程均衡、连续和科学合理地施工。

施工准备按照拟建工程所处的施工阶段可分为开工前的施工准备和各施工阶段前的施工准备等两种。开工前的施工准备工作是在拟建工程正式开工之前所进行的一切施工准备工作，其目的是为拟建工程正式开工创造必要的施工条件。它既可能是全场性的施工准备，又可能是单位工程施工条件的准备。各施工阶段前的施工准备是在拟建工程开工之后，每个施工阶段在正式开工之前所进行的一切施工准备工作，其目的是为施工阶段正式开工创造必要的施工条件。

施工准备工作的基本任务就是调查研究各种有关工程施工的原始资料、施工条件及业主要求，全面合理地部署施工力量，从计划、技术物资、资金、设备、劳力、组织、现场及外部施工环境等方面为拟建工程的顺利施工建立一切必要的条件，并对施工中可能发生的各种变化做好充分准备。

7. 施工、建筑安装

施工是基本建设的主要阶段，是将计划文件和设计图纸付诸实施的过程，是建筑安装施工合同的履行过程。在该阶段，一方面承包商应根据合同的要求全面完成施工任务；另一方面，发包人也应当根据合同约定向承包人支付工程款。工程价款的结算方式与结算时间，对于工程的发包与承包方的经济利益存在一定的影响。在施工阶段应尽可能避免出现大的工程变更，也不要频繁地出现一般的工程变更，因为那样会对工程造价的控制带来极大的困难。

对施工的基本要求是确保安全、质量,文明施工,确保建设工期,并不断降低成本,提高经济效益。施工是工程优化的核心,起着承上启下的作用。设计、设备的缺陷,要通过施工来纠正和处理,而调试启动能否顺利进行,要看施工质量是否切实确保。施工质量是重中之重,必须坚决贯彻相关标准。

8. 启动调试

启动调试是电力建设工程的关键阶段和重要环节。启动调试是一个独立的阶段,由各方代表组成的启动验收委员会负责领导,由业主指定启动调试总指挥,从分部试运行开始工作,直至试生产结束。由调试单位负责人具体负责试运指挥。

9. 竣工验收

工程竣工验收是工程施工(建设)的最后一个环节,是全面考核施工(建设)质量,确认是否能够投入使用的重要步骤。工程竣工验收将从整体观念出发,对每一分部分项工程的质量、性能、功能、安全各方面进行认真、全面、可靠的检查,尽量不给今后的使用留下任何质量或安全的隐患。由于电力建设工程涉及的各种电气设备众多,在正式竣工验收之前,还要经历试运行阶段。在竣工验收阶段,涉及工程发、承包方之间的工程价款竣工结算和发包人的工程竣工决算。

10. 项目后评价阶段

项目后评价是工程项目竣工投产、生产运营一段时间(一般为一年)后,再对项目的立项决策、设计施工、竣工投产、生产运营等全过程进行系统评价的一种技术经济基础活动,是固定资产投资管理的一项重要内容,也是固定资产投资管理的最后一个环节。通过项目后评价,可达到肯定成绩、总结经验、研究问题、吸取教训、提出建议、改进工作、不断提高项目投资决策水平和投资经济效果的目的。项目后评价的内容包括:立项决策评价、设计施工评价、生产运营评价和建设效益评价。

二、电力工程项目范围

(一)电力工程项目范围确定

1. 项目范围确定的含义与依据

(1)项目范围确定的定义

项目范围确定是指明确项目的目标和可交付成果的内容,确定项目的总体系统范围并形成文件,以作为项目设计、计划、实施和评价项目成果的依据。

(2)项目范围确定的依据

项目范围确定的依据主要有：①项目目标的定义或范围说明文件。②环境条件调查资料。③项目的限制条件与制约因素。④同类项目的相关资料。

2. 项目范围确定的过程

通常来说，项目范围确定应经过以下过程：①项目目标的分析。②项目环境的调查与限制条件分析。③项目可交付成果的范围和项目范围确定。④对项目进行结构分解（WBS）工作。⑤项目单元的定义。将项目目标与任务分解落实到具体的项目单元上，从各个方面（质量、技术要求、项目实施活动的责任人、费用限制、项目工期、前提条件等）对它们作详细的说明和定义。这个工作应与相应的技术设计、计划、组织安排等工作同步进行。⑥项目单元之间界面的分析。一般包括界限的划分与定义、逻辑关系的分析、实施顺序的安排，将全部项目单元还原成一个有机的项目整体。这是进行网络分析、项目组织设计的基础工作。

3. 项目范围确定的工作内容与方法

（1）项目范围确定的工作内容

项目的界定。项目的界定，首先要将一项任务界定为项目，然后再将项目业主的需求转化为详细的工作描述，而描述的这些工作是实现项目目标所不可缺少的。

（2）项目目标的确定

①项目目标的特点。项目目标一般是指实施项目所要达到的期望结果。②项目目标确定程序。A. 明确制定项目目标的主体。不同层次的目标，其制定目标的主体也是不同的。如项目总体目标通常由项目发起人或项目提议人来确定；而项目实施中的某项工序的目标，由相应的实施组织或个人来确定。B. 描述项目目标。项目目标必须明确、具体，尽可能定量描述，确保项目目标容易理解，并使每个项目管理组织成员结合项目目标确定个人的具体目标。C. 形成项目目标文件。项目目标文件是一种详细描述项目目标的文件，也可用层次结构图进行表示。项目目标文件通过对项目目标的详细描述，预先设定了项目成功的标准。

（3）项目范围的界定

项目范围的界定就是确定成功实现项目目标所必须完成的工作。项目范围的界定应着重考虑以下三个方面内容：①项目的基本目标。②必须做的工作内容。③可以省略的工作内容。

经过项目范围的界定，就可以将有限的资源用在完成项目所必不可少的工作上，确保项目目标的实现。

（4）项目范围说明书的形成

项目范围说明书说明了为什么要进行这个项目（或某项具体工作），明确了项目（或某项具体工作）的目标和主要可交付的成果，是将来项目实施管理的重要基础。

在编写项目范围说明书时，必须了解以下情况：①成果说明书。所谓的成果，即任务的委托者在项目结束或者项目阶段结束时，要求项目班子交出的成果。显然对于这些要求交付的成果必须有明确的要求及说明。②项目目标文件。③制约因素。制约因素是限制项目承担者行动的因素。如项目预算将会限制项目管理组织对项目范围、人员配置以及日程安排的选择。项目管理组织必须考虑有哪些因素会限制自己的行动。④假设前提。假设前提是指为了制订计划，假定某些因素是真实、符合现实和肯定的。如决定项目开工时间的某一前期准备工作的完成时间不确定，项目管理组织将假设某一特别的日期作为该项工作完成的时间。假设一般包含一定程度的风险。④项目目标。当项目成功完成时，必须向项目业主表明，项目事先设立的目标均已达到。设立的目标要能够量化。目标无法量化或未量化，就要承担很大风险。

4. 项目范围确定的方法

进行项目范围确定，经常使用的方法如下：①成果分析。通过成果分析可加深对项目成果的理解，确定其是否必要、是否多余以及是否有价值。其中包括：系统工程、价值工程和价值分析等技术。②成本效益分析。③项目方案识别技术。项目方案识别技术泛指提出实现项目目标方案的所有技术。在这方面，管理学已提出了许多现成的技术，可供识别项目方案。④领域专家法。可以请领域专家对各种方案进行评价。任何经过专门训练或具备专门知识的集体或个人均可视为该领域专家。⑤项目分解结构。

（二）电力工程项目结构分析

项目结构分析是对项目系统范围进行结构分解（工作结构分解），用可测量的指标定义项目的工作任务，并形成文件，以此作为分解项目目标、落实组织责任、安排工作计划及实施控制的依据。

1. 项目结构分解

（1）项目结构分解的含义

项目结构分解就是将主要的项目可交付成果分成较小的、更易管理的组成部分，直到可交付成果定义得足够详细，足以支持项目将来的活动，如计划、实施、控制，并便于制订项目各具体领域和整体的实施计划。也可以说，是将项目划分为可管理的工作单元，以便这些工作单元的费用、时间和其他方面较项目整体更容易确定。

（2）项目结构分解的要求

项目结构分解应符合以下要求：①内容完整，不重复，不遗漏。②一个工作单元只能从属于一个上层单元。③每个工作单元应有明确的工作内容和责任者，工作单元之间的界面应清晰。④项目分解应利于项目实施和管理，便于考核评价。

（3）项目结构分解的方法

项目结构分解的基本思路为：以项目目标体系为主导，以工程技术系统范围和项目的实施过程为依据，根据一定的规则由上而下、由粗到细地进行。

2. 工作分解结构

（1）概述

工作分解结构是指根据项目的发展规律，依据一定的原则和规定，对项目进行系统化、相互关联和协调的层次分解。结构层次越往下层则项目组成部分的定义越详细。工作分解结构将建设项目依次分解成较小的项目单元，直至满足项目控制需要的最低标准，这就形成了一种层次化的"树"状结构。这一树状结构将项目合同中所规定的全部工作分解为便于管理的独立单元，并将完成这些单元工作的责任分配给相应的具体部门和人员，从而在项目资源与项目工作之间建立了一种明确的目标责任关系，这就形成了一种职能责任矩阵。

（2）工作分解结构的目的

工作分解结构的主要目的包括：①明确和准确说明项目的范围。②为各独立单元分派人员，确定这些人员的相应职责。③针对各独立单元，进行时间、费用和资源需要量的估算，提高费用、时间及资源估算的准确性。④为计划、预算、进度安排和费用控制奠定共同的基础，确定项目进度测量和控制的基准。⑤将项目工作与项目的费用预算及考核联系起来。⑥便于划分和分派责任，自上而下地将项目目标落实到具体的工作上，并将这些工作交付给项目内外的个人或组织去完成。⑦确定工作内容和工作顺序。⑧估算项目整体和全过程的费用。

（3）工作分解结构的步骤

工作分解结构的建立应按照以下步骤进行：①确定项目总目标。按照项目技术规范和项目合同的具体要求，确定最终完成项目需要达到的项目总目标。②确定项目目标层次。确定项目目标层次即确定工作分解结构的详细程度（即 WBS 的分层数）。③划分项目建设阶段。将项目建设的全过程划分为不同的、相对独立的阶段。如设计阶段、施工阶段等。④建立项目组织结构。项目组织结构中应当包括参与项目的所有组织或人员，以及项目环境中的各个关键人物。⑤确定项目的组成结构。按照项目的总目标和阶段性目标，将项目的最终成果和阶段性成果进行分解，列出达到这些目标所需要的硬件（如设备、各种设施或结构）和软件（如信息资料或服务），它实际上是对子项目或项目的组成部分进一步分解形成的结构图表，其主要技术是按照工程内容进行项目分解。⑥建立编码体系。以公司现有财务图表作为基础，建立项目工作分解结构的编码体系。⑦建立工作分解结构。将上述③至⑥项结合在一起，即形成了工作分解结构。⑧编制总网络计划。按照工作分解结构的第二层或第三层，编制项目总体网络计划。总体网络计划可以再利用网络计划的通常技术进行细致划分。总体网络计划确定了项目的总进度目标和关键子目标。在项目的实施过程中，项目总体网络计划用于向项目的高级管理层报告项目的进展状况，即完成进度目标的情况。⑨建立职能矩阵。分析工作分解结构中各个子系统或单元与组织机构之间的关系，用以明确组织机构内各部门应负责完成的项目子系统或项目单元，并建立项目系统的责任矩阵。⑩建立项目财务图表。将工作分解结构中的每个项目单元进行编码，形成项目结构的编码系统。此编码系统与项目的财务编码系统相结合，即可对项目实施财务管理，制作各种财务图表，建立费用目标。⑪编制关键线路网络计划。前述的十项步骤完成之后，形成了一个完整的工作分解结构，它是制订详细网络计划的基础。工作分解结构本身不涉及项目的具体工作、工作的时间估计、资源使用以及各项工作之间的逻辑关系，因此，项目的进度控制还需使用详细网络计划。详细网络计划通常采用关键线路法（CPM）编制，它是对工作分解结构中的项目单元作进一步细分后产生的，可用于直接控制生产或施工活动。详细网络计划确定了各项工作的进度目标。⑫建立工作顺序系统。按照工作分解结构和职能矩阵，建立项目的工作顺序系统，明确各职能部门所负责的项目子系统或项目单元何时开始、何时结束，同时也明确项目子系统或项目单元间的前后衔接关系。⑬建立报告和控制系统。按照项目的整体要求、工作分解结构以及总体和详细网络计划，即可以建立项目的报告体系和控制系统，以核实项目的执行情况。

3. 工作分解结构的注意事项

工作分解结构，尤其是较大项目，应该注意以下几点内容：①确定项目工作分解结构就是将项目的可交付成果、组织和过程这三种不同结构综合为项目工作分解结构的过程。项目管理组织要善于巧妙地将项目按照可交付成果的结构划分、按照项目的阶段划分以及按照项目组织的责任划分有机地结合起来。②最底层的工作内容应当便于完整无缺地分派给项目内外的不同个人或组织，因此要求明确各工作包之间的界面。界面清楚有利于减少项目进展过程中的协调工作量。③最底层的工作包应当非常具体，以便于各工作包的承担者能明确自己的任务、努力的目标和承担的责任。工作包划分得具体，也便于监督和业绩考核。④逐层分解项目或其主要可交付成果的过程实际上也是分解角色和职责的过程。⑤项目工作分解完成以后必须交出的成果就是项目工作分解结构。工作分解结构中的每一项工作，或者称为单元均要编上号码。这些号码的全体，叫作编码系统。编码系统同项目工作分解结构本身一样重要。在项目规划和以后的各阶段，项目各基本单元的查找、变更、费用计算、时间安排、资源安排、质量要求等各个方面均要参照这个编码系统。⑥在项目工作分解结构中，无论是哪一个层次，每一个单元都要有相应的依据（投入、输入、资源）和成果（产出、输出、产品）。某一层次单元的成果是上一层次单元的依据。⑦依据和成果之间的具体关系是在逐层分解项目或其主要可交付成果，以及分派角色和职责时确定的。注意事项包括，某一层次工作所需的依据在许多情况下来自于同一层次的其他工作。由此可以看出，项目管理的协调工作要沿着项目工作分解结构的竖直和水平两个方向展开。⑧对于最底层的工作包，要有全面、详细和明确的文字说明。由于项目，特别是较大的项目有许多工作包，因此，往往将所有工作包文字说明汇集在一起，编成一个项目工作分解结构词典，便于需要时查阅。

4. 工程项目工作单元定义

工作单元是项目分解结果的最小单位，便于落实职责、实施、核算和信息收集等工作。工作单元的定义一般包括：工作范围、质量要求、费用预算、时间安排、资源要求和组织责任等内容。工作包是最低层次的项目单元，是计划和控制的最小单位（特别是在成本方面），是项目目标管理的具体体现。其相应的说明被称为工作包说明，它是以任务（活动）说明为主的。

工作包通常具有预先的定义，有相应的目标、可评价其结果的自我封闭的可交付成果（工作量），有一个负责人（或单位）。它是设计（计划）、说明、控制和验收的对象。但它内涵的大小（工作范围）没有具体的规定。

工作包说明是项目的目标分解和责任落实文件。它包括：项目的计划、控制、组织、合同等各方面的基本信息，另外还可能包括：工作包的实施方案、各种消耗标准等信息。因此定义工作包的内容是一项非常复杂的工作，需要各部门的配合。

5. 工程项目工作界面分析

（1）工作界面分析的概念

工作界面是指工作单元之间的结合部，或叫接口部位，即工作单元之间相互作用、相互联系、相互影响的复杂关系。工作界面分析是指对界面中的复杂关系进行分析。

在项目管理中，大量的矛盾、争执、损失都发生在界面上。界面的类型很多，有目标系统的界面、技术系统的界面、行为系统的界面、组织系统的界面以及环境系统的界面等。对于大型复杂的项目，界面必须经过精心的组织和设计。

（2）工作界面分析的要求

工作界面分析应符合如下要求：①工作单元之间的接口合理，必要时应对工作界面进行书面说明。②在项目的设计、计划和实施的过程中，注意界面之间的联系和制约。③在项目的实施中，应注意变更对界面的影响。

（3）工作界面分析的原则

随着项目管理集成化和综合化，工作界面分析越来越重要。工作界面的分析应遵循如下原则：①确保系统界面之间的相容性，使项目系统单元之间有良好的接口，有相同的规格。这种良好的接口是确保项目经济、安全、稳定、高效率运行的基础。②确保系统的全面性，不失掉任何工作、设备、信息等，防止发生工作内容、成本和质量责任归属的争执。③对界面进行定义，并形成文件，在项目的实施过程中保持界面清楚，当工程发生变更时特别应注意变更对界面的影响。④在界面处设置检查验收点、里程碑、决策点和控制点，应采用系统方法从组织、管理、技术、经济、合同各方面主动地进行界面分析。⑤注意界面之间的联系和制约，解决界面之间不协调、障碍和争执，主动地、积极地管理系统界面的关系，对相互影响的因素进行协调。

第三节 电力工程项目管理规划

一、电力工程项目管理规划大纲

（一）电力工程项目管理规划大纲的编制依据

电力工程项目管理规划大纲的编制依据包括：①可行性研究报告。②招标文件以及发包人对招标文件的分析研究结果。③企业管理层对招标文件的分析研究结果。④发包人提供的工程信息和资料。⑤工程现场环境情况的调查结果。编制施工项目管理规划大纲前，主要应调查对施工方案、合同执行、实施合同成本有重大影响的因素。⑥有关本工程投标的竞争信息。如参加投标竞争的承包人的数量及其投标人的情况，本企业与这些投标人在本项目上的竞争力分析与比较等。⑦企业法定代表人的投标决策意见。由于施工项目管理规划大纲必须体现承包人的发展战略和总的经营方针及策略，因此企业法定代表人应按下列因素考虑决策：企业在项目所在地所涉及的领域的发展战略；项目在企业经营中的地位，项目的成败对未来经营的影响（例如牌子工程、形象工程等）；发包人的基本情况（例如信用程度、管理水平、发包人的后续工程的可能性）。

（二）电力工程项目管理规划大纲的编制程序

电力工程项目管理规划大纲的编制程序如下：①明确项目目标。②分析项目环境和条件。③收集项目有关资料及信息。④确定项目管理组织模式、结构及职责。⑤明确项目管理内容。⑥编制项目目标计划和资源计划。⑦汇总整理，报送审批。

（三）电力工程项目管理规划大纲的内容

1. 项目概况

①施工项目基本情况描述。项目的规模可用一些数据指标描述。②施工项目的承包范围描述。包括承包工程范围的主要数据指标、承包人的主要合同责任、主要工程量等。

在电力工程项目管理规划大纲的编制阶段，可以作一个粗略的施工项目工作分解结构图，并进行相应说明。

2. 项目范围管理规划

项目范围管理规划应以确定并完成项目目标作为根本目的，通过明确项目有关各方的职责界限，以确保项目管理工作的充分性和有效性。

①项目范围管理的对象应当包括完成项目所必需的专业工作和管理工作。②项目范围管理的过程应当包括项目范围的确定、项目结构分析、项目范围控制等。③项目范围管理应作为项目管理的基础工作，并贯穿于项目的全过程。组织应确定项目范围管理的工作职责和程序，并对范围的变更进行检查、分析及处置。

3. 项目管理目标规划

项目管理目标包括两个部分，即：①施工合同要求的目标。如合同规定的使用功能要求、合同工期、合同价格、合同规定的质量标准、合同或法律规定的环境保护标准和安全标准等。施工合同规定的项目目标通常是必须实现的，否则投标人就无法中标，或者必须接受合同或法律规定的处罚。②企业对施工项目的要求。如工程成本或费用目标、企业的形象及从企业经营的角度出发对施工合同要求的目标的调整要求（如投标人有信心将工期缩短并提出承诺）。

电力工程项目管理的目标应尽量定量描述，使其可执行、可分解。在项目实施过程中可以对目标进行控制，在项目结束后可根据目标的完成情况对施工项目经理部进行考核。施工项目的目标水平应使施工项目经理部通过努力能够实现，过高会使项目经理部失去信心，过低则会使项目失去优化的可能，使企业经营效益降低，导致施工项目之间的不平衡。

4. 项目管理组织规划

项目管理组织规划应当符合施工项目的组织方案,此方案分为两类。

①针对专业性施工任务的组织方案,例如是采用分包方式,还是自行承包方式等。②针对施工项目管理组织(施工项目经理部)的方案,在施工项目管理规划大纲中,无需详细描述施工项目经理部的组成状况,但必须原则性地确定项目经理、总工程师等的人选。

一般根据项目业主招标的要求,项目经理或技术负责人在项目业主的澄清会议上进行答辩,所以项目经理或技术负责人必须尽早任命,并尽早介入施工项目的投标过程。这不仅是为了中标的要求,而且能够确保电力工程项目管理的连续性。

5. 项目成本管理规划

项目成本管理规划应体现施工预算和成本计划的总体原则。

成本目标规划应包括项目的总成本目标、根据主要成本项目进行成本目标分解(如施工工人、主要材料、设备用量以及相关的费用)、现场管理费额度、确保成本目标实现的技术组织措施等。成本目标规划应留有一定的余地,并有一定的浮动空间。

成本目标的确定应包含如下因素:施工工程的范围、特点、性质,招标文件规定的承包人责任,工程的现场条件,承包人对施工工程确定的实施方案。

成本目标是承包人投标报价的基础,将来又会作为对施工项目经理部的成本目标责任和考核奖励的依据,它应反映承包人的实际开支,因此在确定成本目标时不应考虑承包人的经营战略。

大型电力工程应建立项目的施工工程成本数据库。

6. 项目进度管理规划

项目进度管理规划应说明招标文件(或招标人要求)的总工期目标、总工期目标的分解、主要的里程碑事件及主要工程活动的进度计划安排、施工进度计划表、确保进度目标实现的措施等。

电力工程项目管理规划大纲中的工期目标与总进度计划不仅应符合招标人在招标文件中提出的总工期要求,而且应考虑到环境(特别是气候)条件的制约、工程的规模和复杂程度、承包人可能有的资源投入强度,要有可行性。在制定总计划时,应当参考已完成的当地同类工程的实际进度状况。

进度计划应采用横道图的形式,并注明主要的里程碑事件。

7. 项目质量管理规划

①招标文件(或项目业主)要求的总体质量目标规划。质量目标的指标既应符合招

标文件规定的质量标准，又应当符合国家和地方的法律、法规、规范的要求。施工项目管理工作、施工方案和组织措施等都要确保该质量目标的实现，这是承包人对项目业主的最重要承诺。应重点说明质量目标的分解和确保质量目标实现的主要技术组织措施。②主要的施工方案描述包括：工程施工次序的总体安排、重点单位工程或重点分部工程的施工方案、主要的技术措施、拟采用的新技术和新工艺、拟选用的主要施工机械设备方案。

8. 项目职业健康安全与环境管理规划

①电力工程项目职业健康安全规划应提出总体的安全目标责任、施工过程中的主要不安全因素、确保安全的主要措施等。对危险性较大或专业性较强的建设工程施工项目，应当编制施工安全组织计划（或施工安全管理体系），并提出详细的安全组织、技术和管理措施，确保安全管理过程是一个持续改进的过程。②电力工程项目环境管理规划应按照施工工程范围、工程特点、性质、环境、项目业主要求等的不同，根据需要增加一些其他内容。例如对一些大型的、特殊的工程，项目业主要求承包人提出保护环境的管理体系时，应有较详细的重点规划。

9. 项目采购与资源管理规划

①电力工程项目采购规划要识别与采购有关的资源及过程，包括采购什么、何时采购、询价、评价并确定参加投标的分包人、分包合同结构策划、采购文件的内容和编写等。②电力工程项目资源管理规划包括：识别、估算、分配相关资源，安排资源使用进度，进行资源控制的策划等。

10. 项目风险管理规划

项目风险管理规划应按照工程的实际情况对施工项目的主要风险因素做出预测，并提出相应的对策措施，提出风险管理的主要原则。

在电力工程项目管理规划大纲阶段对风险考虑得较为宏观，要着眼于市场、宏观经济、政治、竞争对手、合同、业主资信等。施工风险的对策措施包括：回避风险大的项目，选择风险小或适中的项目。对于风险超过自己的承受能力、成功把握不大的项目，不参与投标。

①技术措施。例如选择有弹性的、抗风险能力强的技术方案，而不用新的、未经过工程使用的、不成熟的施工方案；对地理、地质情况进行详细勘察或鉴定，首先进行技术试验、模拟，准备多套备选方案，采用各种保护措施和安全保障措施。②组织措施。对风险较大的项目加强计划工作，选派最得力的技术和管理人员，特别是项目经理；在同期施工项目中提高它的优先级别，在实施过程中严密控制。③购买保险。常见的工程

损坏、第三方责任、人身伤亡、机械设备的损坏等可通过购买保险的办法规避。要求对方提供担保（或反担保）。要求项目业主出具资信证明。④风险准备金。例如，在投标报价中，按照风险的大小以及发生的可能性（概率），在报价中加上一笔不可预见风险费。⑤采取合作方式共同承担风险。例如，通过分包、联营承包，与分包人或其他承包人共同承担风险。⑥通过合同分配风险。例如通过修改承包合同中对承包人不利的条款或单方面约束性条款，平衡项目业主和承包人之间的风险，保护自己；通过分包合同减轻总承包合同中的相关风险等。

11. 项目信息管理规划

项目信息管理规划应包括以下内容：①与项目组织相适应的信息流通系统。②信息中心的建立规划。③项目管理软件的选择与使用规划。④信息管理实施规划。

12. 项目沟通管理规划

项目沟通管理规划主要指项目管理组织就项目所涉及的各有关组织及个人相互之间的信息沟通、关系协调等工作的规划。

13. 项目收尾管理规划

项目收尾管理规划包括工程收尾、管理收尾、行政收尾等方面的规划。

二、电力工程项目管理实施规划

（一）电力工程项目管理实施规划的编制依据

电力工程项目管理实施规划的编制依据包括：①项目管理规划大纲。②项目条件和环境分析资料。③项目管理责任书。④施工合同等。

（二）电力工程项目管理实施规划的编制程序

电力工程项目管理实施规划应当按下列程序进行编制。①对施工合同和施工条件进行分析。②对项目管理目标责任书进行分析。③编写目录及框架。④分工编写。⑤汇总、协调。⑥统一审稿。⑦修改定稿。⑧报批。

（三）电力工程项目管理实施规划的内容

1. 工程概况

工程概况内容一般包括：工程特点、建设地点及环境特征、施工条件、工程管理特点、工程管理总体要求以及施工项目工作目录等。

2. 总体工作计划

总体工作计划应包括如下内容：①项目的质量、进度、成本及安全目标。②拟投入的劳动力人数（高峰人数、平均人数）。③资源计划（劳动力使用计划、材料设备供应计划、机械设备供应计划）。④分包计划。⑤区段划分与施工程序。⑥项目管理总体安排（包括施工项目经理部组织机构、施工项目经理部主要管理人员、施工项目经理部工作总流程、施工项目经理部工作分解和责任矩阵，以及施工项目管理过程中的控制、协调、总结、考核工作过程的规定）。项目管理总体安排可列表进行说明。

3. 组织方案

组织方案应当编制出项目的项目结构图、组织结构图、合同结构图、编码结构图、重点工作流程图、任务分工表、职能分工表，并进行必要的说明。

4. 技术方案

技术方案主要是技术性或专业性的实施方案，应辅以构造图、流程图和各种表格。

5. 各种管理计划

进度计划应当编制出能反映工艺关系和组织关系的计划，可反映时间计划、相应进程的资源（人力、材料、机械设备和大型工具等）需用量计划以及相应的说明。

质量计划、职业健康安全与环境管理计划、成本计划、资源需求计划、风险管理计划、信息管理计划、项目沟通管理计划和项目收尾管理计划，均应按《建设工程项目管理规范》相应章节的条文及说明编制。为了满足项目实施的需求，应尽可能细化，尽量使用图表表示。

各种管理计划（规划）应当保存编制的依据和基础数据，以备查询和满足持续改进的需要。在资源需求计划编制前应与供应单位协商，编制后应将计划提交供应单位。

6. 项目现场平面布置图

①应说明施工现场情况、施工现场平面的特点、施工现场平面布置的原则。②确定现场管理目标、现场管理的原则、现场管理的主要措施、施工平面图及其说明。③在施工现场平面布置和施工现场管理规划中必须符合环境保护法、劳动保护法、城市管理规定、工程施工规范、文明现场标准等。

7. 项目目标控制措施

项目目标控制措施应针对目标需要进行制定，具体包括：确保进度目标的措施、确保质量目标的措施、确保安全目标的措施、确保成本目标的措施、确保季节施工的措施、保护环境的措施、文明施工的措施。上述各项措施均应包括技术措施、组织措施、经济措施和合同措施。

8. 技术经济指标

技术经济指标应按照项目的特点选定有代表性的指标，且应突出实施难点和对策，以满足分析评价和持续改进的需要。

技术经济指标的计算与分析应包括下列内容。

（1）规划所达到的技术经济指标

技术经济指标至少应包括以下五点内容：①进度方面的指标：总工期。②质量方面的指标：工程整体质量标准、分部分项工程质量标准。③成本方面的指标：工程总造价或总成本、单位工程量成本、成本降低率。④资源消耗方面的指标：总用工量、单位工程用工量、平均劳动力投入量、高峰人数、劳动力不均衡系数、主要材料消耗量及节约量、主要大型机械使用数量及台班量。⑤其他指标：施工机械化水平等。

（2）规划指标水平高低的分析与评价

按照施工项目管理实施规划列出的规划指标（如上述指标），对各项指标的水平高低做出分析与评价。

第四节 电力工程项目管理组织

一、电力工程项目管理组织原理

（一）电力工程项目组织设计

电力工程项目组织设计是一项复杂的工作，由于影响电力工程项目的因素多、变化快，导致项目组织设计的难度大，因此在进行电力工程项目组织设计工作的过程中，应从多方面进行考虑。

首先，从项目环境的层次来分析，电力工程项目组织设计必须考虑有一些与项目利益相关者的关系是项目经理所无法改变的，如贷款协议、合资协议等。其次，从项目管理组织的层次来分析，对于成功的项目管理来说，以下三点是至关重要的：项目经理的授权和定位问题，即项目经理在企业组织中的地位和被授予的权力如何；项目经理和其他控制项目资源的职能经理之间良好的工作关系；一些职能部门的人员，若也为项目服务时，既要向职能经理汇报，同时也要向各项目经理汇报。然后，从项目管理协调的层次来分析，在电力工程项目组织设计中，对于电力工程项目实施组织的设计主要立足于项目的目标和项目实施的特点。

1. 电力工程项目组织设计依据

（1）电力工程项目组织的目标

电力工程项目组织是为达到电力工程项目目标而有意设计的系统，电力工程项目组织的目标实际上就是要实现电力工程项目的目标，即投资、进度和质量目标。为了形成一个科学合理的电力工程项目组织设计，应尽可能使电力工程项目组织目标贴和项目目标。

（2）电力工程项目分解结构

电力工程项目分解结构是为了将电力工程项目分解成可以管理和控制的工作单元，从而能够更为容易也更为准确地确定这些单元的成本和进度，同时明确定义其质量的要求。更进一步讲，每一个工作单元都是项目的具体目标"任务"，它包括五个方面的要素：①工作任务的过程或内容。②工作任务的承担者。③工作的对象。④完成工作任务所需要的时间。⑤完成工作任务所需要的资源。

2. 电力工程项目组织设计原则

在进行电力工程项目组织设计时，要参照传统的组织设计的原则，并结合电力工程项目组织自身的特点。通过对每个组织的使命、目标、资源条件和所处环境的特点进行分析，结合一个组织的工作部门、工作部门的等级，以及管理层次和管理幅度设计，按照各个工作部门之间内在的关系的不同，构建适合该电力工程项目组织。具体应遵循以下原则。

（1）目的性原则

建设电力工程项目组织机构设置的根本目的是为了产生高效的组织功能，实现电力工程项目管理总目标。从这一根本目标出发，就要求因目标而设定工作任务，因工作任务设定工作岗位，按编制设定岗位人员，以职责定制度和授予权力。

（2）专业化分工与协作统一的原则

分工就是为了提高电力工程项目管理的工作效率，把为实现电力工程项目目标所必须做的工作，根据专业化的要求分派给各个部门以及部门中的每个人，明确他们的工作目标、任务及工作方法。分工要严密，每项工作都要有人负责，每个人负责他所熟悉的工作，这样才能提高效率。

（3）管理范围和分层统一的原则

进行电力工程项目组织结构设置时，必须要考虑适中的管理范围，要在管理范围与管理层次之间进行权衡。管理范围是指一个主管直接管理下属人员的数量，受单位主管直接有效地指挥、监督部署的能力限制。范围大，管理人员的接触关系增多，处理人与人之间关系的事情随之增多。最适当的管理方式并无一定的法则，一般为3～15人；高阶层管理跨距为3～6人，中阶层管理跨距为5～9人，低阶层管理跨距为7～15人。

（4）弹性和流动的原则

电力工程项目的单一性、流动性、阶段性是其生产活动的主要特点，这些特点必然会导致生产对象在数量、质量和地点上有所不同，带来资源配置上品种和数量的变化。这就强烈需要管理工作人员及其工作和管理组织机构随之进行相应调整，以使组织机构适应生产的变化，即要求按弹性和流动的原则进行电力工程项目组织设计。

（5）统一指挥原则

电力工程项目是一个开放的系统，由许多子系统组成，各子系统间存在着大量的结合部。这就要求电力工程项目组织也必须是一个完整的组织机构系统，科学合理地分层和设置部门，便于形成互相制约、互相联系的有机整体，防止结合部位上职能分工、权限划分和信息沟通等方面的相互矛盾或重叠，避免多头领导、多头指挥以及无人负责的现象发生。

3. 电力工程项目组织设计的内容

在电力工程项目系统中，最为重要的就是所有电力工程项目有关方和他们为实现项目目标所进行的活动。因此，电力工程项目组织设计的内容包括：电力工程项目系统内的组织结构和工作流程的设计。

（1）组织结构设计

电力工程项目的组织结构主要是指电力工程项目是如何组成的，电力工程项目各组成部分之间由于其内在的技术或组织联系而构成一个项目系统。影响组织结构的因素包括很多，其内部和外部的各种变化因素发生变化，会引起组织结构形式的变化，但是主要还取决于生产力水平及技术的进步。组织结构的设置还受组织规模的影响，组织规模越大、专业化程度越高，分权程度也越高。组织所采取的战略不同，组织结构的模式也会不同，组织战略的改变必然会导致组织结构模式的改变；组织结构还会受到组织环境等因素的影响。

（2）组织分工设计

组织分工是指按照电力项目的目标和任务，先进行工作分解得到工作分解结构（Work Breakdown Structure，WBS），然后按照分解出来的工作确定相应的组织分解结构（Organizational Breakdown Structure，OBS）。POBS是高层分解结构，是业主或总承包AE的组织分解结构，是为项目专设的。COBS是项目任务承担单位的常设或专设组织的分解结构。OBS内部单元间存在隶属关系或并列关系。OBS也是一个完整的树状结构，它与项目的工作分解结构WBS相对应。项目中的每一项任务都有相应的组织来负责完成。通过项目的组织分解结构明确任务的执行者，明确各级的责任分工。

组织分工一般包括：对工作管理任务分工和管理职能分工。管理职能分工是通过对管理者管理任务的划分，明确其管理过程中的责权意识，利于形成高效精干的组织机构。管理任务分工是项目组织设计文件的一个重要组成部分，在进行管理任务分工之前，应当结合项目的特点，对项目实施的各阶段费用控制、进度控制、质量控制、信息管理和组织协调等管理任务进行分解，以充分掌握项目各部分细节信息，同时利于在项目实施过程中的结构调整。

（3）组织流程设计

组织流程主要包括管理工作流程、信息流程和物质流程。管理工作流程，主要是指对一些具体的工作如设计工作、施工作业等的管理流程。信息流程是指组织信息在组织内部传递的过程。信息流程的设计，就是将项目系统内各工作单元和组织单元的信息渠道，其内部流动着的各种业务信息、目标信息和逻辑关系等作为对象，确定在项目组织内的信息流动的方向，交流渠道的组成和信息流动的层次。在进行组织流程设计的过程中，应明确设计重点，并且要附有流程图。流程图应按需要逐层细化，如投资控制流程可按建设程序细化为初步设计阶段投资控制流程图和施工阶段投资控制流程图等。根据不同的参建方，他们各自的组织流程也不同。

4. 电力工程项目管理组织部门划分的基本方法

电力工程项目管理组织部门划分的实质是按照不同的标准，对电力项目管理活动或任务进行专业化分工，从而将整个项目组织分解成若干个相互依存的基本管理单位—部门。不同的管理人员安排在不同的管理岗位和部门中，通过他们在特定环境、特定相互关系中的管理作业使整个项目管理系统有机地运转起来。

分工的标准不同，所形成的管理部门以及各部门之间的相互关系也不同。组织设计中通常运用的部门划分标准或基本方法包括按职能划分和按项目结构划分部门。

（1）按管理职能划分部门

按职能划分部门是一种传统的、为许多组织所广泛采用的划分方法。这种方法是按照生产专业化的原则，以工作或任务的相似性来划分部门的。这些部门可以被分为基本的职能部门和派生的职能部门。对于企业组织而言，一般认为那些直接创造价值的专业活动所形成的部门为基本的职能部门，如开发、生产、销售和财务等部门，其他的一些确保生产经营顺利进行的辅助或派生部门有人事、公共关系、法律事务等部门。对项目组织而言，按照项目管理任务的性质，根据职能一般可划分为征地拆迁部门、土建工程部门、机电工程部门、物资采购部门、合同管理部门、财务部门等基本职能部门和行政后勤、人力资源管理等辅助职能部门。

按照职能划分部门的优点在于：遵循分工和专业化的原则，利于人力资源的有效利用和充分发挥专业职能，使主管人员的精力集中在组织的基本任务上，从而有利于目标的实现；简化了培训工作。其缺点在于：各部门负责人长期只从事某种专门业务的管理，缺乏整体和全局观念，就不可避免地会从部门本位主义的角度考虑问题，从而增加了部门间协调配合的难度。

（2）按项目结构划分部门

对于某些大型工程枢纽或项目群而言，各个单项工程（单位工程），或由于地理位置分散，或由于施工工艺差异较大，或由于工程量太大，以及工程进度又比较紧张，常常要分成若干个标段分别进行招标，此时为便于项目管理，组织部门可能会根据项目结构划分。

①按照项目结构划分部门的优点在于：A. 有利于各个标段合同工程目标的实现；B. 有利于管理人才的培养。②按照项目结构划分部门的缺点在于：A. 可能需要较多的具有像总经理或项目经理具有管理能力的人去管理各个部门；B. 各部门主管也可能从部门本位主义考虑问题，从而影响项目的统一指挥。

（二）电力工程项目组织结构形式

1. 直线式组织结构

直线式组织（Line Organization）结构是一种线性组织机构，它的本质就是使命令线性化，即每一个工作部门，每一个工作人员都只有一个上级。直线式组织结构具有结构简单、职责分明、指挥灵活等优点；缺点是项目负责人的责任重大，往往要求他是全能式的人物。有项目最高领导层、第一级工作部门及第二级工作部门。为了加快命令传递的过程，直线式组织系统就要求组织结构的层次不要过多，否则会妨碍信息的有效沟通。因此合理地减少层次是直线式组织系统的一个前提。同时，在直线式组织系统中，按照理论和实践，一般不宜设副职，或少设副职，这有利于线性系统有效地运行。

2. 职能式组织结构

职能式组织（Functional Organization）结构的特点是强调管理职能的专业化，即将管理职能授权于不同的专门部门，这利于发挥专业人才的作用，利于专业人才的培养和技术水平的提高，这也是管理专业化分工的结果。然而职能型组织系统存在着命令系统多元化，各个工作部门界限也不易分清，发生矛盾时协调工作量较大的缺点。

采用职能式组织结构的企业在进行项目工作时，各职能部门按照项目的需要承担本职能范围内的工作。或者说企业主管按照项目任务需要从各职能部门抽调人员及其他资源组成项目实施组织，如要开发新产品就可能从设计、营销及生产部门各抽一定数量人员组成开发小组。这样的项目实施组织分工并不十分明确,小组成员需完成项目中本职能任务,他们并不脱离原来的职能部门,项目实施工作多属于兼职工作性质。这种项目实施组织的另一特点是没有明确的项目主管或项目经理,项目中各种协调职能只能由职能部门的部门主管或经理来协调。

职能式组织结构的主要优点包括:利于企业技术水平提升,资源利用的灵活性与低成本,利于从整体协调企业活动;主要缺点包括:协调的难度大,项目组成员责任淡化。

3. 直线-职能式组织结构

直线-职能式组织结构(Line-Functional Organization)吸收了直线式和职能式的优点,并形成了其自身具有的优点。它把管理机构和管理人员分为两类:①直线主管,即直线式的指挥结构和主管人员,他们只接受一个上级主管的命令和指挥,并对下级组织发布命令和进行指挥,而且对该单位的工作全面负责。②职能参谋,即职能式的职能结构和参谋人员。他们只能给同级主管充当参谋、助手,提出建议或提供咨询。

这种结构的优点包括:既能够保持指挥统一,命令一致,又能够发挥专业人员的作用;管理组织系统比较完整,隶属关系分明;重大方案的设计等有专人负责;能够在一定程度上发挥专长,提高管理效率。其缺点包括:管理人员多,管理费用大。

4. 项目式组织结构

项目式组织结构是按照项目来划归所有资源,即每个项目有完成项目任务所必需的所有资源。项目实施组织有明确的项目经理(即项目负责人),对上直接接受企业主管或大项目经理领导,对下负责本项目资源运作以完成项目任务。每个项目组之间相对独立。

项目式组织结构的优点包括:目标明确,统一指挥;有利于项目控制;有利于全面型人才的成长。其缺点包括:易造成结构重复及资源的闲置;不利于企业专业技术水平提高;具有不稳定性。

5. 矩阵式组织结构

矩阵式组织结构和项目式组织结构各有其优缺点,而职能式组织结构的优点与缺点正好与项目式组织结构的缺点与优点相对应。矩阵式组织结构就能较好地弥补这两种组织结构的不足。其特点是将根据职能划分的纵向部门与根据项目划分的横向部门结合起来,以构成类似矩阵的管理系统。

在矩阵式组织当中,项目经理在项目活动的内容和时间上对职能部门行使权力,各职能部门负责人决定"如何"支持,项目经理直接向高层管理负责,并由高层管理授权。

矩阵式组织结构的优点表现在:①沟通良好。它解决了传统模式中企业组织和项目组织相互矛盾的状况,将职能原则与对象原则融为一体,求得了企业长期例行性管理和项目一次性管理的统一。②能实现高效管理。能以尽量少的人力，实现多个项目（或多项任务）的高效管理。因为通过职能部门的协调，可按照项目的需求配置人才，防止人才短缺或无所事事，项目组织因此就有较好的弹性和应变能力。③利于人才的全面培养。不同知识背景的人员在一个项目上合作，可使他们在知识结构上取长补短，拓宽知识面，提高解决问题的能力。

矩阵式组织结构的缺点表现在：①双重领导削弱项目的组织作用。因为人员来自职能部门，且仍受职能部门控制，这样就影响了他们在项目上积极性的发挥，项目的组织作用大为削弱。②双重领导造成矛盾。项目上的工作人员既要接受项目上的指挥，又要受到原职能部门的领导，当项目和职能部门发生矛盾时，当事人就难以适从。要防止这一问题的发生，必须加强项目和职能部门的沟通，还要有严格的规章制度和详细的计划，使工作人员尽量明确干什么和如何干。③管理人员若管理多个项目，往往难以确定管理项目的先后顺序，有时难免会顾此失彼。

（三）电力工程项目组织结构的选择

在进行电力工程项目管理时，电力工程项目组织结构形式没有固定的模式，一般是视项目规模的大小、技术复杂程度、环境情况而定。大修、定检、小型整改，工作负责人就可以兼职项目协调员，可不单独设项目经理。较大的大修、技改、扩建、新建项目就设立专门的组织机构，并配置相应的专职人员。

电力工程项目组织结构的选择就是要决定电力工程项目实现与企业日常工作的关系问题。即使对有经验的专业人士来说也并非是件容易的事，前面虽然介绍了五种可选择的电力项目组织结构形式，很难说哪一种最好、哪一种最优，因为难于确定衡量选择标准，影响项目成功的因素很多，采用同一组织结果可能截然不同。

1. 电力工程项目组织结构形式选择的影响因素

①工程项目影响因素的不确定性。②技术的难易及复杂程度。③工程的规模和建设工期的长短。④工程建设的外部条件。⑤工程内部的依赖性等。

2. 电力工程项目组织结构形式选择的基本方法

①当项目比较简单时，选择直线型组织结构形式可能比较合适。②当项目的技术要求比较高时，采用职能型组织结构形式会有较好的适应性。③当公司要管理数量比较多的类似项目，或复杂的大型项目分解为多个子项目进行管理时，采用矩阵式组织结构会有较好的效果。

在选择电力工程项目的组织结构时，首要问题是确定将要完成的工作的种类。这一要求最好按照项目的初步目标来完成；然后确定实现每个目标的主要任务；接着要将工作分解成一些"工作集合";最后可以考虑哪些个人和子系统应被包括在项目内,附带还应考虑每个人的工作内容、个性和技术要求,以及所要面对的客户。上级组织的内外环境是一个应受重视的因素。在了解了各种组织结构和它们的优缺点之后,公司便可选择能实现最有效工作的组织结构形式了。

3. 选择项目组织结构形式的程序

①定义项目:描述项目目标,即所要求的主要输出。②确定实现目标的关键任务,并确定上级组织中负责这些任务的职能部门。③安排关键任务的先后顺序,并将其分解为工作集合。④确定为完成工作集合的项目子系统及子系统间的联系。⑤列出项目的特点或假定;例如要求的技术水平、项目规模和工期的长短,项目人员可能出现的问题,涉及的不同职能部门之间可能出现的政策上的问题和其他任何有关事项,包括上级部门组织项目的经验。⑥按照以上考虑,并结合对各种组织形式特点的认识,选择出一种组织形式。

二、电力工程项目管理组织形式

(一)设计—招标—建造方式

设计—招标—建造方式这种工程项目管理方式是在国际上最广泛通用的,世界银行、亚洲开发银行贷款项目和采用国际咨询工程师联合会合同条件的国际工程项目均采用这种模式。在这种方式中,业主委托建筑师(Architect)/咨询工程师(The Engineer 或 Consultant)进行前期的各项工作,如投资机会研究、可行性研究等,待项目评估立项后再进行设计,业主分别与建筑师/咨询工程师签订专业的服务合同。在设计阶段的后期进行施工招标的准备工作,随后通过招标选择施工承包商,业主与承包商签订施工合同。在这种方式中,施工承包又可以分为总包和分项直接承包。

1. 施工总包

施工总包(General Contract,GC)是一种国际上最早出现,也是目前较为广泛采用的工程项目承包方式。它由项目业主、监理工程师(The Engineer 或 Supervision Engineer)、总承包商(General Contractor)三个经济上独立的单位共同来完成工程的建设任务。

在这种项目管理方式下,业主首先委托咨询、设计单位进行可行性研究和工程设计,并交付整个项目的施工详图,然后业主组织施工招标,最终选定一个施工总承包商,与其签订施工总包合同。在施工招标前,业主要委托咨询单位编制招标文件,组织招标、评标,协助业主定标签约,在工程施工的过程中,监理工程师严格监督施工总承包商履行合同。业主与监理单位签订委托监理合同。

在施工总包中，业主只选择一个总承包商，要求总承包商用本身力量承担其中主体工程或其中一部分工程的施工任务。经过业主同意后，总承包商可以将一部分专业工程或子项工程分包给分包商（Sub-Contractor）。总承包商向业主承担整个工程的施工责任，并接受监理工程师的监督管理。分包商和总承包商签订分包合同，与业主没有直接的经济关系。总承包商除了明确好自身承担的施工任务外，还要负责协调各分包商的施工活动，起总协调和总监督的作用。

随着现代建设项目规模的扩大和技术复杂程度的提高，对施工组织、施工技术和施工管理的要求也越来越高。为了适应这种局面，一种管理型、智力密集型的施工总承包企业应运而生。这种总承包商在承包的施工项目中自己承担的任务越来越少，而将其中大部分甚至全部的施工任务分包给专业化程度高、装备好、技术精的专业型或劳务型的承包商，他自己主要从事施工中的协调和管理。

2. 分项直接承包

分项直接承包是指业主把整个工程项目按子项工程或专业工程分期分批，以公开或邀请招标的方式，分别直接发包给承包商，每一子项工程或专业工程的发包均有发包合同。采用这种发包方式，业主在可行性研究决策的基础上，首先要委托设计单位进行工程设计，与设计单位签订委托设计合同。在初步设计完成并经批准立项之后，设计单位按业主提出的分项招标进度计划要求，分项组织招标设计或施工图设计，业主据此分期分批组织采购招标，各中标签约的承包商先后进点施工，每个直接承包的承包商对业主负责，并接受监理工程师的监督，经业主同意，直接承包的承包商也可进行分包。在这种模式下，业主按照工程规模的大小和专业的情况，可委托一家或几家监理单位对施工进行监督和管理。业主采用这种建设方式的优点在于可充分利用竞争机制，选择专业技术水平高的承包商承担相应专业项目的施工，从而取得降低造价、提高质量、缩短工期的效果。但和总承包制相比，业主的管理工作量会增大。

综上所述DBB模式是一种传统模式：

其显著特点是工程项目的实施是按顺序进行。一个阶段结束后，后一个阶段才开始，因此该模式的建设周期长，业主管理费用高，设计、施工之间的冲突多。

（1）DBB模式的优点。

①解决了业主／承包商信息不对称问题；②解决了分工问题，建筑师（Architect）／咨询工程师（The Engineer或Consultant）为职业项目管理专家，提高了效率；③建筑师（Architect）／咨询工程师（The Engineer或Consultant）中立于业主与承包商之

间，解决了社会公正问题。

（2）DBB模式的缺点

①业主与承包商利益对立，造成了交易费用高昂（启用A/E、招标、索赔、纠纷、诉讼）；②分工过细造成效率下降—反分工理论。

（二）设计－施工总包方式

在设计－施工总包（Design-Build，DB）中，总承包商既承担工程设计，又承担施工任务，一般都是智力密集型企业如科研设计单位或设计、施工单位联营体，具备很强的总承包能力，拥有大量的施工机械和经验丰富的技术、经济、管理人才。他可能将一部分或全部设计任务分包给其他专业设计单位，也可能将一部分或全部施工任务分包给其他承包商，但他与业主签订设计一施工总承包合同，向业主负责整个项目的设计和施工。DB模式的基本出发点是促进设计与施工的早期结合，以便有可能充分发挥设计和施工双方的优势，提高项目的经济性，一般适用于建筑工程项目。

这种将设计和施工紧密地结合在一起的方式，能够起到加快工程建设进度和节省费用的作用，并使施工方面新技术结合到设计中去，也可加强设计施工的配合和设计施工的流水作业。但承包商既有设计职能，又有施工职能，使设计和施工无法相互制约和把关，这对监理工程师的监督和管理提出了更高的要求。

在国际工程承包中，设计施工总包鉴于当前的发展趋势，其应用范围已从住宅工程项目延伸至石油化工、水电、炼钢和高新技术项目等，设计施工总包合同金额占国际工程承包合同总金额的比例稳步上升。

（三）项目管理模式

项目管理（Projectmanagement，PM）模式，是近年国际流行的建设管理模式，该模式是项目管理公司（一般为具备相当实力的工程公司或咨询公司）受项目业主委托，按照合同约定，代表业主对工程项目的组织实施进行全过程或若干阶段的管理及服务。项目管理公司作为业主的代表，帮助业主做项目前期策划、可行性研究、项目定义、项目计划，以及工程实施的设计、采购、施工、试运行等工作。

按照项目管理公司的服务内容、合同中规定的权限和承担的责任不同，项目管理模式一般可分为两种类型。

1. 项目管理承包型（PMC）

在此种类型中，项目管理公司与项目业主签订项目管理承包合同，代表业主管理项目，而把项目所有的设计、施工任务发包出去，承包商与项目管理公司签订承包合同。但在一些项目上，项目管理公司也可能会承担一些外界及公用设施的设计/采购/施工工作。这种项目管理模式中，项目管理公司要承担费用超支的风险，当然如果管理得好，利润回报也较高。

2. 项目管理咨询型（PM）

在此种类型中，项目管理公司根据合同约定，在工程项目决策阶段，为业主编制可行性研究报告，进行可行性分析和项目策划；在工程项目实施阶段，为业主提供招标代理、设计管理、采购管理、施工管理和试运行（竣工验收）等服务，代表业主对工程项目进行质量、安全、进度、费用等管理。这种项目管理模式风险较低，项目管理公司按照合同承担相应的管理责任，并得到相对固定的服务费。

从某种意义上说，CM 模式与项目管理模式有许多相似之处。如 CM 单位也必须要由经验丰富的工程公司担当；业主与项目管理公司、CM 单位之间的合同形式皆是一种成本加酬金的形式，若通过项目管理公司或 CM 单位的有效管理使投资节约，项目管理公司或 CM 单位将会得到节约部分的一定比例作为奖励。但 CM 模式与项目管理模式最大的不同之处在于：在 CM 模式中，CM 单位虽然接受业主的委托，在设计阶段提前介入，给设计单位提供合理化建议，但其工作重点是在施工阶段的管理；而项目管理模式中的项目管理公司的工作任务可能会涉及整个项目的建设过程，从项目规划、立项决策、设计、施工到项目竣工。

（四）一体化项目管理模式

随着项目规模的不断扩大和建设内容的日益复杂，目前国际上出现了一种一体化项目管理的模式。所谓一体化项目管理模式是指业主与项目管理公司在组织结构上、项目程序上，以及项目设计、采购、施工等各个环节上都实行一体化运作，以实现业主及项目管理公司的资源优化配置。在实际运作中，常常是项目业主和项目管理公司共同派出人员组成一体化项目的联合管理组，负责整个项目的管理工作。一体化项目联合管理组成员只有职责之分，而不究其来自何方。这样项目业主既可利用项目管理公司的项目管理技术和人才优势，又不失去对项目的决策权，同时也利于业主把主要精力放在专有技术、资金筹措、市场开发等核心业务上，有利于项目竣工交付使用后业主的运营管理，例如维修、保养等。我国近年来在石油化工行业中开始探索一体化项目管理模式，并取得了初步的实践经验。

（五）CM 模式

1. CM 模式的内涵

CM（Construction Management）模式是在采用快速路径法（Fast Track）进行施工时，从开始阶段就选择具备施工经验的 CM 单位参与到建设工程实施过程中来，以便为设计人员提供施工方面的建议且随后负责管理施工过程。其目的是考虑到协调设计、施工的关系，以在尽量短的时间内以高效、经济地完成工程建设的任务。

CM模式改变了过去那种设计完成之后才进行招标的传统模式，采取分阶段发包，由业主、CM单位和设计单位组成一个联合小组，共同负责组织和管理工程的规划、设计与施工。CM单位负责工程的监督、协调及管理工作，在施工阶段定期与承包商会晤，对成本、质量和进度进行监督，并预测和监控成本及进度的变化。CM模式在20世纪60年代发源于美国，进入80年代以来在国外广泛流行，它的最大优点是：可以缩短工程从规划、设计到竣工的周期，节省建设投资，减少投资风险，可以比较早地取得收益。

2.CM模式的类型

根据模式的合同结构，CM模式有两种形式，即代理型CM（CM/Agency）和非代理型CM（CM/No-Agency），也分别称为咨询型CM和承包型CM，业主可以按照项目的具体情况加以选用。不论哪一种情况，应用CM模式都需要有具备丰富施工经验的高水平的CM单位，这可以说是应用CM模式的关键和前提条件。

3.CM模式和传统的总承包方式的比较

CM模式和传统的总承包方式相比不同之处在于，不是等全部设计完成后才开始施工招标，而是在初步设计完成之后，在工程详细设计进行过程中分阶段完成施工图纸。如基础土石方工程、上部结构工程、金属结构安装工程等均能单独成为一套分项设计文件，分批招标发包。

CM模式的主要优点是：虽然设计和施工时间未变化，却缩短了完工所需要的时间。CM模式可以适用于设计变更可能性较大的建设工程；时间因素最为重要的建设工程；因为总的范围和规模不确定而无法准确定价的建设工程。

（六）工程项目总包模式

工程项目总包（Engineering, Procurement and Construction, EPC）又称一揽子承包，或叫"交钥匙"（Turn-key）承包。这种承包方式，业主对拟建项目的要求和条件，只概略地提出一般意向，而由承包商对工程项目进行可行性研究，并对工程项目建设的计划、设计、采购、施工及竣工等全部建设活动实行总承包。

（七）Partnering 模式

Partnering模式，常译为伙伴模式，它是在充分考虑建设各方利益的基础上确定建设工程共同目标的一种管理模式，在20世纪80年代中期首先出现在美国。一般要求业主与参建各方在相互信任、资源共享的基础上达成一种短期或长期的协议，通过建立工作小组相互合作，通过内部讨论会及时沟通，以免争议和诉讼的产生，共同解决建设工程实施过程中出现的问题，共同分担工程风险和有关费用，以确保参与各方目标和利益的实现。Partnering协议，不是严格法律意义上的合同，一般均是围绕建设工程的费用、进度与质量三大目标以及工程变更、争议和索赔、施工安全、信息沟通和协调、公共关系等问题做出相应的规定，而这些规定都是有关合同中没有或无法详细规定的内容。

1. 合作各方的自愿性

项目各参与方在相互信任、尊重对方利益的基础上，建立了"以项目成败为己之成败"的理念，自愿为共同的目标努力，而不是依靠合同所规定条款的法律效力。

2. 高层管理的参与

项目参与各方建立伙伴关系，一般是项目参与各方的战略选择，因此在建立伙伴关系或选择战略伙伴时都需要高层管理的参与。

3. 信息的开放性

伙伴模式中，项目参与各方在实施过程中必须通过内部讨论会沟通、交流意见和信息，及时解决项目实施过程中出现的问题。因此本着问题解决和持续改进的原则，伙伴模式中，项目参与各方关于项目信息的开放度较高。

第五章 电力工程施工项目管理

第一节 施工阶段项目管理的目标和任务

一、业主方项目管理的目标和任务

建设单位作为业主方，是项目施工生产各项资源的总集成者和总组织者。通过相关的手续，监理、造价、招投标代理等单位代表业主利益，为项目提供全方位、全过程的各种咨询服务。其项目管理目标包括项目施工阶段费用、施工进度、施工质量、施工安全环境等。其项目管理的主要任务是通过合同管理、环境管理、安全管理、组织协调、目标控制、风险管理和信息管理等措施，保证工程项目质量、进度、造价、安全和环境目标得到有效的控制；通过对施工阶段的活动进行规划、协调、监督、控制和总结评价，实现项目可持续管理。具体任务包括以下方面：

（一）投资控制

①在工程招标、设备采购的基础上对项目施工阶段投资目标进行详细的分析、论证；②编制施工阶段各年、季、月度资金使用计划，并控制其执行；③审核各类工程付款和材料设备采购款的支付申请；④组织重大项目施工方案的科研、技术经济比较和论证；⑤定期进行投资计划值与实际值的比较，完成各种投资控制报表和报告；⑥进行工程投资目标风险分析，并应制定防范对策；⑦审核和处理各项施工费用索赔事宜。

（二）进度控制

①落实项目施工阶段的总体部署，进行施工总进度目标论证；②编制或审核项目各子系统及各专业施工进度计划，并在项目施工过程中控制其执行；③编制年、季、月工程综合计划，落实资源供应和外部协作条件；④审核设计方、施工方、材料设备方提交

的施工进度计划和供应计划,并检查、督促和控制其执行;⑤定期进行施工进度计划值与实际值比较,分析进度偏差及其原因;⑥掌握施工动态,核实竣工工程量,编制各年、季、月、旬进度控制报告;⑦根据施工条件的变化,及时调整施工进度计划。

(三)质量控制

①组织并完成施工现场的"三通一平"工作,包括提供工程地质和地下管线资料,提供水准点和坐标控制点等;②办理施工申报手续,组织开工前的监督检查;③组织图纸会审和技术交底,审核批准施工组织设计文件,对施工中难点、重点项目的施工方案组织专题研究;④审核承包单位技术管理体系和质量保证体系,审查分包单位资质条件;⑤审查进场原材料、采购件和设备等的出厂证明、技术合格证、质量保证书,以及按规定要求送验的检验报告,并签字确认;⑥检查和监督工序施工质量、各项隐蔽工程质量,以及分项工程、分部工程、单位工程质量,检查施工记录和测试报告等资料的收集整理情况,签署验评记录;⑦建立独立平行的监测体系,对工程质量的全过程进行独立平行监测;⑧处理设计变更和技术核定工作;⑨参与工程质量事故检查分析,审核批准工程质量事故处理方案,检查事故处理结果。

(四)安全环境控制

建设单位除了督促施工单位进行质量、进度、造价控制外,还应督促各参与方重视安全管理和环境管理。

①审查安全生产和环境管理文件,督促施工单位落实安全生产和环境保护的组织保证体系和安全人员配备,建立健全安全生产责任制;②督促施工单位对工人进行安全生产和环境保护教育及部分工程项目的安全和环境保护技术交流;③审核进入施工现场承包单位和各分包单位的安全和环境资质及证明文件,检查施工过程中的各类持证上岗人员资格,验证施工过程所需的安全环保设施、设备及防护用品,检查和验收临时用电设施;④审核并签署现场有关安全环保技术签证文件,按照建筑施工安全环保技术标准和规范要求,审查施工方案及安全环保技术措施;⑤检查并督促施工单位落实各分项工程或工序及关键部位的安全防护和环保措施,审核施工单位提交的关于工序交接检查,分部、分项工程安全环保检查报告,定期组织现场安全环保综合检查评分;⑥参与意外伤害事故的调查和处理。

(五)合同管理

①合同结构的分解、合同类型确定、合同界面划分和合同形式的选择;②合同文件起草、谈判与签约,包括设计、勘察、施工、监理、设备材料采购等各类项目合同;③通

过合同跟踪、定期和不定期的合同清理，及时掌握和分析合同履行情况，提供各种合同管理报告；④针对工程实际情况与合同有关规定不符的情况，采取有效措施，加以控制和纠正；⑤合同变更处理；⑥工程索赔事宜和合同纠纷的处理。

（六）组织与协调

①主持协调项目参与各方之间的关系；②组织协调与政府各有关部门、社会各方的关系；③办理建设项目报建、施工许可证等证照及各项审批手续。

（七）竣工验收

①在施工单位自评合格，勘察、设计单位认可的基础上，对竣工工程质量进行检查，确认完成工程设计和合同约定的各项内容，达到竣工标准。②制订竣工验收计划，组成专家验收组，确定验收方案，书面通知建设参与各方和工程质量监督机构。③组织规划、人防、消防、电梯、卫生、环境保护、交通等专项验收，完成专业单位的检测和测量报告，取得专业管理部门的验收认可文件或准许使用文件。④组织竣工档案资料检查，取得档案验收合格证，按规定向有关主管部门移交工程档案资料。⑤组织有关单位现场验收检查，形成竣工验收意见，共同签署竣工验收报告；办理竣工决算，支付质量保证金。⑥按照规定向工程质量监督机构办理竣工验收手续，提交《建设项目竣工验收报告》，办理竣工验收备案手续。⑦组织办理工程移交手续。

二、承包方项目管理的目标和任务

承包方是施工阶段项目管理的实施主体，其项目管理目标包括项目施工成本、施工进度、施工质量、施工安全等。项目管理任务主要如下：

（一）成本控制

①编制施工成本计划，设定目标成本，并按工程部位进行项目成本分解，确定施工项目人工费、材料费、机械台班费、措施费和间接费的构成；②建立项目成本核算制，明确项目成本核算的原则、范围、程序、方法、内容、责任及要求，并设置核算台账，记录原始数据；③落实施工成本控制责任人，制定成本要素的控制要求、措施和方法；④合理安排施工采购计划，通过生产要素的优化配置，有效控制实际成本；⑤加强施工调度、施工定额管理和施工任务单管理，控制活劳动和物化劳动；⑥采取会计核算、统计核算和业务核算相结合的方法，进行实际成本与责任目标成本的比较分析、实际成本与计划目标成本的比较分析，分析偏差原因，并制定控制的措施；⑦编制月度项目成本报告，预测后期成本的变化趋势和状况。

（二）进度控制

①根据施工合同确定的开工日期和总工期，确定施工进度总目标，并分解为交工分目标、按承包的专业或施工阶段的分目标；②建立以项目经理为责任主体，子项目负责人、计划人员、调度人员、作业队长及班组长参加的项目进度控制体系；③编制施工总进度计划和单位工程施工进度计划及相应的劳动力、主要材料、预制件、半成品和机械设备需要量计划，资金收支预测计划，并向业主报告；④编制年、月、旬、周施工计划，逐级落实施工任务，最终通过施工任务书由班组实施；⑤跟踪和记录施工进度计划的实施，对工程量、总产值以及耗用的人工、材料和机械台班等数量进行统计与分析，发现进度偏差（不必要的提前或延误）影响进度的原因；⑥采取调整措施及时调整施工进度计划，并不断预测未来进度状况。

（三）质量控制

①编制项目质量计划及施工组织设计文件，建立和完善质量保证体系；②编制测量方案，复测和验收现场定位轴线及高程标桩；③工程开工前及施工过程中，进行书面技术交底，办理签字手续并归档；④组织原材料、采购件、半成品和工程设备的现场检查、验收和测试，并报请监理工程师批准；⑤组织工序交接检查、隐蔽工程验收和技术复核工作；⑥严格执行工程变更程序，工程变更事项经有关方面批准后才能实施；⑦按国家建设项目质量管理有关规定处理施工过程中发生的质量事故；⑧落实建筑产品或半成品保护措施。

（四）安全控制

①建立安全管理体系和安全生产责任制，编制施工安全保证计划，制订现场安全、劳动保护、文明施工和环保措施；②按不同等级、层次和工作性质有针对性地分别进行职工安全教育和培训，并做好培训教育记录；③检查各类施工持证上岗人员的资格，落实劳动保护技术措施和防护用品；④按规范要求检查和验收施工机械、施工机具、临时用电设施、脚手架，对施工过程中的洞口、临边、高空作业采取安全防护措施；⑤施工作业人员操作前，组织安全技术交底，双方签字认可；⑥按有关资料对施工区域周围道路管线采取相应的保护措施；⑦组织有关专业人员，定期对现场的安全生产状况进行检查和复查，并做好记录；⑧依法办理从事危险作业职工的意外伤害保险。

（五）合同管理

①建立施工合同管理组织体系和各项管理制度，明确合同管理工作职责；②审查合同文本，研究合同条款，分析合同风险，提出防范对策；③参与施工合同的谈判，办理合

同签约手续；④跟踪施工合同执行情况，分析进度、成本、质量与合同目标的偏差程度，并提出调整方法和措施；⑤落实工程合同变更；⑥运用施工合同条件和有关法规，按约定文件处理施工索赔和合同纠纷。

（六）组织与协调

①参与协调施工阶段项目各参与方之间的关系；②组织协调与政府各有关部门、社会各方的关系；③办理各类施工证照及审批手续。

（七）竣工验收

①组织竣工初验，确认工程质量符合法律、法规和工程建设强制性标准规定，符合设计文件及合同要求，提出工程竣工申请；②按规定要求收集整理质量记录，编制竣工文件；③参与竣工验收检查，陈述工作报告，签署竣工验收报告；④及时整改处理查出的施工质量缺陷；⑤签署工程质量保修书；⑥完成工程移交准备。

三、勘察设计方项目管理的目标和任务

勘察设计单位是建设项目的主要参与方。尽管勘察设计单位的项目管理任务主要集中在设计阶段，但在工程实践中设计阶段和施工阶段往往是交叉进行的。

施工阶段勘察设计单位项目管理效果好坏，直接影响管理目标和任务的实现。施工阶段勘察设计方项目管理的目标包括项目设计成本、设计进度、设计质量、设计安全等，其项目管理主要任务如下：

（一）勘察方的项目管理任务

①按工程建设强制性标准实施地质勘察，保证勘察质量；②向业主提供评价准确、数据可靠的勘察报告；③对地基处理、桩基的设计方案提出建议；④检查勘察文件及施工过程中勘察单位参加签署的更改文件材料，确认勘察符合国家规范、标准要求，施工单位的工程质量达到设计要求；⑤参与竣工验收检查，陈述工作报告，签署竣工验收报告。

（二）设计方的项目管理任务

①严格执行强制性标准和有关设计规范，按时保质提供施工图及有关设计资料；②经施工图审查合格后，参与设计交底、图纸会审，并签署会审记录；③配合业主招标工作，编制招标技术规格及施工技术要求；④审核认可设备供应商及专业分包商的深化设计；⑤派遣具有相应资质、水平和能力的人员担任现场设计代表，及时解决施工中有关设计问题，并出具设计变更或补充说明；⑥参与隐蔽工程验收和单位工程竣工验收；⑦参与

工程质量事故分析，并对因设计造成的质量事故，提出相应的技术处理方案；⑧检查设计文件及施工过程中设计单位参加签署的更改设计的文件材料，确认设计符合国家规范、标准要求，施工单位的工程质量达到设计要求；⑨参与竣工验收检查，陈述工作报告，签署竣工验收报告。

第二节 施工准备项目管理

一、施工准备项目管理的重要性与分类

施工准备项目管理的基本任务是为拟建工程的施工而建立必要的技术和物质条件，统筹安排施工力量和施工现场。施工准备工作也是施工企业搞好目标管理，推行技术经济承包的重要依据。同时施工准备工作还是土建施工和设备安装顺利进行的根本保证。因此，认真地做好施工准备项目管理，对于发挥企业优势、合理供应资源、加快施工速度、提高工程质量、降低工程成本、增加企业经济效益、赢得企业社会信誉、实现企业管理现代化等具有重要的意义。

实践证明，凡是重视施工准备工作，积极为拟建工程创造一切施工条件，其工程的施工就会顺利地进行；凡是不重视施工准备工作，就会给工程的施工带来麻烦和损失，甚至给工程施工带来灾难，其后果不堪设想。

按拟建工程所处的施工阶段不同，施工准备项目管理工作一般可分为开工前的施工准备和各施工阶段前的施工准备两种。

开工前的施工准备：它包括在拟建工程正式开工之前所进行的一切施工准备工作。其目的是为拟建工程正式开工创造必要的施工条件。它既可能是全场性的施工准备，又可能是单位工程施工条件的准备。

各施工阶段前的施工准备：它是在拟建工程开工之后，每个施工阶段正式开工之前所进行的一切施工准备工作。其目的是为施工阶段正式开工创造必要的施工条件。如混合结构的民用住宅的施工，一般可分为地下工程、主体工程、装饰工程和屋面工程等施工阶段，每个施工阶段的施工内容不同，所需要的技术条件、物资条件、组织要求和现场布置等方面也不同，因此，在每个施工阶段开工之前，都必须做好相应的施工准备工作。

施工准备项目管理既要有阶段性，又要有连贯性，因此，施工准备项目管理必须有

计划、有步骤、分期和分阶段地进行，要贯穿拟建项目整个生产过程的始终。

二、施工准备项目管理的工作内容

（一）技术准备

技术准备是施工准备的核心。由于任何技术的差错或隐患都可能引起人身安全和质量事故，造成生命、财产和经济的巨大损失，因此必须认真地做好技术准备工作。具体有如下内容。

1. 熟悉、审查施工图纸和有关的设计资料

（1）熟悉、审查施工图纸的依据

①建设单位和设计单位提供的初步设计或扩大初步设计（技术设计）、施工图设计、建筑总平面、土方竖向设计和城市规划等资料文件；②调查、搜集的原始资料；③设计、施工验收规范和有关技术规定。

（2）熟悉、审查设计图纸的目的

①为了能够按照设计图纸的要求顺利地进行施工，生产出符合设计要求的最终建筑产品（建筑物或构筑物）；②为了能够在拟建工程开工之前，使从事建筑施工技术和经营管理的工程技术人员充分地了解和掌握设计图纸的设计意图、结构与构造特点以及技术要求；③通过审查发现设计图纸中存在的问题和错误，使其在施工开始之前改正，为拟建工程的施工提供一份准确、齐全的设计图纸。

（3）熟悉、审查设计图纸的内容

①审查拟建工程的地点、建筑总平面图同国家、城市或地区规划是否一致，以及建筑物或构筑物的设计功能和使用要求是否符合卫生、防火及美化城市方面的要求；②审查设计图纸是否完整、齐全，以及设计图纸和资料是否符合国家有关工程建设的设计、施工方面的方针和政策；③审查设计图纸与说明书在内容上是否一致，以及设计图纸与其各组成部分之间有无矛盾和错误；④审查建筑总平面图与其他结构图在几何尺寸、坐标、标高、说明等方面是否一致，技术要求是否正确；⑤审查工业项目的生产工艺流程和技术要求，掌握配套投产的先后次序和相互关系，以及设备安装图纸和与其相配合的土建施工图纸在坐标、标高上是否一致，掌握土建施工质量是否满足设备安装的要求；⑥审查地基处理与基础设计同拟建工程地点的工程水文、地质等条件是否一致，以及建筑物或构筑物与地下建筑物或构筑物、管线之间的关系；⑦明确拟建工程的结构形式和特点，复核主要承重结构的强度、刚度和稳定性是否满足要求，审查设计图纸中的工程复杂、施工难度大和技术要求高的分部分项工程或新结构、新材料、新工艺，检查现有施

工技术水平和管理水平能否满足工期和质量要求并采取可行的技术措施加以保证；⑧明确建设期限、分期分批投产或交付使用的顺序和时间，以及工程所用的主要材料、设备的数量、规格、来源和供货日期，明确建设、设计和施工等单位之间的协作、配合关系，以及建设单位可以提供的施工条件。

（4）熟悉、审查设计图纸的程序

熟悉、审查设计图纸的程序通常分为自审阶段、会审阶段和现场签证三个阶段。①设计图纸的自审阶段。施工单位收到拟建工程的设计图纸和有关技术文件后，应尽快地组织有关的工程技术人员熟悉和自审图纸，写出自审图纸的记录。自审图纸的记录应包括对设计图纸的疑问和对设计图纸的有关建议。②设计图纸的会审阶段。一般由建设单位主持，由设计单位和施工单位参加，三方进行设计图纸的会审。图纸会审时，首先由设计单位的工程主要设计人员向与会者说明拟建工程的设计依据、意图和功能要求，并对特殊结构、新材料、新工艺和新技术提出设计要求；然后施工单位根据自审记录以及对设计意图的了解，提出对设计图纸的疑问和建议；最后在统一认识的基础上，对所探讨的问题逐一地做好记录，形成"图纸会审纪要"，由建设单位正式行文，参加单位共同会签、盖章，作为与设计文件同时使用的技术文件和指导施工的依据，以及建设单位与施工单位进行工程结算的依据。③设计图纸的现场签证阶段。在拟建工程施工的过程中，如果发现施工的条件与设计图纸的条件不符，或者发现图纸中仍然有错误，或者因为材料的规格、质量不能满足设计要求，或者因为施工单位提出了合理化建议，需要对设计图纸进行及时变更时，应遵循技术核定和设计变更的签证制度，进行图纸的施工现场签证。如果设计变更的内容对拟建工程的规模、投资影响较大，要报请项目的原批准单位批准。在施工现场的图纸修改、技术核定和设计变更资料，都要有正式的文字记录，归入拟建工程施工档案，作为指导施工、竣工验收和工程结算的依据。

2. 原始资料的调查分析

为了做好施工准备工作，除了要掌握有关拟建工程的书面资料外，还应该进行拟建工程的实地勘测和调查，获得有关数据的第一手资料，这对于拟订一个先进合理、切合实际的施工组织设计是非常必要的，因此应该做好以下几个方面的调查分析。

（1）自然条件的调查分析

建设地区自然条件的调查分析的主要内容有地区水准点和绝对标高等情况；地质构造、土的性质和类别、地基土的承载力、地震级别和烈度等情况；河流流量和水质、最高洪水和枯水期的水位等情况；地下水位的高低变化情况，含水层的厚度、流向、流量和水质等情况；气温、雨、雪、风和雷电等情况；土的冻结深度和冬雨季的期限等情况。

（2）技术经济条件的调查分析

建设地区技术经济条件的调查分析的主要内容有：地方建筑施工企业的状况；施工现场的动迁状况；当地可利用的地方材料状况；国拨材料供应状况；地方能源和交通运输状况；地方劳动力和技术水平状况；当地生活供应、教育和医疗卫生状况；当地消防、治安状况和参加施工单位的资质状况。

3. 编制施工图预算和施工预算

（1）编制施工图预算

施工图预算是技术准备工作的主要组成部分之一，这是按照施工图确定的工程量、施工组织设计所拟定的施工方法、建筑工程预算定额及其取费标准，由施工单位编制的确定建筑安装工程造价的经济文件，它是施工企业签订工程承包合同、工程结算、建设银行拨付工程价款、进行成本核算、加强经营管理等方面工作的重要依据。

（2）编制施工预算

施工预算是根据施工图预算、施工图纸、施工组织设计或施工方案、施工定额等文件进行编制的，它直接受施工图预算的控制。它是施工企业内部控制各项成本支出、考核用工、"两算"对比、签发施工任务单、限额领料、基层进行经济核算的依据。

4. 编制施工组织设计

施工组织设计是施工准备工作的重要组成部分，也是指导施工现场全部生产活动的技术经济文件。建筑施工生产活动的全过程是非常复杂的物质财富再创造的过程，为了正确处理人与物、主体与辅助、工艺与设备、专业与协作、供应与消耗、生产与储存、使用与维修以及它们在空间布置、时间排列之间的关系，必须根据拟建工程的规模、结构特点和建设单位的要求，在原始资料调查分析的基础上，编制出一份能切实指导该工程全部施工活动的科学方案（施工组织设计）。

（二）物资准备

材料、构（配）件、制品、机具和设备是保证施工顺利进行的物质基础，这些物资的准备工作必须在工程开工之前完成。根据各种物资的需要量计划，分别落实货源，安排运输和储备，使其满足连续施工的要求。

1. 物资准备工作的内容

物资准备工作主要包括建筑材料的准备、构（配）件和制品的加工准备、建筑安装机具的准备和生产工艺设备的准备。

（1）建筑材料的准备

建筑材料的准备主要是根据施工预算进行分析，按照施工进度计划要求，按材料名称、规格、使用时材料储备定额和消耗定额进行汇总，编制出材料需要量计划，为组织备料、确定仓库及场地堆放所需的面积和组织运输等提供依据。

（2）构（配）件、制品的加工准备

根据施工预算提供的构（配）件、制品的名称、规格、质量和消耗量，确定加工方案和供应渠道以及进场后的储存地点和方式，编制出其需要量计划，为组织运输、确定存放面积等提供依据。

（3）建筑安装机具的准备

根据采用的施工方案，安排施工进度，确定施工机械的类型、数量和进场时间，确定施工机具的供应办法和进场后的存放地点和方式，编制建筑安装机具的需要量计划，为组织运输、确定堆场面积等提供依据。

（4）生产工艺设备的准备

按照拟建工程生产工艺流程及工艺设备的布置图提出工艺设备的名称、型号、生产能力和需要量，确定分期分批进场时间和保管方式，编制工艺设备需要量计划，为组织运输、确定堆场面积提供依据。

2. 物资准备工作的程序

物资准备工作的程序是搞好物资准备的重要手段。通常按如下程序进行：①根据施工预算、分部（项）工程施工方法和施工进度的安排，拟订国拨材料、统配材料、地方材料、构（配）件及制品、施工机具和工艺设备等物资的需要量计划；②根据各种物资需要量计划，组织货源，确定加工、供应地点和供应方式，签订物资供应合同；③根据各种物资的需要量计划和合同，拟订运输计划和运输方案；④按照施工总平面图的要求，组织物资按计划时间进场，在指定地点、按规定方式进行储存或堆放。

（三）劳动组织准备

劳动组织准备的范围既有整个建筑施工企业的劳动组织准备，又有大型综合的拟建建设项目的劳动组织准备，也有小型简单的拟建单位工程的劳动组织准备。这里仅以一个拟建工程项目为例，说明其劳动组织准备工作的内容。

1. 建立拟建工程项目的领导机构

施工组织机构的建立应遵循以下原则：根据拟建工程项目的规模、结构特点和复杂程度，确定拟建工程项目施工的领导机构人选和名额；坚持合理分工与密切协作相结合；把有施工经验、有创新精神、有工作效率的人选入领导机构；认真执行因事设职、因职选人的原则。

2. 建立精干的施工班组

施工班组的建立要认真考虑专业、工种的合理配合，技工、普工的比例要满足合理的劳动组织，要符合流水施工组织方式的要求，确定建立施工班组（是专业施工班组或混合施工班组），要坚持合理、精干的原则，同时制订出该工程的人员配置计划。

3. 集结施工力量，组织劳动力进场

工地的领导机构确定之后，按照开工日期和劳动力需要量计划，组织劳动力进场。同时要进行安全、防火和文明施工等方面的教育，并安排好职工的生活。

4. 向施工班组、工人进行施工组织设计、计划和技术交底

施工组织设计、计划和技术交底的目的是把拟建工程的设计内容、施工计划和施工技术等要求，详尽地向施工班组和工人讲解交代，这是落实计划和技术责任制的好办法。

施工组织设计、计划和技术交底的时间在单位工程或分部分项工程开工前及时进行，以保证工程严格地按照设计图纸、施工组织设计、安全操作规程和施工验收规范等要求进行施工。

施工组织设计、计划和技术交底的内容有工程的施工进度计划、月（旬）作业计划；施工组织设计，尤其是施工工艺；质量标准、安全技术措施、降低成本措施和施工验收规范的要求；新结构、新材料、新技术和新工艺的实施方案和保证措施；图纸会审中所确定的有关部位的设计变更和技术核定等事项。交底工作应该按照管理系统逐级进行，由上而下直到工人班组。交底的方式有书面形式、口头形式和现场示范形式等。

班组、工人接受施工组织设计、计划和技术交底后，要组织其成员进行认真的分析研究，弄清关键部位、质量标准、安全措施和操作要领。必要时应该进行示范，并明确任务及做好分工协作，同时建立健全岗位责任制和保证措施。

5. 建立健全各项管理制度

工地的各项管理制度是否建立、健全，直接影响其各项施工活动的顺利进行。有章不循其后果是严重的，而无章可循更是危险的。为此必须建立健全工地的各项管理制度。具体有：工程质量检查与验收制度；工程技术档案管理制度；建筑材料（构件、配件、制品）的检查验收制度；技术责任制度；施工图纸学习与会审制度；技术交底制度；职工考勤、考核制度；工地及班组经济核算制度；材料出入库制度；安全操作制度；机具使用保养制度等。

（四）施工现场准备

施工现场是施工的全体参加者为夺取优质、高速、低消耗的目标，而有节奏、均衡连续地进行战术决战的活动空间。施工现场的准备工作，主要是为了给拟建工程的施工创

造有利的施工条件和物资保证。其具体内容如下：

1. 做好施工场地的控制网测量

按照设计单位提供的建筑总平面图及给定的永久性经纬坐标控制网和水准控制基桩，进行厂区施工测量，设置厂区的永久性经纬坐标桩、水准基桩和建立厂区工程测量控制网。

2. 搞好"三通一平"

"三通一平"是指路通、水通、电通和平整场地。

路通：施工现场的道路是组织物资运输的动脉。拟建工程开工前，必须按照施工总平面图的要求，修好施工现场的永久性道路（包括厂区铁路和厂区公路）以及必要的临时性道路，形成完整畅通的运输网络，为建筑材料进场、堆放创造有利条件。

水通：水是施工现场的生产和生活不可缺少的。拟建工程开工之前，必须按照施工总平面图的要求，接通施工用水和生活用水的管线，使其尽可能与永久性的给水系统结合起来，做好地面排水系统，为施工创造良好的环境。

电通：电是施工现场的主要动力来源。拟建工程开工前，要按照施工组织设计的要求，接通电力和电信设施，做好其他能源（如蒸汽、压缩空气）的供应，确保施工现场动力设备和通信设备的正常运行。

平整场地：按照建筑施工总平面图的要求，首先拆除场地上妨碍施工的建筑物或构筑物，然后根据建筑总平面图规定的标高和土方竖向设计图纸，进行挖（填）土方的工程量计算，确定平整场地的施工方案，进行平整场地的工作。

3. 做好施工现场的补充勘探

对施工现场做补充勘探是为了进一步清理枯井、防空洞、古墓、地下管道、暗沟和枯树根等隐蔽物，以便及时拟定处理隐蔽物的方案，并组织实施，为基础工程施工创造有利条件。

4. 建造临时设施

按照施工总平面图的布置，建造临时设施，为正式开工准备好生产、办公、生活、居住和储存等临时用房。

5. 安装、调试施工机具

按照施工机具需要量计划，组织施工机具进场，根据施工总平面图将施工机具安置在规定的地点或仓库。对于固定的机具要进行就位、搭棚、接电源、保养和调试等工作。对所有施工机具都必须在开工之前进行检查和试运转。

6. 做好建筑构（配）件、制品和材料的储存和堆放

按照建筑材料、构（配）件和制品的需要量计划组织进场，根据施工总平面图规定的地点和指定的方式进行储存和堆放。

7. 及时提供建筑材料的试验申请计划

按照建筑材料的需要量计划，及时提供建筑材料的试验申请计划。如钢材的机械性能和化学成分等试验，混凝土或砂浆的配合比和强度等试验。

8. 做好冬雨季施工安排

按照施工组织设计的要求，落实冬雨季施工的临时设施和技术措施。

9. 进行新技术项目的试制和试验

按照设计图纸和施工组织设计的要求，认真进行新技术项目的试制和试验。

10. 设置消防、保安设施

按照施工组织设计的要求，根据施工总平面图的布置，建立消防、安保等组织机构和有关的规章制度，布置安排好消防、安保等措施。

（五）施工的场外准备

施工准备除了施工现场内部的准备工作外，还有施工现场外部的准备工作。其具体内容如下：

1. 材料的加工和订货

建筑材料、构（配）件和建筑制品大部分均必须外购，工艺设备更是如此。这样，如何与加工部、生产单位联系，签订供货合同，搞好及时供应，对于施工企业的正常生产是非常重要的；对于协作项目也是这样，除了要签订议定书之外，还必须做大量的有关方面的工作。

2. 做好分包工作和签订分包合同

由于施工单位本身的力量所限，有些专业工程的施工、安装和运输等均需要向外单位委托。根据工程量、完成日期、工程质量和工程造价等内容，与其他单位签订分包合同，保证按时实施。

3. 向上级提交开工申请报告

当做好材料的加工和订货分包工作和签订分包合同等施工场外的准备工作后，应该及时地填写开工申请报告，并报上级批准。

（六）施工准备工作计划

为了落实各项施工准备工作，加强对其检查和监督，必须根据各项施工准备工作的内容、时间和人员，编制出施工准备工作计划。

综上所述，各项施工准备工作不是分离的、孤立的，而是互为补充、相互配合的。为了提高施工准备工作的质量、加快施工准备工作的速度，必须加强建设单位、设计单位和施工单位之间的协调工作，建立健全施工准备工作的责任制度和检查制度，使施工准备工作有领导、有组织、有计划和分期分批地进行，并贯穿施工全过程的始终。

第三节 工程施工平面图设计

施工平面图是工程项目施工组织设计的一项重要内容，实践证明，科学合理的施工平面图设计，对于提高施工生产效率、降低工程建设成本、保证工程质量和施工安全等起着十分关键的作用。因此，施工平面图设计的重要性和必要性早已受到工程施工管理人员的普遍关注。

一、施工平面图概述

（一）施工平面图的分类

根据项目施工对象和生产规模的不同，施工平面图可分为施工总平面图和单位工程施工平面图。施工总平面图是指整个工程建设项目（如拟建的成片工业厂房或民用建筑小区项目）的施工场地总平面布置图，是全工地施工部署在空间上的反映和时间上的安排。如果工程建设项目由多个单位工程或单项工程组成，则业主或总承包商需要根据初步设计文件以及其他有关资料和现成条件编制施工组织总设计，其中包括施工总平面图。施工总平面图反映了全工地施工期间所需各项设施和永久建筑、拟建工程之间的空间关系，可以指导现场各单位工程有组织、有计划地文明施工。

单位工程施工平面图是针对单位工程施工而进行的施工场地平面布置，它是单位工程施工组织设计的重要组成部分，是施工准备工作的一项重要内容。单位工程施工平面图一般在施工图设计完成后，在施工项目招投标阶段或拟建工程开工前，由承包商的项目管理部门主持编制。

施工总平面图是对整个项目施工现场的规划和布置，也是单位工程施工平面图设计的主要依据；而单位工程施工平面图则属于施工总平面图的一部分，它的布局受到施工总平面图的约束和限制。

建筑施工过程是一个变化的过程，工地上的实际情况是随着工程进展在变化的。为此，施工平面图应按照基础、主体结构、安装、装修等施工阶段分别进行设计。

(二)施工平面图设计依据

施工平面图设计的依据主要有：①招标文件、投标文件及合同文件；②各种勘察设计资料，包括建筑总平面图、地形地貌图、区域规划图、建筑项目范围内有关的一切已建和拟建的各种设施位置；③项目的建设概况、施工部署和拟建主要工程施工方案、施工总进度计划；④各种建筑材料、构件、加工品、施工机械和运输工具需要量一览表；⑤各构件加工厂规模、仓库及其他临时设施的数量及有关参数；⑥建设地区的自然条件和技术经济条件。

(三)施工平面图设计原则

施工平面图设计的主要原则有：①减少施工用地面积，平面布置紧凑合理，提高单位面积土地利用率；②降低运输费用，保证运输方便，减少二次搬运；③降低临时设施的修建费用，充分利用各种永久建筑、管线、道路，利用暂缓拆除的原有建筑物；④合理布置生产、生活方面的临时设施，有利于生产，方便生活；⑤满足劳动保护、技术安全及消防、环保、卫生、市容、环境保护等国家有关规定和法规要求；⑥在改、扩建工程施工时，应考虑企业生产、居民生活和工程施工互不妨碍。

(四)施工平面图基本内容

施工总平面图以整个建设项目为对象，范围较广，内容比较宏观；单位工程施工平面图的内容则比较具体和详细。两者设计的内容既有相同之处，又有各自特点。它们的基本内容可概括为：①地上和地下已有的和拟建的建筑物、构筑物及其他设施(道路、各种管线等)的位置和尺寸；②工程临时生产和生活设施，包括各类加工厂、仓库和堆场、行政管理和文化生活利用房；③工程临时配套设施，包括施工用道路、铁路、码头，给排水管线和供电线路，蒸汽和压缩空气管道；④起重机开行路线及轨道铺设，垂直运输设施的位置，起重机回转半径；⑤防洪设施、安全防火设施、环境保护设施等；⑥永久性和半永久性测量用的水准点、坐标点、高程点、沉降观测点等。

二、施工总平面图设计

施工总平面图设计需要考虑下列内容：

(一)确定运输线路

设计施工总平面图时，首先应确定主要材料、构件和设备等进入施工现场的运输方式：①施工用大量的物质材料由铁路运入，则应先解决铁路的引入位置和铁路线路布置方案；②施工用物资材料由公路运入工地，则施工场地的布置比较灵活；③施工用物资材料由水路运入工地，则可充分利用原码头，并在码头附近布置主要加工厂和仓库。

（二）布置仓库和堆场

在布置仓库和堆场时，应尽量利用永久性仓库。仓库和材料堆场应接近使用地点，保持交通方便，遵守安全技术和防火规定。例如，砂石、石灰、水泥等仓库或堆场宜布置在搅拌站和预制场附近；砖、石等材料和构件应直接布置在施工对象附近，以免二次搬运。

确定某一种建筑材料的仓库面积，与该种材料需储备的天数、材料的需要量以及单位面积的储存定额等因素有关。而储备天数又与材料的供应情况、运输能力以及气候等条件有关。因此，应结合具体情况确定经济仓库面积。

施工总平面图中的各类材料构配件的堆放场地必须结合现场地形、永久性设施、运输道路以及施工进度等进行综合安排，同时考虑各专业工种的特点及施工工艺的需要，力求既方便施工，又节约用地。例如：土建工程用的钢筋、模板、脚手架、砖和墙板等围护结构，在工业厂房的施工中，可沿厂房纵向布置在柱列外侧；在民用建筑施工中，则尽可能布置在塔式起重机等起重设备的工作半径之内。

（三）布置场内临时道路

根据各加工厂、仓库及各施工对象的位置布置道路，并研究货物周转运行图，以明确各段道路上的运输负担；道路规划要区别主要道路和次要道路，注意满足车辆的安全行驶，不致形成交通断绝或阻塞。

布置场内临时道路时应尽量利用永久道路，提前修建或先修建永久路基和简单路面，作为施工所需的临时道路；临时道路应有足够的宽度和转弯半径，现场内道路干线应采用环形布置；主要道路宜用双车道，次要道路可为单车道，道路末端要设置会车场。

（四）布置行政和生活临时设施

在工程建设期间，需要为现场施工人员修建一定数量的行政管理与生活居住临时建筑。这类临时建筑包括：①行政管理和辅助生产用房，其中包括办公室、传达室、汽车库等；②居住用房，其中包括职工宿舍、招待所等；③生活用房，其中包括浴室、食堂、商店等。

对于各种行政和生活用房应尽量利用建设单位的生活设施或现场附近的永久建筑。临时建筑物的设计，应遵循经济、适用、装拆方便的原则，并根据当地的气候条件、工期长短确定其建筑与结构形式。

临时供电组织工作主要包括：用电量计算；电源选择；变压器确定；供电线路布置；导线截面计算。如果现有电源能满足需要，则仅需在工地上设立变电所或变压器。临时总变电器应设在高压线进入工地处，避免高压线穿过工地。由于变电所受供电半径的限制，在大型工地上，一般应设若干个变电所，以避免当一处发生故障时影响其他地区。临时输电干线沿主要干道布置成环形线路。

三、单位工程施工平面图设计

单位工程施工平面图是各项生产、生活设施在现场平面上的规划和布置图。单位工程施工平面图设计需进行多方案比较，根据不同施工阶段编制基础、结构、安装和装修施工平面图，并进行动态调整。单位工程施工平面图设计的主要步骤如下：

（一）确定起重机械的布置

起重机械处于单位工程施工现场的中心位置，直接影响着仓库、材料、构件、道路、搅拌站及水电线路的布置。因此，在单位工程施工平面图中首先应予以考虑。

1. 塔吊布置拟考虑的因素

（1）塔吊的平面位置

它主要取决于建筑物的平面形状和四周场地条件。有轨式塔吊一般应在场地较宽的一侧沿建筑物的长度方向布置，布置方法有沿建筑物单侧布置、双侧布置和跨内布置三种。固定式塔吊一般布置在建筑物中心，或建筑物长边的中间；多个固定式塔吊布置时应保证塔吊起吊范围能覆盖整个施工区域。

（2）塔吊的服务范围

塔吊服务范围包括以轨道两端有效行驶端点的轨距中点为圆心，最大回转半径画出的两个半圆形，以及沿轨道长度和最大回转半径组成的面积。最佳的塔吊布置是不出现"死角"，使塔吊的起重臂在活动范围内能将材料和构件运至任何施工地点。否则，需采用其他辅助措施（如布置井架、楼面水平运输工具等）运输"死角"范围内的构件，保证施工顺利进行。

（3）塔吊的起吊高度

塔吊的起吊高度除了满足建筑物总高度的要求外，还要加上工程施工面的高度和吊装绳索、吊钩的长度。

（4）塔吊的起重量

当塔吊的位置初步确定以后，必须对其起重能力进行复核，计算塔吊在起吊最重的构件和最远距离的构件时的力矩是否可行。

2. 井架布置拟考虑的因素

井架具有搭拆简单、稳定性好、运输量大、高度较高等优点。井架的平面位置取决于建筑物的平面形状和大小、建筑物的高低分界、施工段的划分及四周场地大小等因素。当建筑物呈长方形，层数、高度相同时，一般布置在施工段的分界处靠施工现场较宽的一侧，以便于在井架附近堆放材料和构件，达到缩短运距的目的。井架离建筑物外墙的距离，视檐口挑出尺寸或外脚手架搭设的要求而定。布置井架时还应考虑缆风绳对交通、吊装等的影响。

（二）确定搅拌站、加工棚和材料构件堆场的位置

搅拌站、加工棚和材料构件堆场的位置应尽量靠近使用地点或在起重机能力范围内，并考虑到运输和装卸的方便。基础施工用的材料可堆放在基坑（槽）四周，但不宜离基坑（槽）边缘太近，以防土壁坍塌。

1. 搅拌站的布置

搅拌站应尽可能布置在垂直运输机械附近，以减少混凝土及砂浆的水平运距。当采用塔吊方案时，混凝土搅拌机的位置应使吊斗能从其出料口直接卸料并挂钩起吊。搅拌站要与砂石堆场、水泥库一起考虑布置，便于大体积原材料的运输和装卸。

2. 加工棚的布置

木材、钢筋、水电等加工棚应设在建筑物四周，并要有相应的原材料和成品堆场。

3. 仓库和堆场的布置

首先根据需求，计算仓库和堆场的面积，然后根据各施工阶段的需要和材料设备使用的先后顺序来进行布置。同一场地在不同时间堆放不同的材料和构件，尽可能提高场地使用的周转效率。

4. 布置运输道路

现场道路布置时，应沿仓库和堆场进行布置，使道路通到各个仓库和堆场，并要注意保证行驶畅通，使运输工具有回转的可能性。现场道路应满足消防要求，消防车道宽度不小于3.5m。汽车单行道的现场道路最小宽度为3m，双行道的最小宽度为6m。道路上架空线的净空高度应大于4.5m。为提高车辆的行驶速度和通行能力，应尽量将道路布置成环形。

5. 布置临时设施

工程现场临时设施可分为生产性和生活性。单位工程的现场临时设施一般包括现场办公室、休息室、会议室、门卫室、加工棚、工具库等。这些临时设施布置时，应考虑使用方便，不妨碍施工，并符合防火保安要求。

6. 布置临时水电管网

临时供水管网布置时，应力求管网总长度最短。根据经验，一般施工现场面积在5000～10000m² 时，施工用水的总管直径选用100mm，支管直径选用38mm或者25mm，再配直径100mm的消火栓水管。为防止供水意外中断，可在建筑物附近设置简单蓄水池。水压不足时，则应设置高压水泵。

临时供电布置时，应先进行用电量和导线等计算，然后进行布置。单位工程的临时供电一般采用三级配电两级保护。变电器应布置在现场边缘高压线接入处，并设有明显的标志。总配电箱设在靠近电源的地方，分配电箱则设在用电设备或负荷相对集中的区域。

第四节 电力工程资源管理与控制

一、项目人力资源管理与控制

（一）人力资源的选择

施工阶段人力资源的选择需要根据项目需求确定人力资源的性质数量标准，根据组织中工作岗位的需求，提出人员补充计划，对有资格的求职人员提供均等的就业机会；根据岗位要求和允许条件来确定合适人选。

（二）订立劳务分包合同

1. 劳务分包合同的形式

劳务分包合同的形式一般分为以下两种：①按施工预算或招标价承包；②按施工预算中的清工承包。

2. 劳务分包合同的内容

劳务分包合同的内容应包括工程名称，工作内容及范围，提供劳务人员的数量，合同工期，合同价款及确定原则，合同价款的结算和支付，安全施工，重大伤亡及其他安全事故处理，工程质量、验收与保修，工期延误，文明施工，材料机具供应，文物保护，发包人、承包人的权利和义务，违约责任等。

（三）人力资源的培训

人力资源的培训主要是指对拟使用的人力资源进行岗前教育和业务培训。人力资源培训的内容包括管理人员的培训和工人的培训。

1. 管理人员的培训

（1）岗位培训

是对一切从业人员根据岗位或者职务要求的全面素质，按照不同的劳动规范，本着干什么学什么、缺什么补什么的原则进行的培训活动。其目的在于提高职工的本职工作能力，使其成为合格的劳动者，并根据生产发展和技术进步的需要不断提高其适应能力。包括对项目经理的培训，对基层管理人员和土建、装饰、水暖、电气工程师的培训以及其他岗位的业务、技术干部的培训。

（2）继续教育

包括建立以"三总师"为主的技术、业务人员继续教育体系，采取按系统、分层次、多形式的方法，对具有中专以上学历的管理人员进行继续教育。

2. 工人的培训

（1）班组长培训

按照国家建设行政主管部门制定的班组长岗位规范，对班组长进行培训，通过培训最终达到班组长100%持证上岗。

（2）技术工人等级培训

按照《工人技术等级标准》和劳动部颁发的有关技师评聘条例，开展中、高级工人考试测评和工人技师的评聘。

（3）特种作业人员的培训

根据国家有关特种作业人员必须单独培训、持证上岗的规定，对从事电工、塔式起重机驾驶员等工种的特种作业人员进行培训，保证100%持证上岗。

二、项目材料管理与控制

电力安装工程项目材料管理与控制应包括供应单位的选择、订立采购供应合同、出厂或进场验收、储存管理、使用管理及不合格品处置等。

（一）供应单位的选择

材料供应单位应当是设备齐全、生产能力强、技术经验丰富，具有一定生产规模，建立有质量保证体系并运行正常的企业。选择和确定材料供应单位是做好材料管理控制的基础。选择和确定供应单位的方法有以下几种：①经验判断法。根据专业采购人员的以往经验和以前掌握的实际情况进行分析、比较、综合判断，择优选定供应单位。②采购成本比较法。当几个采购对象对所购材料在数量、质量、价格上均能满足，而只在个别因素上有差异时，可分别考核计算采购成本，选择成本价格低的采购加工对象。③采购招标法。由建筑施工材料采购部门提出材料需用的数量及性能、规格、价格、指标等招标条件，由各供货企业根据招标条件投标，材料采购部门综合评定比较后决标，与最终得标企业签订购销合同。

在选择和确定材料供应单位时应对其进行必要的评定。应对供应单位的能力和产品质量体系进行实地考察，对所需产品样品进行综合评定，并了解其他使用者的使用效果。

1. 评定内容

对供应单位的评定内容主要包括以下几方面。①供货能力：批量生产能力、供货期保证能力与资质情况。②质量保证能力：技术保证能力、管理能力、生产工艺控制及产品质量能否满足设计要求。③付款要求：资金的垫付能力和流动资金情况。④质量体系运转的有效性。⑤企业履约情况及信誉。⑥售后服务能力。⑦同等质量的产品单价竞争力。

2. 评定程序

供应单位的评定工作通常由公司物资部经理负责。①材料采购人员应根据企业内部员工和外界人士的推荐、参加各类展览会、查询企业网址等方式得到供应单位的资料，然后按"供应商资格预审／评价表"上的内容进行填写。②各级采购人员根据所审批的"供应商资格预审／评价表"按采购供应权限将各供应单位进行分类整理，然后进行综合评定，并填写评定意见。③公司物资部经理审核后在"评价结果"一栏中签署评价意见，报经公司有关领导审核。④经公司主管领导审批后，将评定合格的供应单位列入公司"合格供方花名册"中，作为公司或项目各类物资采购选择供方的范围。

（二）订立采购供应合同

①材料采购负责人在与供应商商谈采购合同（订单）时，应根据材料申请计划在采购合同（订单）中注明采购材料的名称、规格型号、单位和数量、进场日期、质量标准、环保及职业健康安全执行标准要求等项内容，规定验收方式以及发生质量问题时双方所承担的责任、仲裁方式等。②材料采购负责人对合同（订单）文本按有关规定评审后，报公司主管领导批准。③物资部门按照批准的合同文本与供应商签署正式合同文本。④合同的主体必须是企业法人，不是企业法人的须有企业法人签发的《授权委托书》作为合同附件。

(三)材料出厂或进场验收

在对材料进行验收前，要保持进场道路畅通，以方便运输车辆进出；同时，计量器具应准备齐全，然后针对物资的类别、性能、特点、数量确定物资的存放地点及必需的防护措施，进而确定材料验收方式。如现场建有样品库，应对特殊物资和贵重物资采取封样，此类进场物资严格按样品(样板)进行验收。

1. 单据验收

单据验收主要查看材料是否有国家强制性产品认证书、材质证明、装箱单、发货单、合格证等。具体来说，就是查看所到货物是否与合同(采购计划)一致；材质证明(合格证)是否齐全并随货同行，是否有强制产品认证书，能否满足施工资料管理的需要；材质证明的内容是否合格，能否满足施工资料管理的需要；查看材料的环保指标是否符合要求。

2. 数量验收

数量验收主要是核对进场材料的数量与单据量是否一致。材料的种类不同，点数或计量的方法也不相同。对计重材料的数量验证，原则上以进货方式进行验收；以磅单验收的材料应进行复磅或监磅，磅差范围不得超过国家规定标准，超过规范应按实际复磅重量验收；以理论重量换算交货的材料，应按照国家验收标准规范作检尺计量换算验收，理论数量与实际数量的差超过国家标准规范的应作为不合格材料处理；不能换算或抽查的材料一律过磅计重；计件材料的数量验收应全部清点件数。

3. 质量验收

质量验收常包括内在质量和环境质量。材料质量验收就是保证物资的质量满足合同中约定的标准。

(四)储存管理

材料的储存，应依据材料的性能和仓库条件，按照材料保管规程，采用科学方法进行保管和保养，以减少材料保管损耗，保持材料原有使用价值。

材料储存应满足下列要求：①入库的材料应按型号、品种分区堆放，并分别编号、做好标识。②易燃易爆的材料专门存放、专人负责保管，并有严格的防火、防爆措施。③有防湿、防潮要求的材料应采取防湿、防潮措施，并做好标识。④有保质期的库存材料应定期检查，防止过期，并做好标识。⑤易损坏的材料应有保护的包装，防止损坏。

(五)使用管理

1. 材料领发

现场材料领发包括两个方面，即材料领发和材料耗用。控制材料的领发，监督材料的耗用，是实现工程节约、防止浪费的重要保证。

材料领发要本着先进先出的原则，准确、及时地为生产服务，保证生产顺利进行。其步骤如下：①发放准备。材料出库前，应做好计量工具、装卸运输设备、人力以及随货发出的有关证件的准备，提高材料出库效率。②核对凭证。材料调拨单、限额领料单是材料出库的凭证，发料时要认真审核材料发放的规格、品种、数量，并核对签发人的签章及单据的有效印章，非正式的凭证或有涂改的凭证一律不得发放材料。③备料。凭证经审核无误后，按凭证所列品种、规格、数量准备材料。④复核。为防止差错，备料后要检查所备材料是否与出库单所列相吻合。⑤点交。发料人与领取人应当面点交清楚，分清责任。

2. 限额领料

限额领料程序如下：①签发限额领料单。工程施工前，应根据工程的分包形式与使用单位确定限额领料的形式，然后根据有关部门编制的施工预算和施工组织设计将所需材料数量汇总后编制材料限额数量，经双方确认后下发。通常限额领料单为一式三份：一份交保管员作为控制发料的依据；一份交使用单位，作为领料的依据；一份由签发单位留存，作为考核的依据。②下达。将限额领料单下达到用料者手中，并进行用料交底；应讲清用料措施、要求及注意事项。③应用。用料者凭限额领料单到指定部门领料，材料部门在限额内发料。每次领发数量、时间要做好记录，并互相签认。④检查。在用料过程中，对影响用料的因素进行检查，帮助用料者正确执行定额，合理使用材料。检查的内容包括施工项目与定额项目的一致性，验收工程量与定额工程量的一致性，操作是否符合规程，技术措施是否落实。⑤验收。完成任务后，由有关人员对实际完成工程量和用料情况进行测定和验收，作为结算用工、用料的依据。⑥结算与分析。限额领料是在多年的实践中不断总结出的控制现场使用材料的行之有效的方法。工程完工后，双方应及时办理结算手续，检查限额领料的执行情况，并根据实际完成的工程量核对和调整应用材料量，与实耗量进行对比，结算出用料的节约或超耗，然后进行分析，查找用料节超原因，总结经验，吸取教训。

（六）不合格品处理

验收质量不合格，不能点收时，可以拒收，并及时通知上级供应部门（或供货单位）。如与供货单位协商作代保管处理时，则应有书面协议，并应单独存放，在来料凭证上写明质量情况和暂行处理意见。对已进场的材料发现质量问题或技术资料不齐时，材料管理人员应及时填报《材料质量验收报告单》报上一级主管部门，以便及时处理，暂不发料，不使用，原封妥善保管。

三、项目机械设备管理与控制

机械设备管理与控制应包括机械设备购置与租赁管理、使用管理、操作人员管理、报废和出场管理等。电力安装工程项目机械设备管理控制的任务主要包括：正确选择机械；保证在使用中处于良好状态；减少闲置、损坏；提高使用效率及产出水平；机械设备的维护和保养。

(一)机械设备购置管理

当实施项目需要新购机械设备时，对大型机械以及特殊设备，应在调研的基础上写出经济技术可行性分析报告，经有关领导和专业管理部门审批后，方可购买；中、小型机械应在调研的基础上，选择性价比较好的产品。

由于电力安装工程的施工要求，施工环境及机械设备的性能并不相同，机械设备的使用效率和产出能力也各有高低，因此，在选择施工机械设备时，应本着切合需要、实际可能、经济合理的原则进行。

1. 施工机具的选择

首先应熟悉所承揽工程的施工特征，应选择在技术上、经济上、安全上都能适应的施工机具。选择的原则如下：①应满足施工部署中的机械设备供应计划和施工方案的需要；②应满足所确定的施工方法中对机具功能性的需求；③能兼顾施工企业近几年的技术进步和市场拓展的需要；④技术先进，便于维护、保养，易于采购易损零部件；⑤操作上安全、简单、可靠；⑥尽可能选择名牌和同类设备同一型号的产品。

2. 检测器具的选择

①与承揽的工程项目的检测要求相适应；②与所确定的施工方法和检测方法相适应；③检测器具的检定在工程所在地附近是比较方便的；④尽量不选尚未检验的检测器具；⑤检测器具技术先进，操作培训较容易；⑥在使用检测器具时其比对物质、信号源要易于得到保证；⑦坚实耐用，易于运输。

(二)机械设备租赁管理

机械设备租赁是企业利用社会机械设备资源装备自己，迅速提高自身形象，增强施工能力，减小投资包袱，尽快提升实力的有力手段。其租赁形式有内部租赁和社会租赁两种。

1. 内部租赁

内部租赁指施工企业所属的机械经营单位与施工单位之间的机械租赁。作为出租方的机械经营单位，承担着提供机械、保证施工生产需要的职责，并按企业规定的租赁办法签订租赁合同,收取租赁费用。

2. 社会租赁

社会租赁指社会化的租赁企业对施工企业的机械租赁。社会租赁有以下两种形式。

(1)融资性租赁

指租赁公司为解决施工企业在发展生产中需要增添机械设备而又资金不足的困难而进行融通资金,购置企业所选定的机械设备并租赁给施工企业,施工企业按租赁合同的规定分期交纳租金,合同期满后,施工企业留购并办理产权移交手续。

(2)服务性租赁

指施工企业为解决企业在生产过程中对某些大、中型机械设备的短期需要而向租赁公司租赁机械设备。在租赁期间,施工企业不负责机械设备的维修、操作,它只是使用机械设备,并按台班、小时或施工实物量支付租赁费,机械设备用完后退还给租赁公司,不存在产权移交的问题。

(三)机械设备使用管理

电力安装工程施工机具的使用管理要求如下:

1. 施工机具的进场控制

①施工机具应按施工组织设计的施工机具进场计划按时、按量进场。②进场的施工机具要由专业人员、操作人员、机管员共同验证其完好性,验证完好性的依据是该设备的出厂文件和相关技术标准。③进场的施工机具若在功能上不能满足施工需要,应由专管人员组织维修或退换。④重要的、价值高的施工机具应在项目经理部由专管人员建立使用、维护、维修档案。

2. 施工机具在使用过程中的管理

①操作人员在使用施工机具前,应熟悉相关的操作规程和安全注意事项,了解有关技术文件对使用机具的操作要求,熟悉机具的规定功能和性能。②使用机具时,操作人员应严格执行操作规程,善于判断运行故障并及时报告或维护。③当天或某阶段使用完毕,应对机具进行保养和维护,以保证完好合用。

3. 施工机具的调度管理

①施工机具的调度管理是为了合理地、最大限度地提高机具利用率。②机具的调进调出应由责任人员做好调度前的机具鉴定、使用建议、进退场交接工作;大型、价值高的机具的调度还要注意机具的安装、运输、吊装等有关事项。

(四)机械设备操作人员管理

①项目应建立健全设备安全使用岗位责任制,从选型、购置、租赁、安装、调试、验

收到使用、操作、检查、维护、保养和修理直至拆除退场等各个环节，都要责任到人，并且有操作性能的岗位责任制。②项目要建立健全设备安全检查、监督制度，要定期和不定期地进行设备安全检查，及时消除隐患，确保设备和人身安全。③设备操作和维护人员，要严格遵守建筑机械使用安全技术规程，对于违章指挥，设备操作者有权拒绝执行；对违章操作，现场施工管理人员和设备管理人员应坚决制止。④对于起重设备的安全管理，要认真执行当地政府的有关规定。应委托经过培训考核，具有相应资质的专业施工单位承担设备的拆装、施工现场移位、顶升、锚固、基础处理、轨道铺设、移场运输等工作任务。⑤各种机械必须按照国家标准安装安全保险装置。机械设备转移施工现场，重新安装后必须对设备安全保险装置重新调试，并经试运转，以确认各种安全保险装置符合标准要求，方可交付使用。任何单位和个人都不得私自拆除设备出厂时所配置的安全保险装置而操作设备。

（五）机械设备报废和出厂管理

电力安装工程施工企业设备的报废应与企业设备的更新改造相结合，当设备达到报废条件，尤其是提前报废的设备，企业应组织有关人员对其进行技术鉴定，按照企业设备管理制度或程序办理手续。对于已经报废的汽车、起重机械、压力容器等不得再继续使用，同时也不得整机出售转让。企业报废设备应有残值，其净残值率应不低于原值的3%，不高于原值的5%。

当机械设备具有下列条件之一时，应予以报废：①磨损严重，基础件已经损坏，再进行大修已经不能达到使用和安全要求的；②设备老化，技术性能落后，消耗能源高，效率低下，又无改造价值的；③修理费用高，在经济上不如更新合算的；④噪声大，废气、废物多，严重污染环境、危害人身安全和健康，进行改造又不经济的；⑤属于国家限制使用、明令淘汰机型，又无配件来源的。

此外，机械设备管理部门也要加强闲置设备的管理，认真做好闲置设备的保护维修管理，防止拆卸、丢失、锈蚀和损坏，确保其技术状态良好。积极采取措施调剂利用闲置设备，充分发挥闲置设备的作用。在调剂闲置设备时，企业应组织有关人员对其进行技术鉴定和经济评估，严格执行相关审批程序和权限，按质论价，一般成交价不应低于设备净值。

四、项目技术管理与控制

技术管理控制应包括技术开发管理，新产品、新材料、新工艺的应用管理，施工组织设计管理，技术档案管理，测试仪器管理等。

（一）技术开发管理

①确立技术开发方向和方式。根据我国国情、企业自身特点和建筑技术发展趋势确定技术开发方向，走与科研机构、大专院校联合开发的道路；但从长远来看，企业应有自己的研发机构，强化自己的技术优势，在技术上形成一定的垄断，走技术密集型道路。②加大技术开发的投入。应制订短、中、长期的开发计划，研究投入费用及其占营业额的比例，逐步提高科技投入量，监督实施，并建立规范化的评价、审查和激励机制；加强研发力量，重视科研人才，增添先进的设备和设施，保证技术开发具有先进手段。③加大科技推广和转化力度。④增加技术装备投入。增加技术装备投入才能提高劳动生产率，投入规模至少应当是承包商当年收益的2%～3%，并逐年增长。⑤强化应用计算机和网络技术。利用软件进行招投标、工程设计和概预算工作，利用网络收集施工技术等情报信息，通过电子商务采购降低采购成本。⑥加强科技开发信息的管理。建立强有力的情报信息中心，利于快速决策。

（二）新产品、新材料、新工艺的应用管理

应有权威的技术检验部门出具的其技术性能的鉴定书，制定出质量标准以及操作规程后才能在工程上使用，加大推广力度。

（三）施工组织设计管理

施工组织设计是企业实现科学管理、提高施工水平和保证工程质量的主要手段，也是贯穿设计、规范、规程等技术标准组织施工，纠正施工盲目性的有力措施。要进行充分调查研究，组织技术人员、管理人员制定措施，使施工组织设计符合实际，切实可行。施工技术交底是指工程施工前由主持编制该工程技术文件的人员向实施工程的人员说明工程在技术上、作业上要注意和明确的问题，是施工企业一项重要的技术管理制度。

（四）技术档案管理

技术档案是按照一定的原则、要求，经过移交、归档、整理，保管起来的技术文件材料。技术档案既记录了各建筑物、构筑物的真实历史，更是技术人员、管理人员和操作人员智慧的结晶。技术档案实行统一领导、分专业管理。资料收集做到及时、准确、完整，分类正确，传递及时，符合法规要求，无遗留问题。

（五）测试仪器管理

组织建立计量、测量工作管理制度。由项目技术负责人明确责任人，制定管理制度，经批准后实施。管理制度要明确职责范围，仪表、器具使用、运输、保管有明确要求，建立台账定期检测，确保所有仪表、器具的精度、检测周期和使用状态符合要求。记录和

成果符合规定，确保成果、记录、台账、设备的安全、有效、完整。

电力安装工程施工检测器具管理要求如下：

1. 检测器具的使用

①使用者应经过培训并具有相应的资格。②使用者在检测工件前有能力证实器具是完好的。③检测环境和被检测件均符合器具的操作规程的条件要求。④使用者对操作规程熟悉，做好记录并写出报告。⑤每次使用后按要求清洁、保养、存放。⑥分类、建立台账、专用封存记录等。

2. 检测器具的检定

①施工企业设置检测器具检定管理部门或岗位，配置具有资质的业务管理人员。②有条件的企业应建立检测器具的鉴定室。③建立检测器具的检定周期台账档案。④建立检测器具的专用封存记录。⑤建立某些检测器具现场比对规程。⑥对检测器具进行分类，确定检定周期、强制性检定范围内的器具等。⑦依法将检测器具送有资质的检测机构检定。

五、施工项目资金管理与控制

施工项目资金管理与控制应以保证收入、节约支出、防范风险和提高经济效益为目的，应在财务部门设立项目专用账号进行资金收支预测，统一对外收支与结算。施工项目资金管理与控制应包括资金收入与支出管理、资金使用成本管理、资金风险管理等。

电力安装工程项目资金管理控制应符合以下要求：①在项目资金收入与支出管理过程中，应以项目经理为理财中心划定资金的管理办法，以"哪个项目的资金主要由哪个项目支配"为原则。②项目经理按月编制资金收支计划，由公司财务及总会计师批准，内部银行监督执行，并每月都要作出分析总结；企业内部银行可实行"有偿使用""存款计息""定额考核"等办法，当项目资金不足时，可由内部银行协调解决，不能搞平衡。③项目经理部可在企业内部银行开独立账户，由内部银行办理项目资金的收、支、划、转，并由项目经理签字确认。④项目经理部可按用款计划控制项目资金使用，以收定支，节约开支，并应按规定设立财务台账记录资金支付情况，加强财务核算，及时盘点盈亏。⑤项目经理部要及时向发包方收取工程款，做好分期结算、增（减）账结算、竣工结算等工作，加快资金入账的步伐，不断提高资金管理水平和效益。⑥建设单位所提供的"三材"和设备也是项目资金的重要组成，经理部要设置台账，根据收料凭证及时入账，按月分析使用情况，反映"三材"收入及耗用动态，定期与交料单位核对，保证资料完整、准确，为及时做好各项结算创造先决条件。⑦项目经理部应每月定期召开分包商、供应商、生产商等单位的协调会，以便更好地处理配合关系，解决甲方提供资金、材料以及项目向分包、供应商支付工程款等事宜。⑧项目经理部应坚持做好项目资金分析，进行计划收支与实际收支对比，找出差异，分析原因，改进资金管理。项目竣工后，结合成本核算与分析进行资金收支情况和经济效益总分析，上报企业财务主管部门备案。

(一)资金使用的成本管理

企业应建立健全项目资金管理责任制，明确项目资金的使用管理由项目经理负责，项目经理部财务人员负责协调组织日常工作，做到统一管理、归口负责、业务交接对口。建立责任制，明确项目预算员、计划员、统计员、材料员、劳动定额员等有关职能人员的资金管理职责和权限。

电力安装工程项目经理部按组织下达的用款计划控制使用资金，以收定支，节约开支。同时，应按会计制度规定设立财务台账，记录资金支出情况，加强财务核算，及时盘点盈亏。

1. 按用款计划控制资金使用

项目经理部各部门每次领用支票或现金都要填写用款申请表，申请表由项目经理部部门负责人具体控制该部门支出，但额度不大的零星采购和费用支出，也可在月度用款计划范围内由经办人申请，部门负责人审批。各项支出的有关发票和结算验收单据，由各用款部门领导签字，并经审批人签证后方可向财务报账。

2. 设立财务台账，记录资金支出

鉴于市场经济条件下多数商品及劳务交易事项发生期和资金支付期不在同一报告期，出现债务问题在所难免，而会计账又不便于对各工程繁多的债权债务逐一开设账户，分别记录，因此，为控制资金，项目经理部需要设立财务台账，做会计核算的补充记录，进行债权债务的明细核算。

3. 加强财务核算，及时盘点盈亏

项目部要随着工程进展定期进行资产和债务的清查，以考查以前的报告期结转利润的正确性和目前项目经理部利润的后劲。由于单位工程只有到竣工决算时才能最终确定盈利准确数字，在施工过程中的报告期的财务结算只是相对准确，所以在施工过程中要根据工程完成部位，适时地进行财产清查。对项目经理部所有资产和所有负债及时盘点，通过资产和负债加上上级拨付资金的平衡关系，及时了解当前项目经理部的盈亏趋向。

(二)资金风险管理

电力安装工程项目经理部应注意发包方资金到位情况，签好施主合同，明确工程款支付办法和发包方供料范围。在发包方资金不足的情况下，尽量要求发包方供应部分材料，要防止发包方把属于甲方供料、甲方分包范围的转给组织支付。同时，要关注发包方资金动态，在已经发生垫资施工的情况下，要适当掌握施工进度以利回收资金；如果出现工程垫资超出原计划控制幅度，要考虑调整施工方案，压缩规模，甚至暂缓施工，并积极与发包方协调，保证开发项目以利回收资金。

第六章 电力工程施工造价与精细化管理

第一节 工程造价管理的基本理论

一、工程造价管理

所谓的电力工程造价管理就是对电力工程造价进行合理有效的控制。在整个工程中，造价管理始终横贯于工程的决策、设计、施工、竣工全过程，每一阶段对于工程造价都有密不可分的关系。为使工程造价得到全面有效的控制，并且能够对于在施工中所出现的偏差进行及时纠正，就必须对整个工程的各个阶段进行管理和控制，以获取最高的投资效益和社会效益。

电力工程造价管理就是运用合理有效的技术手段来对所要施工的电力工程的建设成本进行确定，并在项目实施过程中进行合理的管理和控制。确定电力工程项目的造价和控制造价之间的关系是密切相关、相互依存。准确的造价设置是在施工期间进行的有效控制造价的前提，造价控制必须基于准确的成本造价设置。工程项目造价包括直到工程项目移交阶段的工程准备工作的成本，主要费用包括工程项目在开始前的准备工作费用、工程项目设计费用、材料和设备费用、人工费用等。

电力工程对造价所进行的管理，可以在整个项目所有阶段实现工程造价的管理和控制。这些阶段包括项目建设计划的优化和合理选择、建设设计、启动建设、竣工验收等，有时还可能会出现实际运营阶段。对于电力工程造价管理的要求，在项目施工的过程中所进行的所有阶段中的造价控制，只能由指定的单位来进行开始。而在这一固定单一的单位管理下，多单位可以共同参加。只有这样，项目的每个阶段的造价才能有效地联系起来。综合评估对于增强成本管理部门的责任感、工作水平的提升、积累造价管理经验，最终实现能源电力工程成本管理的重要目标。

（一）工程造价的内涵

从广义上讲，工程项目造价所说的就是某个项目从建设到竣工的所有花销成本，这就是工程造价。其中所涵盖的所有费用，从投资者或所有者的角度来看包括：完成项目所进行投资的固定资产和无形资产。而投资者所进行工程项目的投资主要就是为了获取收益，因此，要求他们在全面，可靠的项目评估和决策的标准下，进行一些投资管理活动，例如：招标和施工管理等活动。在这一系列活动中，由此产生的所有成本均构成该项目工程造价。

从狭义上来讲，对于工程造价的理解可以当作是整个工程项目的价格，即对一项工程的建设完成，所预想在土地市场、技术劳动力市场、承包市场等进行交易的过程中所形成的建设项目的总价格费用。所进行的这种定义是从市场角度来进行的。把工程项目当作是一件特殊属性的商品，而这种商品可以通过投标、承包等方式来进行获取，并且在获取中形成专属的市场价格。因此，工程造价在一定程度上也称之为工程承包价格。

从以上所进行的分析可以看出，对工程所进行施工的企业的工程项目造价成本管理要依托于狭义上所说的工程造价。这是指建造公司作为供应商在市场中提供的建设施工产品的价格。而这里所说的产品价格必须包括项目的建设成本和利润。这样，建造公司所建设的项目的造价管理应着眼于如何控制建造项目造价和利润增加上。在基于数量清单的当前报价方式下，该价格相当低。在中标的条件下，获得工程承包资格并不仅仅是进行盲目的压低工程造价。这就要求承包商必须在招标阶段知晓并合理确定项目的造价（即报价，将在项目实施过程和最终项目完成中使用）。严格有效的控制项目造价在这三个阶段中所受到的许多不确定因素的影响，让其处于波动状态。所以，在此过程中，要防止不确定因素的发生，对造价进行控制是非常有必要的。

（二）工程造价管理的概念

电力工程造价通常所指的是，在电力项目进行建设过程中所需花费成本的总和，即该项目的所有唯一成本的总和，将由固定资产计划重现并构成最低限度的资金。电力工程造价管理是有效利用科学化的知识和技能，来对资源、成本、利润和风险进行相应的合理控制。电力工程的主要造价任务包括以下内容：预算估算、预算指标、成本配额制定、制定和审查、项目成本指数以及材料搜集、人工和机械市场的价格、项目成本管理法规的改进等。合理控制电力工程造价，对于整个工程项目的发展，以及整个电力市场的稳健有序发展具有重要作用。

当下，我国经济呈现飞速发展势态，而人们在电力方面的需求跟随经济的发展也呈现上升趋势。对电力工程市场需求的增多，其对于电力工程项目所进行的投资规模也迅速加大。对于电力工程项目所进行的投资，其规模势必要与相对应的较为完善的成本管理相匹配。因为只有与之相适配才能有效控制电力工程造价，以此在很大程度上提升资本利用率。

对工程造价进行合理有效的管理和控制，既能够节省大部分资金，提高资金的有效利用率，还可以提高工程项目自身的经济效益，以此能够更好的保证工程项目的平稳发展，还可以对电力建造公司的整体经济效益进行确保，来保证电力公司的优良发展。对电力工程项目造价的管理和控制是国家财政资金安全的保证，也是对整个电力工程项目能够平稳进步发展的保证。在我国加入世界贸易组织后，在国际市场进入一体化的形势下，这对于我国的电力公司而言，不仅仅是重大的机遇，也是对我国电力发展的重大挑战。因为要面对国际市场所带来的巨大的竞争压力，在这种压力的驱使下，电力公司的质量已成为不可避免的关键要求。对于电力工程造价所进行的管理，势必要抓住这一机遇，与国际接轨，充分利用我国的工业优势，以最大的力量来面对国际竞争所带来的压力。对电力工程项目造价进行的管理和控制，不仅能够改善造价管理体系，提高我国电力市场的整体竞争力，还可以遏制建设资金的浪费，确保我国经济健康快速发展。

(三)电力工程造价管理的基本特征

电力工程，特别是大型变电站这种长距离的高压电缆架空线工程，对于这种大型的工程而言，存在设计难度大、工程造价高、建设周期长等特征。而针对电力工程的造价管理，具体表现为：多主体、动态、分阶段以及系统性等特点。

1. 电力工程造价管理的多主体性

对于电力工程项目造价管理所体现的主体性，是从参与工程造价管理的项目法人实体中进行反映的。电力工程造价是电力工程项目造价管理中仅有唯一的目标。然而目标仅有一个，但目标所依附的主体却有很多，其中包括：国家电网公司、发电公司、电力设计研究院、电力建造咨询公司，项目建设公司等，而这些都可以成为电力工程造价管理的主体。

2. 电力工程造价管理的动态性

所谓的动态性就是对电力工程造价管理中，工程在进行建设过程中每个阶段所发生的本质性的动态变化，使其建设过程中的造价管理也随着每个阶段的变化而变化。首先，电力工程项目造价管理的内容和方法在每个阶段中都是处于动态的。在进行可行性研究阶段的过程中，对于衡量决策的准确性，可以运用投资估算来进行。在进入招标阶段中，投标的标底是控制价，而控制价这一标底可以反映市场以及技术水平的变化。然后，电力工程造价自身是属于动态性的。在电力工程项目进行建造的过程中会出现许多不确定因素，例如：原材料价格、自然条件、社会制度等变化，这些因素都是不稳定因素，一种产生变化会带动多方产生变化，都具有较高的关联性。

3. 电力工程造价管理的阶段性

在项目进行可行性研究阶段时，电力工程项目将对投资进行估算，并给出相关的造价报告；在进行到设计阶段时，将会基于设计的前提下进行概算预算，并给出相应的概算预算造价报告；在进行到招标阶段时，将给出工程成本的标底价格报告；在进行到施工阶段时，将会进行项目结算文件的发布；在进行到项目交付和验收阶段时，将交付最终工程竣工报告。电力工程项目一般都要经过可行性研究、设计、招标、建设和竣工等多种环节阶段，而相应的造价文件分别是：投资预算，设计概算和预算、招标的标底文件、工程结算报表、决算报告等。在工程进入到每一阶段中所出现的造价文件，其自身都具有特定的含义和目的。进行可行性研究的关键是投资估算，设计文件的重要组成部分是概算和预算，投标的重要标准是标底，而结算是控制双方造价的重要手段。

4. 电力工程造价管理的系统性

无论从水平还是垂直的视角来进行分析，电力工程项目的造价管理在每个阶段都可以与组成成本管理每一部分形成一个系统，彼此之间相辅相成，互相影响又互相作用于另一方。从垂直视角来看，电力工程造价管理体系的形成，是由预算、估算、概算、标底，结算和最终决算进行组合而成的。从水平视角来看，项目造价管理的每一阶段，都能够形成一个相对独立的系统。只有将电力工程造价管理作为一种系统性的存在来进行相应的研究，才能对电力工程在整体上进行有效的管理实施。

（四）工作分解结构

工作分解结构（以下缩写为WBS）是与因数分解同原理，即按照某些原则分解项目，将以项目这一个体，进行多种任务的分解，而把分解后任务再进行分解，分解为工作项，然后把分解成的每一个工作项进行派发再继续分解，直到再无法分解为止。工作分解结构是可交付驱动的，可以对所进行的工程项目元素进行分组，并总结定义整个项目范围，每一次细化的向下层分解都代表了项目工作内容会变得更加详细化。WBS始终是计划过程的重心，也是对计划进度进行制定、成本进行预算、风险管理计划进行制定等，多方面的重要基础，而且WBS还是监视项目变更的重要基础。项目范围是由WBS进行定义的，因此WBS也是一个全面的项目工具。

（五）赢得值理论

全面衡量项目的进度和成本，可以通过赢得值理论这一通用方法来进行。它的基本要素是通过对金额的使用量来对项目的进度进行衡量。它不是通过投资的金额来对项目的进度进行反映，而是通过转换为项目成果的资金量来衡量，这是一个指标，是一种全面而有效的项目跟踪方法。其基本参数如下：

1. 已完工作预算费用

已完成工作量的预算费用（BCWP）或赢得值所指的是，根据批准的标准预算在既定时间内已完成的工作所需的成本，因为所有者依赖于此值，来让承包商完成相应的工作量进行支付相应的费用，即承包商赚取的金额，就被称为赢得值或挣值。

已完工作预算费用 = 已完成工作量 × 预算单价

2. 计划工作预算费用

计划工作预算费用（BCWS）所指的是，必须依照计划在特定时间内所完成的工作，而这一段时间进行工作所需要花费的成本。通常来讲，只要不是合同本身出现任何变动，BCWS 在项目实施过程中就不会出现任何变化。

计划工作预算费用 = 计划工作量 × 预算单价

3. 已完工作实际费用

已完成工作实际费用（ACWP），所指的是，在特定的时间内，之前实际花费在已完成工作上的总金额。

已完工作实际费用 = 已完成工作量 × 实际单价

二、工程造价的计价模式及特点

（一）工程造价的计价模式

我国现行的工程造价计价模式以概预算定额制度为核心的计划经济模式，其计价依据是以国家、行业或地区的统一定额为主要基础的。它一般包括工程造价定额、工程造价费用定额、造价指标、基础单价、工程量计算规则以及政府主管部门发布的各有关工程造价的经济法规、政策等。是国家对工程建设进行预测、决策、宏观调控的手段。计价方法是《建设工程施工发包与承包价格管理暂行规定》中规定了现行的招标工程的标底价、投标报价和施工图预算的计价方法。

（二）工程计价的特点

1. 单件性。每个工程项目都有其特定的目的，因此以不同的物理形式表现出来。他们自身都具有不同的特点，其设计的不同、装饰的不同、结构形状的不同以及容积量的不同等等，而且在进行的过程中，对于施工所用到的材料、设备以及技术过程都存在不同。即使是这一工程项目的功能相同，其技术、施工水平以及施工标准也会存在的偏差。项目技术要素的指标必须适应当地的环境、气候、位置、等自然条件，并且还要去适应当地的各种习俗。加上构成不同地区投资成本的各种价值项目之间的差异，仅仅是建筑项目无法像工业产品那样根据品种、大小规格以及质量等进行大批量定价，而只能按单件数量来进行单一定价。换句话说，通常国家和公司不能规定统一的成本。只能通过特殊程序（估算、报价、清算和完工价格等）为每个项目计算项目成本。

2. 多次性。工程项目在进行建设的过程中要经过较长的周期，并且还要经过大批量的生产和消耗。而设计过程也通常相对较长，所以要进行各阶段化的设计，并且在进行的后续设计中对设计进行逐步加深。并且要对所建设的各方之间的经济管理进行适应的同时，还要满足项目管理的需要，根据设计和施工阶段进行多次造价计算。

项目建议书和可行性研究过程与基本建设程序的各阶段对应关系包括：对于项目建议书和可行性研究进行初步设计研究，通过初步设计再进入到对于技术方面的设计阶段，技术设计的下一步就是进行施工图的设计，让研究过程更加清晰。紧接着就是对工程项目进行投标，签订合同并实施。然后对于工程项目的投资进行估算，进行概算造价，而后对于概算造价进行检验并修正其中存在的问题，最后进入到预算造价阶段。在进入投标阶段时，会拟出工程在投标时的合同价，对项目条款约定的各种取费标准进行项目施工前的估算。然后在合同实施、项目竣工之后按照工程价款的实际价格进行结算，最后形成工程项目的实际造价。

3. 多样性。可以使用单独的设计文档将一个工程项目进行多个小项目的分解，这些单独的设计文件在项目完成时，能够独立发挥项目的生产能力或收益。每个单独的项目都可以再分为可以独立构建的单元项目。每个单元项目都可以分为子项目，这些子项目由不同的工人使用不同的工具和材料来完成。

所进行的建设工程项目具有项目组件的组合价格的特征。例如：如果对于建设项目的总预算未进行确定，则要先计算每个单元项目的预算，计算每个单元项目的综合预算，然后在进行汇总总预算。通常，根据子项目，依照相应的固定单价和成本标准计算单位项目的预算，这种方法称为单位评估法。此外，还有一种实物法和使用概预算来汇总和计算单位项目以及单个项目所需的劳动力和材料，计算建筑机械的数量，然后将其乘以当时的本地单价。获取项目的直接成本，然后按标准成本在加入间接费用和所得税。尽管单位计价方法和实物法不同，但这两者的共同点是分解建设项目并根据分部组合的组成来计算价格。

三、电力工程施工过程中的造价管理问题与控制要点

（一）施工阶段工程造价存在的问题

1. 现场签证管理有缺陷

电力工程项目是一项较为复杂化的项目，在进行工程建造时，电力工程的建造周期较长、建造的工程量较为繁重、在进行建造的过程中其建造难度过大等特征。其建设项目普遍是迫切亟需启动的，在签订和执行合同以及预算管理等任务上所做的表现不佳，另外现场监理工程师不专业，对工程相关的知识了解程度模棱两可，自身工程素养缺失，对工程项目所要进行的现场签证缺乏相应的了解，从而造成盲目签证现象的频繁出现。例如：对现场所进行项目的工程量以及在进行施工过程中的施工质量缺乏相应严格的监督。而一些承包商利用这种缺陷谋取私利，会自行增加一些整个工程中所不需要的项目，并且在进行合同签订时掩盖这些项目内容，从而使得工程造价增加。

2. 合同意识淡薄，合同不规范

合同的存在，是对工程造价和管理的有力依据，所进行签订的合同中涉及到工程设计、施工、决算、支付等环节。在当下，人们对于工程项目建设的合同意识相对薄弱，在合同的内容上对于一些重要内容没有进行详细描述，或者在进行描述上避重就轻，被对方不可避免地会抓住漏洞或趁机寻求更多的赔偿。简而言之，不详细的合同是出现不合理的造价管理的重要因素。

3. 项目设计不够科学合理，设计变更次数多

工程项目在进行建设过程中的蓝图和基础是工程项目的设计。工程项目的设计不仅关乎到工程项目的质量，而且还与工程项目造价管理之间具有密切关联。当前，在工程项目建设的过程中，在进行工程项目设计中，一直没有较为科学、标准的设计。而存在这两点问题的原因是：未完成初期建设项目的数据收集工作，没有对现场进行详细深入的勘测，这使得项目设计出现不准确情况，在进行多次修改后，在一定程度上增加了成本；进行设计的单位整体设计能力欠缺，对设计还缺少相应的审查，以此产生了额外的投资资金等。

4. 施工过程中缺乏对材料和设备的管理

在整个工程进行建设的过程中，在使用材料和设备上所花费的成本占据了总投资的较大比重。因此，想要降低总成本，就要对设备和使用材料所花费的费用进行有效控制。当下，对工程项目进行施工的过程中，许多建造公司在进行实际施工的过程中，对所报备的材料和设备的单价进行故意抬高，增加项目的成本，在增加成本的同时，设备和材料的质量也无法得到有效保证。另外，少量的工程建筑工人一次购买了大量的材料和设

备，以避免在工程施工过程中出现这样那样的问题，单这一次性购买的材料和设备只是为了以防万一，所用到的可能性不大，所以直接是造成资源的浪费，也增加了施工成本。

5. 没有专业技能来管理工民建工程施工过程的造价

尽管工程项目的施工工人对于工程造价的管理不需要特别优异的相关专业能力，但是在造价管理上的缺乏成熟经验时，会使业主对该项目工程的建造存在不满意行为。对于某些大型工业和民用建筑项目，如果他们没有良好的建筑工程造价管理的经验，将大大提升项目的成本，并且无法满足业主对项目成本的要求。所以，只有对工程项目的整体造价最为熟知的人员，才能对施工中所需的材料进行购买，来保证工程项目的总体质量，并使用专业知识来最大程度地降低项目成本。

（二）施工阶段工程造价控制的关键点

施工阶段是展开实地建设的阶段，而且这一阶段也是投入最多的阶段。在工程项目进行建设的过程中，工程设计的变化更改、材料和设备的合理采购、项目进度款项的支付、项目价格的合理确定以及人员的合理配备等多种因素，能够对工程造价控制在合理投资范围内产生直接影响。并在对项目质量和工期进行确保的条件下，对于工程造价进行大幅度降低，来确保实现成本目标。由于施工工人、施工材料和设备、施工技术以及施工环境等各方的不断变化所产生的影响，项目工程造价很容易出现较大的波动，因此，在进行工程施工阶段进行造价控制是异常重要的。对于工程造价所进行的管理控制，不单单只是对工程所进行投入的资金不超过规定标准，而是在对整体造价进行控制的同时，还要对人力、财力、物力进行合理科学的利用，使其在工程完工时能够收获最大的利益。在进行工程项目施工的阶段，项目的变更、确定合理的项目价格、合理的施工期安排、支付预付款等是影响造价的主要原因，因为工程项目在进行建设的过程中所用的周期较长，加上受到自然环境等一些客观因素的影响，使得项目在进行招标时与实际项目情况相比将发生一些变化。

第二节 电力工程施工过程中的造价管理与控制措施

一、严格履行合同实现科学管理

工程项目法人在进行项目建设时必须严格遵守基础设施建设程序，选择实施的项目开工时间，以促进建设资金的合理配置和项目的顺利施工。第一，加强征地拆迁管理。对于电力建设项目的实施，基本上是需要较大的占地面积来进行电力工程的建设，对于所进行的土地和建设用地的购置，其购置成本也相对偏高。工程项目法人单位必须严格控制征地工作，在进行征地时要进行严格把控。根据所下发批准文件，来确定土地的使用面积，不能自行对土地进行随意使用。对政策能够熟记于心，并且具有实际工作经验的人员来进行这些工作任务的执行。对于各种补偿项目必须要求合理合法，对于成本的计算必须符合国家规定和国家标准。应寻求地方政府的支持与合作，并应有效控制建筑工地造价支出。第二，加强项目招标管理。实施电力工程项目建设，在进行施工、监督管理、设备和材料的准备等招标制度，可以把市场机制和竞争机制进行结合，促进建筑公司、监督管理单位和设备和材料供应商生产水平的提升和技术水平的提升。确保项目建设的质量、可以有效降低电力建设项目的造价。

工程承包合同中对于双方的权利和义务明确在合同中进行了明确的规定，仔细地规定了影响项目造价的可变因素，并管理设计变更和索赔的解决方案。给出明确的指示，以避免在合同履行过程中发生纠纷和解决过程中出现的问题。

工程项目法人对于各施工单位施工现场的设计要进行合理的安排，优化总体建设计划的管理。在管理过程中，最大程度地减少施工现场的占用，合理分配土方工程，避免浪费的现象，例如：建筑设施的重复安置、土方工程的来回运输以及地下设施的来回往返挖掘。同时，对于施工单位所进行的施工组织设计势必要通过认真的审核，编制并严格审查施工措施，在保证施工质量和施工安全的条件下，对于成本较低的施工图选择优先采用，以此来有效控制工程造价。

导致工程数量的更改是因为工程设计的更改，而工程设计的更改通常会导致项目成本增加和项目投资失控。会议审查并确定施工图后，在施工过程中必须严格按照施工图的设计来进行工程施工。项目监理单位和法人机构必须严格监督和管理施工图，尽量减少和避免设计变更，以确保工程质量和加快施工进度。这也有利于控制工程造价。

在电力建设工程项目的造价中，建设所需的设备和材料在其中占据很大比重。为了有效控制和降低工程项目成本，有必要对所需设备和材料的采购管理进行加强。为了获得设备和材料，有必要加强信息管理，及时准确地获取有关材料价格，材料和设备的供求动态和市场需求的信息，在对设备和材料进行多家价格对比后，选择最佳的材料工厂和材料采购机构。发挥主要渠道的作用。依托分批优势，减少中间环节，降低材料采购价格，抓好主机和大型辅助设备的招标，严格执行供货合同。

当电力工程项目的安装环节结束后，进入到调试阶段时，为缩短调试时间必须积极采用新技术和新工艺，并减少化学药品以及燃料等其他材料的消耗。在进行调试期间，将对燃料的消耗进行评估，如果油耗超出正常水平，则要找出超出的原因，并由相关的责任单位对其进行经济损失的承担。单元测试操作应满足《启动验收规程》的要求，确保系统完整，可用的现场条件以及可以将过多的措施最小化的方法，以便可以有效控制和降低调试和运行测试的成本。

电力建设项目监督系统的实施，使监督单位可以帮助电力工程项目法人监督和控制整个项目的质量和成本，并利用自身的知识和经验以及大量的实际工程帮助工程项目法人避免在进行决策时产生不必要的错误，努力优化决策，并确保最佳实现工程项目目标。在进行观察项目施工的期间，有必要优化项目进度，合理组织各机组的启动顺序和项目启动时间，以减少设备的待机时间。加强对建工程资金的支付管理，根据施工组织和工程进度计划合理组织观察项目的施工资金，以控制总体情况，采取整改措施。还应根据项目进度计划来进行工程材料的购买，以缩短材料的存储时间和资金花费的时间，并减少在建设期间因资金问题而产生的相应的利息。为了有效控制观察项目的造价，在处理最终项目结算时，项目法人必须仔细全面地审查施工单位项目所给出的报价清单。对于完工项目中所产生的设计变更和施工索赔的问题，必须对报告表格进行严格审查，必须对所进行之处的额度进行限额控制，并且应对施工出现的问题进行跟进。

二、重视工程变更严控操作程序

工程质量是工程的生命以及获取利润的单位，是一个"三位一体"的存在。而对于工程项目所进行的设计的质量是工程建设中的核心，其中进行建设项目设计的优劣直接关系到工程质量和经济效益。设计是工程施工的领导者，任何工程项目在进行设计的期间，都可以对工程项目的质量进行相对标准化的预估，据资料统计表明，在工程项目出现质量事故时，绝大部分的原因是因为在设计阶段进行了较为节省的设计，从而引发工程质量问题。由此可以看出，对工程设计的质量进行强化管理对工程的建设具有十分可观的意义和作用。在设计阶段，对典型设计原理和概念的理解不足，会使得所进行的工程设计质量存在偏差，以及成本的不定。目前，国家电网公司正在大力推广典型设计和通用造价的应用，以统一施工标准和设备规格，减少资源消耗和土地占用，提高劳动效率，降低建设和经营成本，实行集约化管理。标准化建设是快速高效地构建电网的唯一方法。

(一)夯实基础、加强标准管理、提升设计质量

在国家电网公司进行的统一部署下，充分利用标准化建设的契机，要对设计管理水平进行全面提升，由此可以从以下几方面进行入手：①统一的标准化设计。设立设计管

理办公室，以进一步加强各个地区电网建设标准的统一。以中国国家网络公司"三通一标"为构建基础，按照要求以标准化的设计进行标准化的施工、模块化的组合、工厂化的生产为标准目标，进行相关的深入研究。输变电工程项目标准化设计的研究已经为大型项目产生了标准化的设计结果，涵盖了伏特和千伏的所有电压水平。系统、改造、输电、技术改造和配电网络等电气网络，涵盖了各个阶段，其中包括规划、可行性研究、初步设计、施工计划设计等。②统一的标准化成本。通过颁布一系列相关法规，如《概估算费用计算方法》、《概估算标准化编制工作规定》等，统一了相关施工中所需的设备和材料，明确了施工现场征用和清洁费以及交叉计量费等的统一计算方法，进一步规范系统可行性研究编制概算和初步概算汇编的质量，并在更大程度上确保项目投资的可控性。③统一的标准化工程量提资表。建立统一的标准化工程量增加表，对实际工程量与总体设计工程量能够进行较为直观的比较，对工程投资与费用概算之间的差异进行深入比较和分析，从"标准审查"过渡到"技术审查"。成本审查改为技术和经济审查。另外，架空线项目的工程概算编制程序通过工程量表实现了工程概算的自动生成，在很大程度上提高了工程概算的准确性和工程概算的编制。

统一的标准化文本格式。为使标准化的管理、统一的表达形式能够进一步加强，我们规范了初步工程项目的设计文稿以及会议记录和评论意见的内容和格式，并不断提升初步项目设计文稿的质量和深度。

（二）前后延伸、加强对设计的全方位的控制、保证设计质量

对于工程项目的设计管理是从可研到初设，从初设到工程项目施工计划图的设计管理，以及从设计到施工、从施工建设到运营的管理。于此，每个设计阶段的管理在纵向上向前和向后延展，在水平方是向左或向右延展，并不是单一的。①注意沟通与协调。在建设工程项目施工的各部门，包括基建、生产、物资、财务等多个部门之间要构建良好的沟通环境，彼此之间相互交流、紧密合作，构建彼此之间的和谐氛围，树立统一的节奏，促进和实施基础设施标准化成果。在计划的可行性研究，设备的初步设计等方面，严格执行标准化结果的要求，形成了实施标准的"硬约束"。②注意管理关口移动。基础设施部门进行可行性研究阶段的提前介入，积极参与可行性研究的评审，对进行观察项目施工的第一手资料进行全盘掌握，在可行性研究阶段决策中全面贯彻标准化建设成果，并对工程项目的建设标准进行统一。③实施反馈设计。基础设施建设部门要对领导协调作用进行充分发挥，使建设单位、监理单位、设计单位等多个单位之间能够无缝衔接所有工作环节和有关单位，并做到对意见、项目建设、运营的要求做到及时反馈，设计单位逐步消除常见的故障，总结、完善、整合创新，不断丰富基础设施标准化的概念，拓宽基础

设施标准化的应用范围。

(三)把握重点、落实措施、加强深度管理

长期以来，一直存在这样的问题：难以进行的政策管理、过度的设计变更、过高的估计值以及其他问题深刻困扰着我们在电力工程建设上的突破。为了克服管理的瓶颈期，势必要对工程项目进行排序、原因分析、重点研究、采取措施。加强源头控制的设计深度管理，有效缓解综合体的不利局面。

首先，我们需要深入研究预设计的深度。通过分析项目建设的困难，可以编写《输变电工程建设前期深度管理办法》，其编写的重点是在于对初步的计划和设计工作进行优化完善，避免由于计划原因而引起的不必要的矛盾纠纷。充分利用当地供电公司的自身优势，协助设计单位完善、优化工程项目施工现场的路线图，在工程设计方案中评估路线和拆迁补偿工作，形成风险管理政策和评估报告。设计和建造单位准确地捕获和分析土地征用和拆迁补偿，以及大幅提高金额、类别、补偿标准的资金筹集，以确保对于投资能够做到相应的控制。其次，对设计的深度进行初步深化。严格遵守国家电网公司输变电工程设计深度规定，深化和完善设计方案的深度要求，初设已达到施工图的设计深度；我国已完成了能源转换和输电工程工艺设计的标准化。成果在总体设计中的越来越深的应用为推广和应用我国的工艺设计标准化结果奠定了坚实的基础。输变电工程，全面提高建造技术和输变电工程质量水平。

三、加强质量控制优化材料用量

项目的实施阶段是建筑实体的形成阶段，也是各方面造价成本消耗的主要阶段。电力工程项目的工程量较大，涉及范围较广，存在的影响因素较多，建设周期也相对较长，政策的波动较大等。为了提高工程项目的施工质量，控制工程造价，最大程度地提高投资收益，必须在工程执行阶段对工程建设的管理和监督进行强化，从而加强对工程建设成本的综合控制。由于电力工程项目的建设工艺复杂以及影响因素较多且存在很大的波动，在项目实施阶段经常会出现一些意想不到的成本。

首先，有效控制工程变更和项目的现场签证。在对工程项目进行建设施工的过程中，不可避免地要进行工程变更和现场签证，但必须进行有效遏制。对设计变更管理进行强化，在设计阶段的早期，尤其是对于影响项目成本所产生的重大设计变更，要对于设计变更进行尝试性的控制，采用会计核算的方法再进行变更解决，以使设计成本降低，使项目得到有效控制。

其次，对工程施工图的预算进行严格审查，并根据施工图设计进度计划和现场实际

施工进度,并对施工图预算进行及时核对。对于施工计划设计部分预算超过相应概算时,有必要进行详细分析,找出产生的原因并及时与项目负责人进行问题讨论,并对控制目标进行及时调整或整修,对项目实施动态控制。

再次,前往现场,在现场进行施工相关资料的收集与掌握。另外,加强物资设备的采购和供应,控制物价。构成工程项目造价的主要原因是材料成本。依照资料,一般建筑工程中的材料费成本约占60%~70%,并且还在不断呈现上升趋势。由此可以看出,如果材料选择是经济和合理的,则它在降低成本方面能够起着重要作用。

工程造价管理是一项高度技术、专业化工作,涉及投资决策、项目设计、施工以及工程实施等所有阶段,相关电力工程建设必须改变其观念,参与建设项目成本管理,积极创造相应的条件,对建设项目成本的合理确定和有效控制做出贡献。同时,对于动态造价管理应进行强化,对于市场所展开的公平竞争进行正确性的引导,遵循客观市场运作规律,确定和调整经济政策,并发布相应法律法规,以体现动态管理在总体上稳定电力设备和材料价格,更好地利用工程造价管理,提高电力工程造价管理的整体水平。

第三节 工程精细化管理理论

一、质量管理

质量管理为一个体系化的工作,指的是一个系统化的全过程,是在对质量方针、目标和相关职责进行界定的基础之上,借助比较完善的质量体系,依托其体系中的质量策划、控制等等,以及对于质量保证和改进的协调,按照一定的计划,依照一定的原则,通过各种管理活动的实施,确保质量始终处于一个比较高的水准,实现预期的质量诉求的各种活动的总和。质量管理由来已久,其经历了三个大的发展阶段。20世纪以前,人们对于质量管理的认知不足,这个阶段也被称为质量检验阶段,这个时候,质量取决于操作人员的水平和技术。进入20世纪以后,美国数理统计学家W.A.休哈特提出控制和预防缺陷的概念,其借助数理统计原理,在研究的基础之上,创造了产品质量管理的"6σ"法。同时,美国贝尔研究所也进行了创新,将抽样检验运用到质量管理中,随后为了确保武器弹药的质量,将数理统计推广开来,由此开始,质量管理进入到统计控制质量阶段。20世纪50年代以后,人们对于质量有了全新的认知,对产品质量的要求也变得更加全面和多样化，这个时候，开始进入到全面质量管理阶段。

（一）质量管理概念

质量即产品在使用时能满足客户需要的程度。在社会、科技不断发展的今天，人们对于质量的要求程度也是不断提升的。任何事物由于所处情况、所处时间的不同，好坏也是相对的，质量同样如此。在ISO9000质量管理体系里，质量定义为一组固有特性满足要求的程度，对质量管理体系而言，质量既可以指零部件、软件、或服务等服务产品的质量，也可以指某项活动的工作质量，还可以指企业的信誉的良好程度。质量不仅是指生产的产品质量，还包括工作、工序的质量。质量管理过程中，是对五大因素，即人、机、物、法、环的管理。

1. 人的质量管理

人是工程施工管理的主体，在工程建设中需要进行计划、决策、管理、操作等工作，是工程建设质量高低的决定性因素。人为因素很重要，管理人员的知识水平、专业素质及技术含量等直接决定产品的质量的好坏。因此，需要重点管理"人"。注重人才的选择，综合考虑人员选择过程中需要具备的特质，才能够提高工作效率，降低操作错误率，降低成本，提高利润，使人员发挥其最大的工作能力。首先，为使企业整体人员都拥有管理意识，需要不断完善企业管理制度，并对相关人员就行培训。其次，严格审查人员证件，防止替代和无证上岗，确保责任落实。最后，为提高和激励核心技术人员和专业操作人员工作水平，要定期对工作技术和管理技术进行探讨。通过全面的管理与审查，将"质量第一，预控为主"的理念深入到全体工作人员中。

2. 材料的质量管理

材料是构成工程实体的基础，是保证质量的基石，是消除质量隐患的根源。为保证建设工程的材料质量，应对原材料、半成品、成品及其他零件材料进行经常检验。企业应该制定严格的材料采购、检验、使用制度，按照正规程序、与正规厂家进行合作，切不可贪图一时利益，造成安全事故；不可忽略任何一项材料的检测，每批材料都要按照规定进行严格的质量检验；建立健全材料管理制度；

3. 机械设备的质量管理

在现代工程施工过程中，机械设备是开展工程活动的必备工具。机械设备的性能与质量直接决定了施工速度和施工质量。因此，在施工过程中开展精细化管理，必须根据工程自身特点选择最适合的机械设备，并制定详细计划，合理组合、安排施工机械进场；其他材料和机械设备等具体质量要求执行相关技术标准、规范；采用新的施工机械进行施工；建立健全机械设备管理制度，实行"人机固定"的管理规定，由专人持证操作机械设备，实现定岗定位责任制。

4. 施工方法的质量管理

对施工方法的质量管理即为对施工计划和施工操作的管理。正确的施工操作是保证施工质量的关键。工序控制一般分为实测、分析、判断、验证四个步骤。工序质量能更好对过程进行事中控制，使之不偏离管理目标，因此，施工工序是施工质量管理的重点。因此控制要点如下：明确工序质量目标标准；重点控制关键工序；建立质量控制点；主动控制与动态控制的有机结合。

5. 工程环境的质量管理

对施工环境的质量管理包括对技术环境、管理环境、工作环境等影响程度较大的三大因素的管理。工程技术环境，指地形地质、水文、气象等客观存在的硬件环境；工程管理环境，指质量保证体系、管理措施、管理制度等根据施工单位实力不同而表现不同的软件环境；工程劳动环境，指劳动组合、劳动工具、工作面等具体的工作条件环境。

从我国现阶段的质量管理整体发展来看，质量管理虽然已经有了很好的发展，但其作用和价值仍然没有充分发挥出来，要想更好地推动质量管理在我国企业中的进一步深化和发展，需要做的工作还非常多，这既需要政府相关部门的努力，也需要企业自己转变管理理念，提高质量管理在企业管理中的地位和价值，全面推广质量管理的应用。

（二）质量管理特征

在工程质量管理过程中，不仅包括对工程实体质量的管理，还包括对工程计划、决策、施工、检验、审查等方面的质量管理。尤其在施工过程中，对操作工序的制定与管理是保证施工质量的重要途径。操作工序是组成施工过程的基本要素，施工工序紧密连接，规范合理，才能够提高工作效率，提高生产质量和产品质量。电力工程作为一种特殊的产品，在质量管理中存在以下特征：

1. 影响工程质量的因素多

在工程施工质量管理中影响因素虽然集中在人、机、物、法、环5个方面，但是，不同工程的特点不一样，影响因素的侧重点也各不相同。从宏观方面的人、机、物精细到施工工序、标准、制度等，都会对工程施工质量产生很大的影响，有的严重到产生事故。

2. 质量波动较大

大多数工程都是在户外施工，尤其是电力工程项目，基本都会选择在偏僻的山里或郊外，恶劣的自然环境，很难开展施工，有可能引起施工变异，质量降低，不符合原本设计要求，从而导致事故发生，造成人员资金的损失。

3. 检验手段存在局限性

工程施工中存在很多隐蔽工程，如在电力工程建设中，基坑、埋线等，而工程项目其中的一个特点便是周期长，因此，若没有及时对隐蔽工程进行检查，后续工序又就会将其覆盖，则无法判别隐蔽工程质量，留下质量隐患。

4. 工程实体不能拆除检验

一般工程项目，尤其是大型特大型工程一旦建成，完成部分无法像其他工业产品一样拆除检验，因为拆除过程不仅成本耗费巨大，过程中可能由于受力不均匀而发生其他坍塌等事故。但是，施工工序和施工过程的复杂性，以及人为因素而造成的其他不合质量规定的偏差，是工程发生事故的风险增加，最终导致悲剧的发生。因此，在工程建设中，一定要及时对隐蔽工程进行验收，并对施工中工人的工作进行严格监督，定期召开技术会议，对施工中存在的问题及时讨论解决，对工人的技术理论知识进行培训与考核，是保证工程质量，是其顺利达标并投入运营的必经途径。

在对电力工程的特点进行研究后发现，由于技术手段有限，很多质量检验工作无法按规定完成，针对这些特点，分析得出，在电力工程项目质量管理中，其存在以下特点：

（1）预防性

任何事物在实施前都应该做好预防工作和计划，消除可预料风险及隐患，降低工程事故发生率。

（2）动态性

质量管理的过程是一个动态的过程，在质量管理中需要不断调整管理计划和方法，以适应不断变化的环境、施工情况和实际需求。

（3）控制延续性

企业生产中对质量的控制不仅仅停留施工中，还包括前期的施工计划、材料采购、安全防护等，以及竣工后验收前对已完工程实体的保护等，贯穿于整个工程建设过程。

（4）重视第三方参与

目前我国很多工程开始采取类似 EPC 模式的醒目管理方式，项目参与方主要是建设单位和承包单位，虽然这样的模式减小了沟通协调的阻力，但是对双方，尤其是承包方少了一份约束。大型建设工程项目本身技术难度高，若在建设过程中拉入第三方，如技术咨询单位，监理单位等进行技术辅助与监督，则会为工程施工提供科学有效的帮助与支持，能够强有力的控制施工进度和质量，为工程项目的顺利完工贡献巨大的力量。

（三）质量管理原则

对质量管理的概念和特征基本了解后，在质量管理过程中还需要清楚其原则，才能对工程制定针对性措施。原则应遵循以下五点：

1. 质量第一

企业服务的首要宗旨是保证产品质量，质量是企业信誉的标识牌，是企业的核心原则。没有质量保证，企业等于在是市场中失去竞争力，无法立足。

2. 预防为先

在质量管理特征中提到，工程实体不能随意拆除检验，尤其在工程项目竣工完成后，工程核心部分不能拆除，如在检验过程中发现重大的质量问题，只能对工程进行重建，而对于核心部分出现的质量问题而言，全部工程将需要修补甚至推倒重建，这种情况不仅是经济的巨大损失，更对社会造成很大的影响，同时也使客户失去了对该工程相关单位的信任程度。因此，实体质量管理必须事无巨细，任何小事故都不能忽视，任何大事故都不能出现，务必从源头上消除质量隐患。

3. 以人为本

在质量管理的概念中提到，"人"是影响工程质量的第一因素，工程项目从开始策划、计划、决策、施工到竣工完成，人是一直参与其中的，人在整个过程中需要监督质量，需要对整个工程负责任。因此，在质量管理中，应该"以人为本"，保证人人能参与到质量管理中，进而保证工程质量。

4. 坚持质量标准

只有严格执行质量标准，不合格工程必须返工至合格为止，实事求是，如实反映工程质量，才能保证工程质量，否则任何管理与试验检验都是一句空话。

5. 严守职业道德

质量管理过程中应坚持科学，客观、公正的态度，遵纪守法，实事求是，不存私心，具有良好的职业道德操守。

二、精细化管理

（一）精细化管理概念

现代企业发展过程中，随着其生产技术的不断进步，管理也必须不断改进，以适应企业的发展，因此，先前的粗放式管理模式已经不再适用于企业，在资源匮乏的今天，节约成本，降低消耗，提高质量，才有利于企业的长期发展。为达成这个目标，精细化管理被引入到企业的管理中。因此，质量精细化管理理念就引入到企业生产过程中，成为保证生产、产品质量并降低生产成本的重要手段。精细化管理是科学管理的其中一种，是在规范化管理的基础上发展的，是规范化管理的深入与升华，是社会分工的产物和必要要求，是社会管理发展的必然趋势。

对人员而言，精细化管理是指合理安排人员工作，使其在合适的岗位上发挥最大的效能，并落实责任；对物而言，是指合理堆放、使用材料，正确使用机器设备，简化操作工序，提高生产速率；对环境而言，是指保证生产环境和安全环境，创造最佳的生产条件。精细化管理要求企业精确定位、精益求精、细化目标、细化考核。"精确定位"是对每位职员职能职责的定位；"精益求精"是在每道工序上尽量做到最好，高标准、高要求完成每项任务；"细化目标"是将总计划分解成每一阶段的小目标，逐步完成每个目标，最终按计划按质量完成总任务；"细化考核"是指要制定具体考核制度，奖惩明确，才能有效激励员工提高工作效率，改进操作工序。

精细化管理，即以制定精细目标与计划、实施精细操作为基本原则、强化管理中的各个细节，去粗去伪，留精留细，并不断强化这个过程，加大协调沟通力度，通过严格的管理制度改变员工拖沓、迟到早退、不能按时完成任务等不良习惯，进而提高和改进企业整体管理效益和管理方法，通过精细化管理后，实现企业降低成本、提高质量和利润的目标，最终大幅度提高企业在行业中的竞争力。

不断改进管理体制和方法是每个企业的必需工作，根据企业自身的特点，不断修改和完善本企业的管理制度，建立特色的企业管理制度，是企业长期立足激烈竞争的市场中的武器。评价质量的优劣是企业自身所决定的，更是使用产品的用户所评判的。因此，尽可能满足顾客对产品的要求，以提高其满意度，以客户的需求制定、简化工作流程，优化服务过程，是精细化管理在企业实施的目的。精细化管理的重点在于"精"，关键点在于"细"，但不能片面的关注"精细"，要从整体出发，从宏观角度审视企业特点，系统解决经营管理过程中的各关键环节及其主要控制点的匹配性。

（二）精细化管理特征

精细化管理是对细节的一种管理，强调"精"与"细"，强调的是与粗放式管理不同的一种管理思想，是不断改进与完善的一种管理理念。

1. 强调数据化、精确性

强调数据化、精确化正是体现了精细化管理的科学性。数据是具体、精确、定量的分析事物的软工具。通过对数据的搜集、整理和分析，挖掘数据背后所隐藏的意义，对症下药，快速准确的制定、修改管理体制，提高管理的科学性与精确性。同时，这些经过数据化的资料可以为决策者提供决策建议和依据，可以为施工管理者提供准确情报，以判断施工过程中出现的问题，及时消除隐患，降低事故发生的可能性，优化施工工序，提高生产效率与生产质量，为企业创造更高效益。

2. 强调持续改进

任何事物都是在不断改进中完善的，是一个动态的发展过程，精细化管理也是如此。精细化管理是管理的深入与升华，在发展过程中还不断完善，在企业特色管理中，还需要结合企业自身特点进行修改，因此需要持续改进。持续改进、持续创新是精细化管理的关键与重点，在企业运行的每个环节中，管理都需要不断改进与优化，以匹配企业各阶段的发展速度与特点。精细化管理在持续改进中，才能在保证质量的前提下尽可能的降低生产与运营成本，提高工作与生产效率，挖掘更多增效潜力，不断挑战企业自身极限。因此，强调精细化管理的持续改进是持续改进产品质量的关键。

3. 强调以人为核心

"以人为本"是管理的核心，管理归根到底是对人的管理。管理的本质是利用有限的资源创造最大的效益，人才是企业发展的重要资源，但人的各种不确定性也是管理过程中很大的风险。精细化管理不只是各层领导的事，更是全体员工共同努力才能够实现的目标。精细化管理中对人的管理，即是针对性地安排每个员工在适合的岗位上发挥其最大的功效，挖掘其最大的潜力，在展现自己能力的岗位上积极工作，为企业创造更大的效益。但这些工作的前提是不断地完善管理体制，再精髓的管理思想也是需要人去学习并且付诸于实施的。

4. 强调创新

创新是经久不变的话题，大到国家、小到个人，都被要求不断创新。管理中更需要不断创新，不仅是迎合企业发展的需要，更是企业在行业中保持独特竞争优势的要求。精细化管理虽不是一种完全的创新，但是在管理的基础上提取出来的，除具有管理的基本特点外，还有自己独特的管理特征，因此，也是一种管理上的创新。在上述精细化管理的持续改进特征中，改进的本质仍是创新。实施精细化管理的过程就是一个不断改进、不断推出新思想、不断创新的过程。企业管理中没有创新，则无法改进，即使改进，效果也是微乎其微，不能为企业提升效益作出很大贡献。因此，企业精细化管理中需要不断创新，在创新中不断改进，不断进步，最终取得降低成本与提升质量的双重收获。

5. 思考系统化

精细化管理在于对细节的管理，但这种管理是从企业全局的目标出发，不仅考虑眼前利益，更要考虑长远利益，以提高管理效率，规范化流程。

6. 工作细化

工作细化的关键在于落实责任，除上述思考系统化外，还要细化到日常的工作生产中，将日常工作、生产制度化、标准化，在问题发生时及时分析了解起因并采取相关措施，实现工程项目管理安全、质量、进度、费用的四统一。

7. 工作量化

不可否认,在生产过程中,定量指标比定性指标更能给人以指导和建议,更能有效地衡量与检验生产目标与计划的完成情况。

8. 业务优化

优化资源配置、优化工作流程、优化生产技术、优化监督考核、确立成本优化的指标。

(三)精细化管理原则

上述精细化管理特征中强调以人为核心,人是管理的主体和实施者,因此,在精细化管理的原则中,重点还是人在管理过程中应该遵循的原则。本文在探究国内外研究相关研究并结合实际工程项目后,总结出在精细化管理实施过程中,人应遵循以下原则:

1. 设计原则

在精细化管理体系时,不仅要综合考虑电力企业的特点及管理现状,还要遵循一定的设计原则。具体设计原则主要有全员参与原则、绩效导向原则、以人为本原则和闭环管理原则。

2. 全员参与原则

全员参与,即全员参与管理,管理面向全员,实施企业全员管理战略。构建精细化管理体系,坚持全员参与的原则,就是要树立"工作上精细管理、技术上精益求精、经营上精打细算"的精细化管理思想,拓展员工立足专业,注重细节,做到"业务工作求精求实、制度措施求全求细、标准要求求严求高",全员、全过程、全方位加强精细化管理,切实堵塞管理漏洞。

3. 绩效导向原则

绩效导向原则,就是要贯彻落实电力企业"降本增效、堵漏增收"精神,探索内部绩效考核的方法与体系,将员工利益与企业利益紧密联系,对重要岗位的管理人员、技术人员定期进行理论与实践培训,并通过奖惩分明的激励制度调动各岗位员工工作积极性,根据生产需要不断改进管理体制,奉行"精简节约"理念,通过高效的管理达到降低成本、提高效益的目的,将精细化管理理念深入人心。

4. 以人为本原则

无论是在质量管理中,还是在精细化管理中,"以人为本"是一直在强调的原则。管理的主体是人,对人员有效的管理是精细化管理成功的关键。构建精细化管理体系,坚持以人为本的原则,首先,要坚定人人平等的概念,普通员工也要参与到管理工作中。其次,要培养并提升员工的基本素养,使其在工作中保持勤俭节约的良好习惯。最后,改善员工的生活、生产条件，优化员工福利，增强员工对企业的信心，为企业更好的服务。

5. 闭环管理原则

闭环管理是把全公司的产—供—销管理过程作为一个闭环系统，即对生产过程的各个细节进行专业化管理，将人、机、物、法、环等五个基本因素和进度、质量、成本等三个目标纳入其中，建立精细化管理体制，在坚持闭环管理的原则上，及时反馈正确信息并做出相应改革，使矛盾和问题得到及时解决，促进企业超越自我不断发展。

三、工程施工质量的精细化管理

（一）工程项目的实体质量

实体质量主要是：项目的施工质量、安装的设备工程质量、设备质量等；按照项目划分的单元组成情况看包括了各分项工程质量、工序质量、单项和单位工程质量等。

（二）工序质量

工序质量是指工序能够稳定地生产合格产品的能力。工程项目功能和使用价值质量由于工程项目的性质不同，业务的需求也存在不同水准，功能和使用价值质量，没有固定或统一标准。应体现在如下方面：项目运行后，项目的产品质量是否达标，项目能否达到预期的产出效益，能否在安全性和稳定性上达到预期的效果；项目的总体结构框架和项目施工的安全性；企业的采购的材料质量、设备运行质量以及他们的使用寿命情况；项目的整体结构，景观造型、四周的环境与配套设施。项目的运行维护成本，其它的费用额外支出等。

（三）工作质量

工作质量是工程项目的从业者，按照行业的参考标准，在一定时期内完成的工作量。这个标准很重要，不同的行业质量要求决定了不同的标准。

在施工质量管理中，精细化管理的作用尤为重要，尤其是电力工程施工项目，其涉及到众多的企业和普通民众，电力工程项目在工程建设项目中具有其独特性，受到其行业特点的影响，其管理也体现出自身的特点，具体如下：

1. 投资规模大，管理压力大

作为基础产业中的重要行业，电力工程项目往往需要巨大的资金投入，相比于其他行业，电力工程项目资金投入规模巨大，整个工程周期也往往比较长，这也给电力工程项目建设管理带来了巨大的挑战，增加了管理的压力，这是电力工程项目管理的显著的特点之一。

2. 物资多样化，管理要细化

具体看电力工程项目，其物资在整个电力工程建设中的比重非常高，而且物资的种类也非常多，加之受到电力工程项目建设过程中对各种物资的需求数量的极大差别，一旦管理不到位，可能会影响到施工进度、施工质量，延误电力工程建设进度和质量，这就给管理带来了严格的内在要求。

3. 部门协作广，信息化建设要求高

电力工程项目建设受到其投资规模巨大的影响，加之各种设备比较多，有着极强的专业性分工，这决定了电力工程项目涉及到多个不同部门和单位，因此电力工程项目管理也就需要对不同的单位进行更多的协调和沟通，以便为电力工程项目的顺利推进提供更好的帮助。再者，电力工程项目周期往往较长，本身也需要协调不同工作的衔接，做好不同人员之间的调配，这些也离不开信息化的帮助。总体来看，电力工程项目管理对信息化的要求较高，这和电力工程项目建设自身的特点密切相关。

4. 影响力巨大，管理要求高

大中型电力工程，往往都是国家以国民经济整体发展为考量、依托国民经济发展整体规划而做出的决策，涉及到社会的各个方面，体现出巨大的影响力。此外，电力工程项目建成以后，其能够发挥出对于经济社会各方面的巨大的推动作用，为经济社会发展提供强有力的保障，这也是其影响力的一种外在体现。

5. 复杂易变，不确定因素多

电力工程项目管理贯穿于项目全过程的始终，受到电力工程项目本身的特性的影响，在电力工程项目全过程中，存在着很多的不可预见的因素，这也导致电力工程项目管理复杂易变，需要面对很多不确定因素的考验。

在许多学者看来，电力工程作为事关国计民生的重要行业，在施工质量管理中引入精细化管理理念，可以极大提升电力工程施工质量管理的实际效能，为整个电力行业工程整体质量提升提供了很好的理念指导和思维支持。

在整个电力工程项目中，施工阶段尤为重要，因为前期决策准备、后期验收等工作，其时间相对充裕，计划性等得到保证，受制约的因素相对较单一和简单明了，但是施工阶段一般受目标性工期等因素的影响，而且一旦开工建设，自然气候、现场条件、设备交付、设备质量、设计情况、施工人员素质、技术水平等影响因素较多较集中，管理的作用就彰显出来。良好有序的管理，全面全过程的管理，可以使施工工期、施工质量等得到一定的保证，而精细化的管理，更是保证施工质量乃至整个工程项目质量的重要手段。

电力工程项目施工质量精细化管理作为未来电力工程项目质量管理提升的一个全新

的渠道和思维，已经开始逐步在电力工程建设中得到运用，随着其对于施工质量管理效能作用的不断发挥，赢得了更多的电力工程施工企业和建设企业的认可，这为其赢得了进一步发展的空间。未来随着精细化管理理念在电力工程项目施工中的进一步深化，其必定能够为电力工程项目质量的优化管理带来更多的助力。因此，精细化管理在电力工程施工质量管理中的运用，就成为电力工程施工质量管理质的提升的保障，为其提供了正确的渠道。

第四节 工程施工质量精细化管理模式

一、施工质量的精细化管理模式分析

管理模式指管理所采用的基本思想和方式，是指一种成型的、能供人们直接参考运用的完整的管理体系，通过这套体系来发现和解决管理过程中的问题，规范管理手段，完善管理机制，实现既定目标。管理模式的定义是：从特定的管理理念出发，在管理过程中固化下来的一套操作系统。可以用公式表述为：管理模式 = 管理理念 + 系统结构 + 操作方法。

在现在的工程项目质量管理模式实践中，精细化管理模式是一个全新的趋势。通过应用细化管理模式，可以体现出质量管理更高的针对性，针对性的提高必然带来质量管理效能的提升。这既是现代工程项目质量管理的普遍做法，也是工程项目质量管理的内在发展要求。因此，在电力工程中实施精细化管理模式是很有必要的。

实施施工质量精细化管理模式是一个系统的工作，不能凭空而为，而要制定出科学的细化标准，将其上升到战略的高度，高度重视实施质量精细化管理模式的工作，切实实现应用质量精细化管理模式的科学性，体现出质量精细化管理模式的更高价值，发挥出其对于施工质量管理的作用。具体实施施工质量精细化管理模式的步骤应该是自上而下的，领导层级具体负责质量精细化管理模式的制定与操作，进行宏观指导，下级则具体负责执行质量精细化管理模式的工作，上下协力，才能够真正将施工质量精细化管理模式的应用做到实处。

电力工程的施工质量精细化管理模式是在一定时期内指导项目管理者质量精细化管理工作的运行机制、组织机构、职能要求和质量精细化管理措施的总称，通过施工质量精细化管理模式化，使项目管理者及相关管理者自身工作规范化、程序化，使质量精细化管理有章可循、有据可依。电力工程施工质量精细化管理模式所依据的思想体系是施工质量管理思维模式，电力工程施工质量精细化管理模式创新的关键是：①运用质量管理理论设计施工质量精细化管理的思维模式，即管理理念；②在施工质量精细化管理思维模式的指导下设置内部结构，保障将思维模式付诸实施后施工系统能出现精细化管理模式的运作结果，即系统结构；③寻找促成运作精细化管理模式实现的方法，即管理策略。

电力工程质量精细化管理的系统化、规范化，需要在国家层面的施工质量管理体系下，形成以项目经理为核心，各方参与的质量精细化管理模式，其中包括：项目班组的质量精细化管理模式、设计施工质量精细化管理保证模式、监理质量精细化管理监督模式。设计施工质量精细化管理保证模式和监理质量精细化管理监督模式应与项目班组的质量精细化管理模式配合，以整个工程的质量精细化目标为核心来建立。

电力工程施工过程中实行质量精细化管理模式势在必行，因为其对中国经济和技术的进步发展有着重要意义。施工质量精细化管理，是在施工质量管理的基础上提出的，是其深入与升华。"精"是精确，是高水平的工作标准要求；"细"是细节，是管理的过程和措施。施工质量精细化管理的实质是明确管理目标，落实责任，提高工作效率，提高质量。在电力工程施工中实行质量精细化模式是我国社会主义建设的必然要求，有以下优势：①推行施工质量精细化管理模式有利于电力工程建设的持续和谐发展。目前，粗放式管理模式和观念是阻碍电力工程建设大力发展与提高利润的主要问题，尤其是从事电力工程建设的人员虽多，然而专业人才却不足；其次，在这种观念下，质量管理意识较差，难以到达生产过程的标准，导致生产质量普遍不高。大力推广精细化管理模式的理念，提高施工班组人员的质量管理精细化意识，并培养相关专业管理人才，精简业绩不达标、才能不能胜任本职的人员，定期检修设备，对有老化、使用不安全的设备及时替换，细微之处也不能懈怠管理，尤其是在质量中推行，才能推动质量精细化管理模式在电力工程施工中的应用，才能不断推动电力工程建设的和谐发展。②推行施工质量精细化管理有利于提高电力工程建设中各方执行能力。质量精细化管理的有效性在于其制定的计划、体制等的执行情况，执行力度强，人员能够严格遵循，则电力工程建设能向更强的方向发展；反之，执行力度小，人员不遵守，不按计划进行工作，导致施工效率低下，后果则是电力工程建设一步步走向衰亡。因此，在电力工程施工过程中，规范化、科学化、标准化质量管理流程，明确、细化目标、计划、制度后，严格执行，奖惩明确，是推行施工质量精细化管理的必然要求，反过来，推行施工质量精细化管理也会提高项目班组及其他参与方的执行力度。③推行施工质量精细化管理有利于提高电力建设施工企业市场竞争力。上述推行施工质量精细化管理有利于电力工程建设的发展及提高项目管理领导班组的执行力，这些优势的本质其实是要提高电力工程施工企业的市场竞争力。电力体制的不断改革就是为了适应市场的发展并在激烈的竞争中取得胜利。竞争取得胜利的条件一要节约资源，二要降低成本，三要保证质量。这三点的实现就需要精细化管理的帮助，即在细微之处仍然不能懈怠管理，不能放过任何一个管理漏洞，最终建立质量第一、资源最省、成本最低的电力企业，提高我国电力工程建设施工企业的整体竞争力。

二、施工质量的精细化管理模式构建

为了更好地推动工程项目施工质量管理效能的进一步提升，借助质量管理更好地推动项目的进一步深化，本文对精细化质量管理进行了细致的研究和分析，构建了精细化质量管理模式。通过精细化质量管理模式，是项目施工质量能够获得更好的质量管理方面的体系保障，确保整个项目实施全过程的质量始终处于较高水准。具体来看，其精细化质量管理模式主要由以下方面构成：

（一）质量管理诊断

以精细化思维作为指导，在具体的质量管理过程中，对质量管理进行诊断，对于工程项目质量管理全过程进行思索，在此基础上，借助精细量化分析，从而对整个工程项目质量管理的实际发挥出的效能以及质量管理的具体运作进行整体分析基础之上的精细分析。质量管理诊断是全面把控质量管理，对质量管理的实际效能做出科学评价的有效手段，也是发现质量管理中的不足和问题，更好地调整质量管理，推动质量管理不断优化，实现质量管理对项目工程全覆盖的必然选择。

作为质量管理的评估手段，质量管理诊断体现出其独有的价值和作用。在企业对质量管理越来越重视的今天，如何更好地对质量管理进行提高，成为企业需要认真思考的问题。作为工程项目，质量管理关系到工程项目的进度，事关工程项目能否按照计划完成，保证工程项目的高标准。因此，质量管理诊断就可以为相关企业和质量管理人员提供真实的质量管理状态报告，借助质量管理诊断，相关企业和质量管理人员能够对工程项目的质量管理工作有一个全面和基础的了解，便于更好地协调和改善相关工作，为质量管理工作效能的提升提供更好的借鉴和参考。

（二）质量管理战略细化

在具体的操作过程中，借助精细化的手段和思维方式，依据工程项目质量管理目标，对其具体的质量管理进行科学的分解，从而获得更加精细化的规划，通过切实有效措施，为精细化质量管理工作效能的提升提供很好的帮助。领导重视、宏观规划、下级执行、工作到位，只有这样，才能够体现出质量管理工作的协同性，为质量管理细化职能的发挥奠定基础，提供了便利的条件和帮助，为工程项目整理质量管理工作的进一步完善做出贡献。

（三）质量管控效能优化

在工程项目进行过程中，在构建精细化质量管理体系理念的指导下，要强化质量管控效能，注重质量管控效能全方位的发挥。只有不断提升质量管控的实际效能，才能够更好地发挥出工程项目整体质量管理的作用，为推动工程项目的顺利完成奠定更好的基础。

质量管控效能是一个质量管理系统化工作效能的体现，要是更好地对其进行优化，就要尽可能地实现质量管控效能的数据化，借助清晰的数据来体现具体的质量管控效能，这样能够更好地对质量管控效能进行调整和优化，达到预期的质量管控效能目标。

（四）质量管控流程再造

精细化质量管理不同于以前一般的质量管理，因此，其管理流程也应该有别于一般的质量管理，对质量管控流程严格管理，不断完善精细化质量管理的流程，借助流程的重组和优化，为精细化治理体系的构建和进一步完善提供更好依托。

质量管控流程具有规范性，一旦流程确定，整个的精细化质量管控工作就变得更加具体和规范，质量管理人员的工作也就有了更加明确的流程指导，这可以为质量管理人员节约大量的时间和精力，让他们能够全身心地投入到质量管理效能提升工作中去，更好地发挥质量管理对于工程项目的应有作用。

具体来看，精细化质量管理的流程再造，其实就是以相关的规范、标准要求为依据，以具体的质量管理工作需求为出发点，以工程项目质量管理全过程的精细化控制为目标，展开的具体的工作流程的调整和完善，以使其能够更加符合工程项目质量管理工作的高要求。

通过流程再造，科学地梳理精细化质量管理工作流程，并且在实际的工程项目进程中，依据工程项目进展中出现的质量管理的实际问题，对其不断进行优化，这是提升精细化质量管理效能的要求，也是最为合适的方法选择。

（五）质量管理信息平台建设

在这个信息飞速发展的社会，精细化管理更是不能忽略信息平台的建设。根据所建立的信息平台，可以动态的、随时的掌握电力工程建设过程中的各种问题，确保整个体系运作能够得到全方位的沟通支撑。质量管理信息平台也是将质量管理体系贯穿起来的关键和核心所在。

（六）规章制度规范化

精细化质量管理是一个系统工作，其需要具体的质量管理人员去执行，将其在质量管理工作中体现出来。因此，具体质量管理人员的工作效能和执行力就成为影响到精细化质量管理的重要因素。如何更好地提升质量管理人员的工作效能，更好地对其执行力进行约束和督促，就成为提升精细化质量管理效能和作用的关键所在。

要想更好地规范质量管理人员的工作，仅仅凭借领导是不够的，最好的做法是能够借助规章制度的作用，实现质量管理人员精细化质量管理工作的进一步发展。因此，规章制度规范化就成为精细化质量管理模式构建中的一个重要方面，其在精细化质量管理体系中扮演的是约束的角色，提供的是保障性的作用，其具体效能的发挥要通过与质量管理人员具体工作的结合来实现。

规章制度规范化其实就是在精细化质量管理模式中，以指导质量管理工作高效性、质量管理人员执行规范性为出发点，以提升精细化质量管理效能为目标，对质量管理人员在工程项目质量管理过程中的权责划分做出的科学的界定，为的是能够实现工程项目质量管理的精细化操作，这体现出的是规章制度在精细化质量管理模式运行和发挥作用中的重要基础性价值。

第七章　电力工程合同与信息管理

第一节　电力工程合同管理的主要内容

一、工程项目合同管理概述

（一）工程项目合同管理的概念和目标

1. 工程项目合同管理概念

工程项目合同管理是指对工程项目整个过程中合同的策划、签订、履行、变更及进行监督，对合同履行过程中发生的争议或问题进行处理，从而确保合同的依法订立和全面履行。合同管理贯穿于工程项目，从招投标、合同策划、合同签订、履行直到合同归档的全部过程。

2. 工程项目合同管理目标

工程项目合同管理直接服务于项目和企业的总目标，必须保证它们的顺利完成。所以，工程项目合同管理不仅是工程管理，还是企业管理的一部分。具体目标包括：

首先是保证整个项目在预定的成本和工期内完成，同时达到预定的质量要求。

其次是达到承发包双方的共同满意，即在双方的共同努力下，发包方对承包方的服务质量感到满意；同时承包方对发包方提供的利润、得到的服务信誉感到满意，双方建立了彼此的互信关系。

最后是合同管理过程中工程问题的解决公平合理，符合企业经营和发展战略对其的要求。

（二）工程项目合同管理的基本原则

1. 合同当事人应严格遵守国家的法律法规，在合同管理的过程中坚决贯彻协商一

致、平等互利的原则

只有这样，才能维护双方的权利，避免引起合同纠纷等问题。

2. 合同管理的过程中要实行各种权利既相互独立又相互制约的管理原则

工程项目中行使的权利包括调查权、批准权、执行权、监督权、考核权等。同时在工程项目管理机构的设置上要完全杜绝个人或一个部门权力高度集中的情况发生。合同管理的过程要做到有岗位就要监督，有权力就要制衡。

3. 实行分类归口的合同管理原则

当涉及多个子合同时，必须按合同性质将其分类归纳到一个部门进行统一管理。这样就避免了多头管理及权责不清等情况的发生。

4. 坚持合同管理全过程的审查及法律咨询原则

在合同管理的各个阶段都必须以实施承办部门为主、同时领导逐级审查原则，同时尽可能在公司内部成立相关的法律咨询顾问机构，从而可以实施对合同的全过程监督及咨询，保证合同执行中的合法性。

5. 合同至上原则

在项目的执行过程中，必须严格按照合同规定办事，任何时候都要奉行合同至上的原则。

（三）合同管理在工程项目管理中的作用

1. 合同管理是实现工程项目目标的手段之一

工程项目的目的是实现成本、质量和工期的预期目标，只有在合同中明确规定整个项目的各个阶段、内容，明确各方的权利和义务，才能有效地实现工程项目的目标。

2. 在整个工程项目中，合同管理起到监督和执行的职能

这个职能主要体现在参与各方能不能严格按照合同规定来履行义务和实现权利。

3. 合同管理是整个工程项目管理的核心

合同管理贯穿于整个项目管理中。任何一个工程项目的实施都是以签订一系列承发包双方合同为前提的，如果忽视了合同管理就意味着无法对工程的质量、进度、费用进行有效地控制，更无法对人力资源、工程风险等进行管理。所以，只有抓住合同管理这个核心，才能统筹调控和管理整个工程项目，最终实现工程项目目标。

（四）工程项目合同寿命期的阶段划分

1. 合同总体策划

在我国现行的工程项目管理体制下，业主在工程的建设和管理中处于主导地位，所以，业主的合同策划在整个合同策划中起着主要作用，而承包方的合同策划则处于从属

地位，直接受业主的合同策划的影响。

（1）业主的合同策划

一般包括以下四个方面的问题：

①工程项目承发包方式及合同范围的确定

随着现代科学技术的发展，工程建设项目在规模、技术等方面都发生了很大变化，所以，工程项目业主需要根据自己的管理能力、工程项目的具体情况，以及其对工程项目管理经验的不同，综合考虑适合该工程的承发包方式和合同范围，以达到降低成本、缩短工期和提高工期质量的目的。

②合同类型的选择

合同类型不同，相应的应用条件、合同双方的权利和义务分配及承担的风险也不同。合同类型有总价合同、单价合同、成本补偿合同、目标合同。

③合同条件的选择

合同条件是合同协议书中最重要的部分之一。合同条件的选择一般应注意以下三个问题：首先，应尽量使用标准的合同文件。其次，合同条件的选择应与合同双方的管理能力相符合。最后，选用合同条件时应考虑，如F1D1C施工合同条件等的制约。

④其他问题

在合同的策划中，如确定资格预审的标准、最终投标单位的数量等，都是业主需要优先考虑的问题。

（2）承包商的合同策划

承包商作为工程项目中重要的一方，在合同策划时应考虑以下三个方面的问题：①根据自身的经营战略要求，选择投标项目。②准确及时地进行合同风险的评价。承包商在承包工程项目时，必须对该工程项目进行风险评估，如果风险过大，就要综合考虑，看公司的财务能力等是不是能够承受。③选择恰当的合作方式。

（3）合同总体策划的步骤

合同策划的一般步骤有如下：①确定企业和项目对合同的要求。②确定合同的总体原则和目标。③在分析研究项目的要点和问题的基础上，提出相关的合同措施。④协调工程各种相关合同。

2. 招投标合同管理

工程项目的主要任务都是通过招投标实现的，合同的实质性内容在招标文件中都已体现，招标结果确定了将来签订合同的基本内容和基本框架。因此，招投标合同管理在整个合同管理体系中显得十分重要。招投标合同管理主要包括以下四个方面的内容：

（1）工程项目勘察、设计招投标合同管理

工程项目勘察、设计合同的签订是在确定中标人（承包商）之后。该合同的签订必须参考相关的法律法规，如《中华人民共和国建筑法》《中华人民共和国合同法》《建筑工程勘察设计管理条例》等。

（2）工程项目监理招投标合同管理

监理合同，即委托合同。主要是业主委托监理单位，为其所签订的合同进行监督和管理。委托标的物为服务，受托方（监理单位）一般为一个独立机构，拥有专业的知识、经验和技能。在监理合同的制定中，必须明确监理人的权利和义务，如在其责任期内，若因为过失造成经济损失时应承担的责任等。

（3）建设工程施工招投标合同管理

该合同是工程合同中的主要合同之一，其规定了工程相关的投资、费用和进度等要求。在现代化市场条件下，招投标合同签订的好坏直接影响到将来工程的实施情况。建设工程施工招投标合同的管理内容主要包括施工合同双方的权利和义务、工程报价单、工程量清单、对工程进度控制条款的管理，以及对工程质量控制条款的控制等。

（4）评标过程中的合同管理

评标是招投标合同管理中最重要的一项。在21世纪初颁布的《评标委员会和评标方法暂行规定》中规定准备、初步评审和详细评审为各行业必须共同遵守的三个评标基本程序。《招标投标法》规定投标人应符合下列条件之一：①能够最大限度地满足招标文件中提到的各项综合指标；②能够满足招标文件中提到的实质性要求，同时评审其投标最低价格，但投标价格不能低于成本。

我国工程评标的主要程序由初步审核、资格审核、技术评审、商务评审、综合评审或者价格比较及评标报告组成。

3. 合同实施管理

（1）合同总体分析

合同总体分析中分析的主要对象是合同协议书及其合同条件；过程是将合同条款落实到带全局性的问题和事件上来；目标是用来指导工作，同时保证合同的顺利实施。

（2）合同交底

合同交底是通过组织项目管理人员及工程负责人了解和学习合同条文；熟悉合同主要内容和管理程序；知道合同中责任的范围，从而能够避免合同履行过程中的各种违约行为。

（3）合同实施控制

合同实施控制主要指参照合同分析的成果，对整个工程实施过程进行全面的监督、对比、检查及纠正的管理活动。合同实施控制的内容主要有落实合同计划、指导合同公证、协调各方关系、对合同实施情况的分析、工程变更与工程索赔管理等。

（4）合同档案管理

在合同的实施过程中，为避免自身合法权益受到损害，做好现场记录并保存好记录显得尤为重要。其主要包括合同资料的收集、加工、储存及资料的提供输出等。

4. 合同索赔管理

索赔在工程项目中经常发生，许多国际承包商总结出的工程项目经验是"中标靠低价，盈利靠索赔"，因此合同索赔管理也应引起项目管理者的特别重视。工程项目合同的索赔一般包括以下两种情况：第一，业主由于未履行合同对应的责任而违约；第二，由于业主行使合同赋予的权利变更而导致未知的事情发生。另外，在施工索赔中，要特别注意施工索赔提出的时效性、合法性及策略性。

5. 合同变更管理

合同变更管理是指在工程的施工中，工程师有权根据合同约定对施工的程序、工程中的数量、质量、计划进程等做出相应的变更。因为在大型的工程项目中承包商有权先进行指令执行，然后再对合同价款等进行相关的协商，而工程变更会带来一系列的影响。比如，延长工期、增加费用、工程量、合同价等都可能发生变化，所以对合同变更的管理是合同管理中的重要一项。

二、合同管理的主要内容

在电厂建设中，合同的使用范围是相当广泛的。由于经济额度大、技术质量要求高等原因，正式合同一般以书面形式出现，如合同书、信（函）件、数据电文（包括电报、电传、传真电子数据交换和电子邮件）等可以有形地表现所载内容的各种形式。合同内容无论从公正还是从自我保护角度出发都应充分、全面。

（一）施工合同

施工合同是指发包人与承包人签订的，为完成特定的建筑、安装施工任务，明确双方权利和义务关系的合同。在该合同法律关系中，发包人是建设单位（业主），承包人是承担施工任务的建筑人或安装人。施工合同属于双务合同，是对工程建设进行质量控制、进度控制、投资控制的主要依据。

施工合同的标的是建筑（包括设备）产品，建筑产品不能或难以移动。每个施工合同的标的都不能替代。电厂建设现场复杂、工作量大，施工人员、机械、材料都在不断变化，施工图纸繁多，技术难度较高，同时对施工的质量和工期都有较严格的要求，这些都决定了施工合同内容的多样性。

施工合同的履行直接影响着工程建设，特别是对建设工期的控制，大多数情况下取决于施工进度。所以在电厂建设中对施工合同管理非常严格：合同的内容和约定要求以书面形式出现，如果用其他形式，也以书面为准，如会议、协商、口头指令等均需事后形成书面文件。

施工合同又分为建筑施工合同（电厂场地平整、土木建筑和设备基础工程），以及安装施工合同（电厂机械、电气等设备安装工程）两大类。

（二）货物供应合同

电厂工程与一般的土木建筑工程有很大区别，其专项设备投资约占整个电厂投资费用的40%。设备的买卖合同对电厂投资非常重要，同时对电厂建成后的生产技术、成本、发电产量也起着决定性因素。此类合同数一般占整个工程总合同数的60%以上，不但数量多，合同内容也十分繁杂，有上万字的合同，也有不足一张纸的协议，都必须管理好。

设备供应合同以转移设备的财产所有权为目的，同时对性能重要或技术复杂及费用昂贵的设备还要在合同内约定设备出售过程中和售后的服务等内容。

①买卖双方当事人的基本权利和义务是交付设备与收取货款、接受设备与支付货款。②买卖合同是诺成合同。买卖合同以当事人意见达成一致为其成立条件，不以实物的交付为成立条件。③买卖合同中特别要对指定的交付地点做出明确规定。

（三）工程咨询合同

咨询合同是指具有承担咨询工作能力的一方为建设单位提供工程建设咨询意见或某种服务，而建设单位据此向咨询方支付报酬的协议。在国际上工程咨询是多方面、多方位的，覆盖面相当广泛。

①投资资金研究，如工程的可行性研究、项目现场勘察等。②项目准备工作，如估算项目资金、建筑设计、工程设计、准备招标文件等。③工程实施服务，如接受业主委托进行施工监理或项目管理等。④技术服务，如进行技术培训、管理咨询等。

1. 工程勘察及设计合同

工程勘察是指为工程建设的规划、设计、施工、运营及综合治理等，对地形、地质及水文等要素进行测绘、勘探、测试及综合评定，并提供可行性评价和建设所需的勘察成果资料，进行工程勘察、设计、处理和监测的活动。

工程设计是指运用工程技术理论及技术经济方法，按照现行技术标准，对新建、扩建、改建项目的工艺、建筑、设备、流程、环境工程等进行综合性设计（包括必须的非标准设计）及技术经济分析，并提供作为建设依据的文件和图纸的活动。

工程勘察、设计是电厂建设的基础工作，电厂的质量、生产成本、投资、进度均与设计紧密相连。可以说有个好的勘察及设计，工程就有了一半成功的希望。

建设工程勘察、设计合同是委托方与承包方为完成一定的勘察、设计任务明确双方权利义务关系的协议。建设工程勘察、设计合同的委托方一般是项目建设单位（业主）或建设工程承包单位；承包方是持有国家认可的勘察、设计证书的勘察设计单位。合同的委托方、承包方均应具有法人资格。

勘察、设计合同要符合规定的基本建设管理程序，应以国家批准的设计任务书或其他有关文件为基础。但在我国目前计划经济向市场经济转型过程中，存在很多实际情况，我们应根据我国的国情，在市场经济的原则下，既要努力进行工程的建设，更要按照国家有关法规积极、努力办理项目的各种手续。

2. 工程监理合同

按照国家的要求及国际惯例，电厂工程都需进行建设监理。监理单位依据建设行政法规的技术标准，综合运用法律、经济、行政和技术手段，进行必要的协调与约束，保障工程建设井然有序地顺畅进行，达到工程建设的投资、建设进度、质量等的最优组合。建设监理合同是建设单位（业主）与监理单位签订的，为委托监理单位承担监理业务而明确双方权利义务关系的协议。

监理合同是委托性的，是受建设单位（业主）委托后，监理单位具有了从事工程监督、协调、管理等工作的权利和义务，监理合同必须与施工合同、设计合同等配合履行，相互间不能有矛盾。建设单位要将监理单位的权利和义务相关内容告知施工或设计等第三方，同时应将施工合同、设计合同等告知有关监理单位。

3. 调整试验合同

电厂工程需要对设备、对系统进行调整试验，使之达到相应的生产技术指标后进入生产运行阶段。调整试验合同是调试单位凭借自身的技术、经验给建设单位提供电厂建设中运行试验的指导、咨询服务。在实际工作中，调试需要资质、技术上有相对的优势，调试单位不承担提供调试过程中电厂运行、试验所需的材料和正常工作情况下的设备、机具等。合同中的权、责视电厂的设备和调试单位的自身工作来划分，费用依此划分而确定。

（四）工程总承包合同

工程总承包合同是指建设单位（业主）就工程项目与承接此项目的承建商就工程的

全部建设或部分建设所签订的包揽合同。工程承包合同的工程范围相当广泛，它包括电厂的勘察、设计、建筑、安装及提供设备和技术等。因工作范围大，合同的履约期较长，投资较大，风险也大，当然利润就可能大。在国内，政府对电厂建设的承包控制较严，只有少数国内企业有总承包资质，在国际上有相当数量的公司有总承包工程的能力和业绩。目前，国内电厂建设中实行工程总承包方式的主要原因是：大多数设备由国外供货，投资方为外方或外方占有较大比例而进行工程总承包。

承包合同在价格方面有两种方式：固定总价合同和成本加酬金合同。为了及时正确评估工程造价、减少法律纠纷，一般采用固定总价合同。

（五）其他合同

1. 工程保险合同

电厂工程投资额度大、工程周期长，在建设中，设备、施工、设计时人身和设备都存在被伤害、受损失的风险。在国内以往的工程管理中，对此认识不足，以致损失频频。要转嫁、分解工程风险，签订工程保险合同是最佳的方法。工程保险合同是指投保人（建设单位）就工程建设中存在的风险，同保险人（保险公司）支付一定的保险费，在被保险人遭遇规定的灾害事故造成其财产毁损或人身伤害后，由保险人承担相应经济补偿或给付保险金责任而达成的协议。

工程建设涉及的保险合同包括财产保险和人身保险。在现阶段，电厂建设中常见的主要保险合同有：建筑工程一切险、安装工程一切险，以及附加的第三者责任险。每个险种所覆盖的范围可以是工程全部，也可以选择部分。考虑到工程的实际风险大小和保险业务费用的多少，有选择地投保是目前常用的办法。

2. 土地使用权转让合同

工程建设与土地的使用是紧密相连的。在中华人民共和国境内，城市土地属于国家所有，除此之外的土地除由法律规定属于国家所有的以外部分则属于集体所有。由于电厂厂区一般都与市区有一定的距离，建设中所取得的土地使用权，绝大多数是由政府依法征用转为国有土地后再将使用权有偿转让给电厂。

土地使用权的转让是一个政策性很强的工作。在当前的转让合同中，政府处于主导地位，企业基本上是跟从。但企业一定要注意合同手续的完备性，完善所有的法律文件，避免将来的麻烦事。要特别注意的是不要同集体签订大宗或长久转让使用权的合同。

3. 货物运输合同

在电厂工程中，大量的设备需由供货厂转运到工地现场并储存保管。这部分工作有时候是包涵在了设备供应合同或施工合同中，有时候又是独立成为一个合同。无论如何，这部分工作都需要在合同中明确。货物运输合同是由承运人将承运的货物送到指定地点，而托运人则向承运人交付运费的劳务性协议。特别要注意的是，在电厂建设中，设备的运输途中被损坏的现象屡见不鲜，对运输保险，特别是对关键货物的运输要购买足够的保险，以减少损失，保证工程顺利进行。

①货物运输合同大多数是国家有关部门制定的标准合同，这是因为目前国家对铁路、航空实行的是垄断经营，价格很难调整。公路、水路运输量占电厂货物运输的大部分，所以货物运输合同在电厂建设中主要是保证货物到达时间、保证运输途中的货物质量不受损坏。②如果货物的主要部件（如设备、材料等）是国内供应的话，对这些货物还存在日常联系、生产供应商跟踪问题。货物催交就是要使货物能按规定时间交付使用（或运输），因为目前大部分国内供应商都或多或少地拖延合同规定的供货时间。

鉴于上述两种情况，在电厂建设中，业主把货物运输与催交作为一个工作中不可分割的内容，也就是运输合同中包含有催交的责任及相应的权利及费用等。

4. 银行贷款合同

电厂投资主体已实现了多元化，资金的来源主要有三种渠道：①自筹资金（包括发行股票、债券等）；②向国外金融机构贷款（包括银行借贷）；③利用外资及其他渠道。作为企业来讲，总是希望大量使用银行贷款，尽量减少自有资金。

借款合同就是建设单位作为借款人从银行或其他金融机构取得一定数量的资金（货币），经过一段时间后归还相同数额的金钱并支付利息。贷款合同对借款方（建设单位）的要求非常严格，要求借款方应具备如下基本条件：①贷款基础上必须具备相关的项目建议书、可行性研究报告（或设计任务书等有关条件）。②贷款的建设项目总投资中，各项建设资金来源必须正当、落实，要有不少于总投资20%的自筹资金提前存入有关金融机构。③借款方有较高的管理水平和资信度，并能提供资产抵押担保或者由符合法定条件、具有偿还能力的第三方担保。对于新建电厂的建设贷款，因为电厂还未形成资产，担保往往由股东单位承担。

第二节 施工与物资合同管理

一、施工合同管理

（一）施工合同管理的特点、难点及重要性

1. 电力工程施工合同管理的特点

由于电力建设投资大、技术含量高、施工周期长等，带来施工合同管理具有如下特点：①合同管理周期长、跨度大，受外界各种因素影响大，同时合同本身常常隐藏着许多难以预测的风险。②由于电力建设投资大、合同金额高，使得合同管理的效益显著，合同管理对工程经济效益影响很大。合同管理得好可使承包商避免亏本，赢得利润。否则，承包商要承受较大的经济损失。据相关资料统计，对于正常的工程，合同管理好坏对经济效益影响达8%的工程造价。③由于参建单位众多和项目之间关系复杂等特点，使得合同管理工作极为复杂、烦琐。在合同履行过程中，涉及业主与承包商之间、不同承包商之间、承包商与分包商之间，以及业主与材料供应商之间的各种复杂关系，处理好各方关系极为重要，同时也很复杂和困难，稍有疏忽就会导致经济损失。④由于合同内外影响因素多，合同变更频繁，要求合同的管理必须是动态的，合同实施过程中合同变更管理显得极为重要。

2. 电力工程施工合同管理的难点

（1）合同文本不规范

业主方在竞争激烈的市场上往往具有更多的发言权。有些业主在签约合同时为回避业主义务，不采用标准的合同文本，而采用不规范的文本进行签约，转嫁工程风险，成为施工合同执行过程中发生争议较多的一个原因。

（2）"口头协议"屡禁不止

所谓"口头协议"是相对于"正规合同"而言的，正式合同用《施工合同示范文本》，但双方当事人并不履行，只是用作对外检查。实际执行是以合同补充条款形式或干脆用君子协定，此类条款常常是私下合同，把中标合同部分或全部推翻，换成违法或违反国家及政府管理规定的内容。

（3）施工合同与工程招投标管理脱节

施工企业招投标中"经济标""技术标"编制及管理与工程项目的施工合同管理，分属公司内不同职能部门及工程项目组。一旦投标中标，施工合同与甲方签约后，此"合同"只是以文件形式转给项目经理部，技术交底往往流于形式，最终使得施工合同管理与招、投标管理在实施过程中缺乏有效衔接，导致二者严重脱节。

3. 电力工程施工合同管理的重要性

合同主体资格瑕疵的风险。一般来说合同主体资格不可能出现瑕疵，但随着企业内外部环境的不断变化，合同主体资格存在瑕疵的情形却日益增多，具体表现为：业主工程未获得批复，由于方方面面压力，施工单位不得不先行进场作业。在此情况下，施工单位的风险极大。第一，在工程批复前，施工单位无法获得项目的运作资金，需持续垫资到工程正式批复并进入招投标程序为止。第二，由于工程未正式批复，一旦出现工程停建、缓建等不可抗因素，施工单位的窝工费用、先期投入费用很有可能无法获得补偿。第三，合同条款不同理解的风险。由于施工企业的弱势地位，议价能力差、合同条款的解释能力不强。实际工作中，一旦遇到条款描述得不精确、含糊其辞，最终解释方向往往不利于施工单位。例如，《输变电工程施工合同》专用条款一般都会规定"建设场地征用及清理和跨越等政策处理工作费用由投标人自行报价包干，在工程实施时特殊情况超出标准确需调整时，超出部分经发包人审核同意后按一定比例支付"。近年来随着物权法实施、各地维权意识的提高，政策处理工作已成为工程建设的大难题，几乎所有工程的政策处理费用都将突破合同价，但是一些审价单位在审核工作中经常把政策性跨越不作为政策处理费用。政策性跨越是指为节约政策处理费用，对赔付费用高的地块用跨越架的形式来进行穿越，此类费用的发生由政策处理的原因引起，以跨越费用的形式来体现，应属政策处理费用范畴，并且按上述条款的字面解释也理应如此，但实际工作中施工单位获得补偿比较困难。

（二）施工合同管理措施

电力工程施工合同中管理存在的问题，既有宏观控制的问题，也有微观管理的问题；既有外部环境的问题，也有企业内部自身的问题。

1. 提高合同认识

要通过宣传、培训，真正认识到施工合同是保护自己合法权益的武器和工具，是走向市场经济的道路和桥梁。要依法运用施工合同审查等手段，在事前避免或减少由于施工合同条款不完备、表述不准确而酿成的经济纠纷和损失。把合同意识和合同秩序作为约束社会经济行为的普遍准则。施工过程中加强项目管理和施工人员法制观念，真正树立社会主义市场经济所需要的群众法律水准，从根本上保证施工合同的履行。

2. 加强合同管理，建立工程担保制度

目前在我国还存在合同管理不严的问题，施工合同中只规定了施工单位履约保证金的提交金额及方式，而缺少业主的履约保证金的提交金额及方式，导致业主不按照合同约定支付工程进度款、不按照合同约定办理现场签证及竣工结算等违约行为时有发生，为此加快业主担保制度的建设显得尤为重要。一是领导要从思想上给予高度重视，把施工合同管理同企业的计划管理、生产管理、组织管理并列来抓；二是从制度完善入手，建立合同实施保证体系，把合同责任制落实到具体的工程和人员；三是要配备专人管理，对招标文件、投标文件、合同草案及合同风险进行全面分析；四是健全合同文档管理系统，除施工合同外还要对招标文件、投标文件、合同变更、会议纪要、双方信函、履约保函、预付款保函、工程保险等资料进行收集、整理、存档。

3. 加强索赔意识

索赔是承包商保护自己的合法权益、防范合同风险的重要方法，是施工企业进入市场必须具备的市场观念和行为。首先，要敢于索赔，打破传统观念的束缚；其次，要学会索赔，要认真研究和合理运用合同中的索赔条款，建立有关索赔的详细档案，按合同约定的时间及时向业主和监理工程师报送索赔文件。

4. 实现工程造价改革

在实际施工中企业不得不放弃招、投标中的造价相关条款，重新编制施工预算，修改施工组织设计。施工单位在投标中只负责审核，并根据自身的管理水平及采购能力等报出适合自己企业的工程单项报价，在以后的施工中得以严格贯彻执行，这样就真正实现了招投标管理与施工合同管理的内在联系，并保证了管理实施的一致性。

（三）完善施工合同管理制度

为进一步保证合同的风险得到控制，施工企业应制定与企业相适应的合同管理制度和规定，以实现合同的管理规范化、制度化、标准化。只有大力加强合同管理，完善企业内部合同管理的体系，才能从根本上控制合同的风险，并且完善的合同管理制度是预防、减少合同纠纷、提高企业管理水平的有效手段。

1. 不断完善合同风险的预控制度

加强合同风险的预控在风险管理中极其重要，如制定完善的合同评审、会签制度等。对合同的起草、谈判、审查、签约、履行、检查、清理等每一个环节都做出明确的规定，供合同管理人员执行，以达到风险预控的目的。

2. 不断完善合同风险的过程管理制度

以合同为基础，建立全过程的合同风险管控制度。合同签约后，管理负责部门应向合同执行部门及相关人员进行合同交底，使相关人员都对合同有一个全面完整的认识和理解，重点需指出合同中的风险点，并且提供防范与补救方法；时刻关注合同执行过程中由于内、外部环境变化所引起的新风险，及时发现新的风险点并提供解决方案。

3. 不断完善合同风险的救济制度

对于那些无法避免的风险或没有预见风险的发生也应制定相应的风险救济制度。按照事先制定的程序应对风险，并且及时查核合同中可有效利用的条款，做好取证工作，从而保护好自己的合法权益。

（四）施工合同的风险控制与管理

电力施工企业长期运作于系统内部，法律意识不强、议价能力较弱，经常出现施工企业被迫接受苛刻的合同条款解释的情形。本书试图梳理出电力施工企业可能面临的合同风险，特别是标准施工合同应用过程中可能碰到的问题，并提出应对风险的策略与制度保障，以此来提高电力施工企业的合同风险防范能力。

1. 电力施工合同风险识别

合同是施工企业管理工作的起点，合同管理工作的好坏直接关系着各个项a利润的高低，本书先梳理出电力施工企业在实际操作中可能面临的合同风险，从而为进一步的应对策略打下基础。

（1）合同主体资格瑕疵的风险

一般来说，合同主体资格不可能出现瑕疵，但随着企业内外部环境的不断变化，合同主体资格存在瑕疵的情形却日益增多，一般表现为业主工程未获得批复，由于方方面面压力，施工单位不得不先行进场作业。

在此情况下，施工单位的风险极大。首先，在工程批复前，施工单位无法获得项目的运作资金，需持续垫资到工程正式批复并进入招投标程序为止。这段时间有可能是一年也可能是两年，而且这种工程往往是大型工程，对施工单位资金、安全压力较大。其次，由于工程未正式批复，一旦出现工程停建、缓建等不可抗因素，施工单位的窝工费用、前期投入费用很有可能无法获得补偿。

（2）合同计价方式的风险

按照惯例，施工合同的计价方式可分为三大类型：总价合同、单价合同和成本加酬金合同。总价合同又包括固定总价合同和可调总价合同；单价合同包括估算工程量单价合同和纯单价合同；而成本加酬金合同包括成本加固定百分比酬金合同、成本加固定金额酬金合同、成本加奖罚合同、最高限额成本加固定最大酬金合同等。

上述计价方式的分类并无法条依据,《建设工程施工合同》"合同价款与支付"中也只粗略定义了三种计价方式:固定价格合同、可调价格合同、成本加酬金合同,但是在最新的《输变电工程施工合同》范本中,对计价方式没有相应定义,也没有标明具体操作方法,只是粗放地定义了合同价的不可调整范围,具体采用何种计价方式只能通过推定。

（3）合同条款不同理解的风险

由于施工企业的弱势地位,议价能力差、合同条款的解释能力不强,实际工作中,一旦遇到条款描述得不精确、模糊等情况时,最终解释方向往往不利于施工单位。

例如,《输变电工程施工合同》专用条款一般都会规定"建设场地征用及清理和跨越等政策处理工作费用由投标人自行报价包干,在工程实施时特殊情况超出标准确需调整时,超出部分经发包人审核同意后按一定比例支付"。近年来随着物权法实施、各地维权意识的提高,政策处理工作已成为工程建设的一大难题,几乎所有工程的政策处理费用都将突破合同价,但是一些审价单位在审核工作中经常出现不把政策性跨越作为政策处理费用。政策性跨越是指为节约政策处理费用,对赔付费用高的地块用跨越架的形式来进行穿越,此类费用的发生由政策处理的原因引起,以跨越费用的形式来体现,应属政策处理费用范畴,并且按上述条款的字面解释也理应如此,但实际工作中施工单位获得补偿比较困难。

（4）发包人未按约定支付工程款的风险

由于大型基建工程资金落实较好,工程款的收取一般没有问题,但部分小型技改工程存在一定问题。所谓技改工程是指将原来已经有的生产设备进行技术改造、升级,来达到一个新的技术水平,此类项目往往涉及金额不大、项目种类多、申报手续复杂,常常会发生漏报、资金不足的情况,这也导致了施工单位无法收取工程款的情形。

2. 电力施工合同风险的应对策略

面对上述施工合同的风险,电力施工企业更应不断内省,找出管理工作中的薄弱点、突破点,消除管理工作中的缺陷、规范业务流程、防范风险。

（1）合同主体资格瑕疵的风险应对策略

系统内工程主体资格的瑕疵,往往是工程未获得批复等其他不可抗拒的原因造成,作为系统内的单位也更应理解此种情形的发生实属不得已而为之。为此,施工单位应及时掌握项目审批的进程,控制好资金使用,尽可能从业主方多获得帮助。同时,也应做好提前进场、赶工的签证记录工作,与业主方多沟通,尽可能地减少损失。

（2）合同计价方式风险的应对策略

尽管在签订施工合同时有标准施工合同范本，但如上所述，标准合同中对计价方式的规定还有不完善之处。目前合同对计价方式的规定更偏向固定总价，即由施工单位承担工作量风险，然而电力系统内部又采用工程清单报价，施工单位需承担价格风险，显然施工单位既承担了工作量风险又承担了价格风险，承担的风险较大。为此，在有些外部因素不可改变的情况下，合同签订时应尽可能地选择适用实际情况的计价方式。

对于工程量不大且能精确计量、工期较短、技术不太复杂、风险不大的项目，可以采用固定总价合同，并且可要求业主提供准确、全面的设计施工图纸和各项详细说明；对于一般的工程项目，如果风险可以得到合理地分摊，可以采用固定单价合同或可调价格合同，并且在与业主充分沟通的基础上，尽可能在专用条款中减轻施工单位的工作量风险，如招标遗漏的工作量、误工等风险应与业主公平地分担。

（3）合同条款问题引起风险的应对策略

不公平的合同条款、条款的不同理解往往在合同谈判、合同文本起草阶段已埋下隐患，为规避上述风险可以注意如下几点：①合同条款要表达清晰，用词准确，避免条款互相抵触或逻辑不通的问题；合同内容需全面详细，重要问题、关键事项要在合同中得到充分体现和约定。②要加大重要条款的审核力度，如工程计价方式、工程付款方式、工期、工程索赔、工程可变更范围、变更计算方法、不可抗力的范围、合同地审核上述几个要点，合同风险就能够得到有效降低与防范。

二、电力工程物资合同管理

电力企业中的合同管理主要是针对企业作为当事人对其合同依法进行订立、变更等一系列行为的总称，它不仅是企业对自身的一种管理行为，更是企业生产经营管理活动中的一部分。而物资管理是企业管理活动中的一部分，电力系统的物资具有专业性强、对时间要求高、库存时间短等特点，因此造就了电力系统中物资管理的特殊性。随着经济发展的加快、电力系统的不断发展，电力企业所投资的工程项目逐渐增加，面对逐年显著增加的所需物资，必须有一个合理且高效的物资管理。为了减少经济纠纷所产生的损失，完善电力系统中的物资合同管理是电力系统中迫切需要解决的问题。

（一）电力物资流程控制

①省公司下发中标结果并确定是否需要签订技术协议。一般来说，对于新应用设备材料、技术复杂或项目实施的管件设备材料，可根据需要组织项目管理部门、物资需求部门、设计单位等相关部门进行技术协议签订。②如果需要则组织签订技术协议，由市

公司物资供应中心组织，项目主管部门负责人与供应商代表签订技术协议。③市公司物资供应中心采购员在 ERP 系统中创建采购订单。④市公司物资供应中心主任在 ERP 系统中审批采购订单。⑤判断采购订单是否通过审批。⑥采购订单审批通过，市公司物资供应中心合同专责根据中标通知书与供应商代表签订物资采购合同。⑦省市公司专工汇总合同签订材料，提出考评意见并下达。

(二)物资合同管理关键点分析

电力物资采购合同签约管理关键点是第三点。采购员在 ERP 系统内创建采购订单，保存时系统会自动检查是否超预算。如果超预算，系统会提示不予通过，此时由采购员联系采购申请的创建人进入项目变更管理流程调整预算。在 ERP 系统中采购订单维护成功后，采购合同、配送单、到货验收单、投运单、质保单在系统中以统一的文本格式自动生成，这五种单据可以根据业务进展情况在不同时期打印。为简化业务流程、提高工作效率，采购员在成功创建采购订单后将五种单据一次性全部打印，根据具体情况分发给买卖双方或存档。尤其是验收单、投运单、质保单一次性打印全部由供应商保存，以便不同时期提交进行资金结算。第六点，物资合同签订后履约员要核实是否需要预付款。如果需要预付款，进入采购付款管理流程。在 ERP 系统中采购订单维护成功后，市公司根据省公司物资部(招投标管理中心)下达的中标通知书，组织供应商集中签约，严格使用国家电网公司物资采购统一合同文本，确保在中标结果发布后15日内及时完成合同签订。严格中标结果执行，合同签订不得更改中标结果，或违背招标、投标文件实质性条款，逐步取消技术协议签订，进一步加快合同签订速度，大大提高签约效率，降低签约成本，方便客户。

(三)电力物资的合同风险

1. 合同签订前的风险

合同的业务操作流程是合同管理制度的具体体现，是合同管理制度在实际工作中的具体应用。一般而言，大多数风险都与企业行为的不规范有着联系，合同管理过程也一样，流程越随意，风险越大。按照合同具体业务操作流程来识别风险，不仅不容易遗漏具体的风险点，还能对风险点进行更为细致的认识。

2. 前期准备阶段的风险

从订货任务下达到合同文本起草，采购合同承办及管理部门还需要做一系列的准备工作，诸如收集合同制作款式及信息，包括合同采购的需求计划、需求信息、设备型号、技术要求、项目建设信息等；评标结果和批复；批量分配结果和批复；合同调整和变更批复等；要对交易主体进行必要的资信审核，检查营业执照是否已通过年检，检查法定代表人身份证明书、授权委托书及与合同内容相符的许可、资质等级证书；对供应商经营状况、技术条件和商业信誉等进行调查；通知中标供应商等。

3. 合同审核风险

电力物资采购合同专业性、法律性都很强，内容复杂，特别是一些重大合同，能否正确地签订履行，对物资需求部门正常的生产建设活动关系重大。合同审核是相关部门在规定的审核时限，依据相应标准及程序对合同进行审查，保证合同正确签订和履行的活动。合同审核过程中可能产生的风险主要表现在合同审核人员因专业素质或工作态度的原因未能发现合同文本中隐藏的内容和条款不当的风险；虽然发现了问题但未提出恰当的修订意见的风险等。

（四）电力系统物资合同管理的优化

建立健全合同管理制度，依规行事。合同管理的原则是依法由相关人员进行全面专业的管理，管理时最重要的是注重效率。电力系统是大型企业，在大型企业中要想对某一方面进行管理必须要建立一个健全的管理体制，因此建立合同管理体制将合同管理贯彻落实到电力系统当中，才能够依规行事。需要注意的是合同管理制度必须要以相关法律为依据，以服务电力系统为准则，以提高物资合同管理效率为目标，这个制度还需要有一定的可行性与科学性。合同管理中包含了合同洽谈、草拟、评审、签订、履行、变更、终止等一系列过程，合同违约处理等也包括在内，合同管理制度的制定是电力系统合同管理最有力的依据。

强化采购环节的行情把握，降低成本。强化采购环节行情的把握主要是指派专人对电力企业周边的物资价格进行调查，不仅如此还需要尽可能地调查到供应商的物资供应能力和信誉、市场保有量等与物资采购相关的信息，形成一份完整详细的市场调查报告。一旦有了一份完整详细的市场调查报告，在采购时便能够有利于电力系统总部核查每一次采购的程序与价格，保障物资采购工作的顺利进行。一旦采购价格与市场价格违背严重时就能够按照合同追究相关人员责任，最大限度地避免了各种损失。

强化物资仓储管理能力。为了减少事故与纠纷，应当强化物资仓储管理能力。例如，可以制定详细的物资管理制度，或是建立健全相关的责任制与管理流程。当有电力建设项目时应把项目涉及的所有物资和材料都上报，并且分类采购与仓储，最后录入相关管理软件中做到信息共享，以便电力系统中的各类管理人员能够及时查看物资情况，及时调用所需物资，一旦物资出现损坏等事故能够迅速找到相关责任人进行问责。电力企业的物资管理是保证电力系统运行的纽带，只有不断地强化物资仓储管理能力，保证物资的安全与管理水平，才能让电力系统的物资运转得更顺利，更好地履行物资合同。

电力系统是国家非常关键的部门，电力系统的物资合同管理十分重要，要根据高标准严格的要求、讲科学的原则，精细管理、创新理念，努力提高电力系统的物资合同管理工作，保证电力系统的物资供应，必须要认真地履行合同管理中的每个环节，加强提高合同管理水平，提高合同的履约率，以防风险和纠纷，维护国家的利益，为建设和谐电网做出应有的贡献。

第三节　项目信息管理过程与信息化

一、概述

（一）项目信息管理的含义及其意义

1. 项目信息管理的含义

信息指的是用口头的方式、书面的方式或电子的方式传输（传达、传递）的知识、新闻，或可靠的或不可靠的情报。声音、文字、数字和图像等都是信息表达的形式。在管理科学领域中，信息通常被认为是一种已被加工或处理成特定形式的数据。信息的接受者将依据信息对当前或将来的行为作出决策。

数据是用来记录客观事物的性质、形态、数量和特征的抽象符号。不仅文字资料可以看作是数据，声音、信号和语言也可以认为是数据。信息就是根据要求，将数据进行加工处理转换的结果。对同一组数据，可以按照管理层次和职能的不同，将其加工成不同形式的信息；不同数据如采用不同的处理方式，也可以得到相同的信息。项目信息是指反映和控制项目全过程管理活动的信息，包括各种报表、数字、文字和图像等文档资料或数据。项目的实施需要人力资源和物质资源，应认识到信息也是项目实施的重要资源之一。

项目的信息管理是通过对各个系统、各项工作和各种数据的管理，使项目的信息能方便和有效地获取、存储、存档、处理和交流。项目的信息管理旨在通过有效的项目信息传输的组织和控制（信息管理）为项目建设的增值服务。

项目的信息包括在项目决策过程、实施过程（设计准备、设计、施工和物资采购过程等）和运行过程中产生的信息，以及其他与项目建设有关的信息，它包括：项目的组织类信息、管理类信息、经济类信息、技术类信息和法规类信息。

2. 项目信息管理的重要意义

信息技术在项目管理中的开发和应用具有以下优点：①信息存储数字化和存储相对集中；②信息处理和变换的程序化；③信息传输的数字化和电子化；④信息获取便捷；⑤信息透明度提高；⑥信息流单一化。

总之，项目信息管理具有以下重要意义：①"信息存储数字化和存储相对集中"有利于项目信息的检索和查询，有利于数据和文件版本的统一，有利于建设项目的文档管理；②"信息处理和变换的程序化"有利于提高数据处理的准确性，并可提高数据处理的效率，使得项目管理精细化；③"信息传输的数字化和电子化"可提高数据传输的抗干扰能力，使数据传输不受距离限制，并可提高数据传输的保真度和保密性；④"信息获取便捷""信息透明度提高"以及"信息流扁平化"有利于项目参与方之间的信息交流和协同工作。

（二）项目信息管理的任务

项目参与各方都有各自的信息管理任务，为充分利用和发挥信息资源的价值，提高信息管理的效率，以及实现有序的和科学的信息管理，各方都应编制各自的信息管理手册，以规范信息管理工作。

1. 信息管理手册的内容

①信息管理的任务（信息管理任务目录）；②信息管理的任务分工表和管理职能分工表；③信息的分类；④信息的编码体系和编码；⑤信息输入输出模型；⑥各项信息管理工作的工作流程图；⑦信息流程图；⑧信息处理的工作平台及其使用规定；⑨各种报表和报告的格式，以及报告周期；⑩项目进展的月度报告、季度报告、年度报告和工程总报告的内容及其编制；⑪工程档案管理制度；⑫信息管理的保密制度等制度。

2. 信息管理部门的主要工作任务

①负责编制信息管理手册，在项目实施过程中进行信息管理手册的必要的修改和补充，并检查和督促其执行；②负责协调和组织项目管理班子中各个工作部门的信息处理工作；③负责信息处理工作平台的建立和运行维护；④与其他工作部门协同组织收集信息、处理信息和形成各种反映项目进展和项目目标控制的报表和报告；⑤负责工程档案管理等。

（三）项目信息管理的内容

1. 项目管理信息的主要内容

①法律、法规与部门规章信息；②市场信息；③自然条件信息；④工程概况信息；⑤施工信息；⑥项目管理信息。

2. 项目信息管理系统的基本要求

①应方便项目信息输入、整理与存储；②应有利于用户提取信息；③应能及时调整数据、表格与文档；④应能灵活补充、修改与删除数据；⑤信息种类与数量应能满足项目管理的全部需要；⑥应能使设计信息、施工准备阶段的管理信息、施工过程项目管理各专业的信息、项目结算信息、项目统计信息等有良好的接口；⑦项目信息管理系统应能使项目管理层与企业管理层及劳务作业层的信息渠道畅通、信息资源共享。

二、项目信息管理过程

（一）项目信息管理的工作原则

项目管理产生的信息量巨大，种类繁多。为便于信息的搜集、处理、储存、传递和利用，项目信息管理应遵从以下基本原则。

1. 标准化原则

要求在项目实施过程中对有关信息的分类进行统一，对信息流程进行规范，产生的项目管理报表则力求做到格式化和标准化，通过建立健全信息管理的制度，从组织上保证信息生产过程的效率。

2. 有效性原则

项目的信息管理应针对不同层次管理者的要求进行适当的整理，针对不同管理层提供不同要求和简化的信息。例如对于项目的高层管理者而言，提供的决策信息应力求精练、直观，尽量采用形象的图表来表达，以满足其战略决策的信息需要。这一原则是为了保证信息产品对于决策支持的有效性。

3. 定量化原则

项目产生的信息不应是项目实施过程中产生数据的简单记录，应该经过信息处理人员的比较与分析。采用定量工具对有关信息进行分析和比较是十分必要的。

4. 时效性原则

考虑到项目决策过程的时效性，项目信息管理成果也应具有相应的时效性。项目的信息都有一定的生产周期，如月报表、季度报表和年度报表等，这都是为了保证信息产品能够及时地服务于决策。

5. 高效处理原则

通过采用高性能的信息处理工具（如项目管理信息系统），尽量缩短信息在处理过程中的延迟，项目信息管理的主要精力应放在对处理结果的分析和控制措施的制订上。

6. 可预见性原则

项目产生的信息可以作为以后项目实施的历史参考数据，也可以据其用于预测未来的情况。项目信息管理应通过采用先进的方法和工具为决策者制订未来目标和行动规划提供必要的信息。如通过对以往投资执行情况的分析，对未来可能发生的投资进行预测，作为采取事前控制措施的依据。

（二）项目管理信息的收集

项目信息的收集，就是收集项目决策和实施过程中的原始数据，这是很重要的基础工作。信息管理工作的质量好坏，很大程度上取决于原始资料的全面性和可靠性。其中，建立一套完善的信息采集制度是十分有必要的。

1. 项目建设前期的信息收集

项目在正式开工之前，需要进行大量的工作，这些工作将产生大量的文件，文件中包含着丰富的内容。

（1）可行性研究报告及其有关资料的收集

这方面的资料一般包括以下内容：①项目的目的和依据；②项目的规模和标准；③工程的水文地质条件，燃料、动力和建筑材料的供应情况，交通运输条件等；④建设地点和占地估算；⑤建设进度和工期；⑥投资的资金来源；⑦环境保护的要求；⑧经济效益分析；⑨存在的问题和解决方法。

（2）设计任务书及有关资料

设计任务书是确定项目建设方案（包括建设规模、建设布局和建设进度等原则问题）的重要文件，也是编制工程设计文件的重要依据。所有新建或扩建的项目，都要根据资源条件和国民经济发展规划，按照建设项目的隶属关系，由主管部门组织有关单位提前编制设计任务书。此阶段的建设项目信息包括项目前期的一系列信息资料，如项目建议书、可行性研究报告以及项目建设上级单位和政府主管部门对建设项目的要求和批复，还包括项目建设用地的自然、社会、经济环境等有关信息资料。

（3）设计文件及其有关资料的收集

项目设计任务书经建设单位审核批准后需委托工程设计单位编制工程设计文件。在进行工程项目设计之前，工程设计单位通常要收集以下几方面的内容。

①社会调查情况。包括建设地区的工农业生产、社会经济、地区历史、人民生活水平以及自然灾害等调查情况。②工程技术勘测调查情况。收集建设地区的自然条件资料，如河流、水文、资源、地质、地形、地貌、气象等资料。③技术经济勘测调查情况。主要收集项目所在地区的原材料、燃料来源，水电供应和交通运输条件，劳动力来源、数量和

工资标准等资料。

对于大型项目，项目设计一般分如下三个阶段：初步设计、技术设计和施工图设计，这三个阶段的设计成果构成工程项目设计文件的主要内容。初步设计含有大量的工程建设信息，如建设项目的目的和主要任务，工程的规模，总体规划布置，主要建筑物的位置、结构形式和设计尺寸，各种建筑物的材料用量，主要技术经济指标，建设工期和总概算等。

技术设计是根据初步设计所提供的资料，更进一步加以深化，要求收集和补充更详细的资料，对工程中的各种建筑物做出具体的设计计算。技术设计与初步设计相比，提供了更确切的数据资料，如对建筑物的结构形式和尺寸等提出修正，并编制修正后的总概算。

施工图设计阶段，通过图纸反映出大量的信息，如施工总平面图、建筑物的施工平面图和剖面图、安装施工详图、各种专门工程的施工图以及各种设备和材料的明细表等。依据施工图设计所提出的预算，一般情况下不得超过初步设计概算。

（4）招投标合同文件及其有关资料的收集

项目的招标文件由建设单位编制或委托咨询单位编制，在招投标过程中及在决标以后，招标、投标文件及其他一些文件将形成一套对工程建设起制约作用的合同文件。其主要内容包括：投标邀请书、投标须知、合同双方签署的合同协议书、履约保函、合同条款、投标书及其附件、工程报价表及其附件、技术规范、招标图纸、建设单位在招投标期内发生的所有补充通知、承建单位补充的所有书面文件、承建单位在招标时随同招标书一起递送的资料与附图、建设单位发布的中标通知、在商谈合同时双方共同签字的补充文件等。

在招投标文件中包含了大量的信息，包括甲方的全部"要约"条件、乙方的全部"承诺"条件，如甲方所提供的材料供应、设备供应、水电供应、施工道路、临时房屋、征地情况、通信条件等；乙方投入的人力、机械方面的情况、工期保证、质量保证、投资保证、施工措施、安全保证等。

2. 施工期间的信息收集

项目在整个施工阶段，每天都会发生各种各样的情况，相应的包含着各种信息，需要及时收集和处理。因此，工程的施工阶段可以说是大量的信息发生、传递和处理的阶段，工程项目信息管理工作也主要集中在这一段。

（1）收集业主提供的信息

业主作为项目建设的组织者，在施工中要按照合同文件规定提供相应的条件，并要及时表达对工程各方面的意见和看法，下达某些指令，因此，应及时收集业主提供的信息。当业主负责某些材料的供应时，需收集并提供材料的品种、数量、质量、价格、提货地点、提货方式等信息。

（2）收集承包商的信息

项目建设前期，除以上各个阶段产生的各种资料外，上级关于项目的批文和有关指示，有关征用土地、拆建赔偿等协议式批准文件等，均是十分重要的文件。承包商在施工中，现场发生的各种情况均包含大量的内容，承包商自身必须掌握和收集这些内容，同时工程项目负责人在现场中也必须掌握和收集。经收集和整理后，汇集成丰富的信息资料。承包商在施工中必须经常向有关单位—包括上级部门、设计单位、业主及其他方面发出某些文件，传达一定的内容。

（3）项目的施工现场记录

此记录是驻地工程师的记录，主要包括工程施工历史记录、工程质量记录、工程计量、工程款记录和竣工记录等内容。具体如下：①现场管理人员的日报表；②工地日记；③现场每日的天气记录；④驻施工现场管理负责人的日记；⑤驻施工现场管理负责人周报；⑥驻施工现场管理负责人月报；⑦驻施工现场管理负责人对施工单位的指示；⑧补充图纸；⑨工地质量记录。

（4）收集工地会议记录

工地会议记录是工程项目管理工作的一种重要方法。会议包含着大量的信息，这就要求项目管理工程师必须重视工地会议，并建立一套完善的会议制度，以便于会议信息的收集。会议记录包括会议的名称、主持人、参加人、举行会议的时间、会议地点等。每次工地会议都应有专人记录，会后应有工作会议记录等。

3. 项目竣工阶段的信息收集

工程竣工并按要求进行竣工验收，需要大量的与竣工验收有关的各种资料信息。这些一部分信息是在整个施工过程中长期积累形成的，一部分是在竣工验收期间根据积累的资料整理分析而形成的。完整的竣工资料应由承包商编制，经工程项目负责人和有关方面审查后，移交业主并通过业主移交管理运行单位。

三、项目管理信息化

（一）项目管理信息化的含义

广义地说，信息化是指信息资源的开发和利用以及信息技术的开发和应用，也即信息产业和信息应用两大方面。

信息资源的开发和利用是信息化建设的重要内容，因为信息化建设的初衷和归属都是通过对信息资源的充分开发利用来发挥信息化在各行各业中的作用。信息技术的开发和应用是信息化建设的加速器，因为信息技术为人们提供了新的、更有效的信息获取、传输、处理和控制的手段和工具，极大地提高了人类信息活动的能力，扩展了人类信息活动的范围，加速了社会的信息化进程。

项目管理信息化指的是项目管理信息资源的开发和利用，以及信息技术在项目管理中的开发和应用。在投资建设一个新的项目时，应重视开发和充分利用国内和国外同类或类似建设工程项目的有关信息资源。

建设项目管理信息化属于领域信息化的范畴，它和企业信息化也有联系。在建筑业和基本建设领域应用信息技术方面，我国尚存在较大的不足，它反映在信息技术在建设项目管理中应用的观念上，也反映在有关的知识管理上，还反映在有关技术应用方面。信息技术在项目管理中的开发和应用，包括在建设项目决策阶段的开发管理、实施阶段的项目管理和使用阶段的设施管理中开发和应用信息技术。目前总的发展趋势是基于网络的项目管理平台的开发和应用。

（二）项目管理信息化的现状及发展趋势

1. 建筑业"信息孤岛"的产生和解决途径

建筑业是信息技术较早涉足的领域之一。早在20世纪60年代，结构工程师就开始利用有限元分析软件进行结构计算。20世纪80年代以来，随着个人计算机（PC）的迅速普及和各种软、硬件的飞速发展，信息技术在建设领域应用的广度与深度都有了质的飞跃。计算机已广泛应用于建筑业领域，涉及计算机辅助设计（CAD）、投资控制、进度控制、合同管理、信息管理以及办公自动化等各个方面；同时涉及建设项目全寿命周期的各个阶段，包括决策阶段、实施阶段和运营阶段，如开发管理信息系统（DMIS）、项目管理信息系统（PMIS）和设施管理信息系统（FMIS）等。但必须指出，所有这些专业软件的开发仅仅面向于工程建设特定领域中的特定问题，没有从整个建筑业的角度考虑跨领域的信息传递与共享的需求。这些专业软件通常是片面和孤立的，彼此之间很难进行有效的信息沟通，从而导致了"自动化孤岛"或"信息孤岛"现象。

"信息孤岛"产生的根源大致可归纳为以下三个方面：

（1）项目实施的纵向沟通方式

传统的组织理论强调分工和集权，结果导致了层层繁复、等级森严的金字塔结构，其纵向沟通方式决定了信息往往通过自上而下层层传达方式发送给相应的接收方，结果往往会导致信息的延误、失真等。

（2）建筑业"分裂"（fragmentation）的特性

随着项目和组织规模的不断增长、技术复杂性的不断增加，工程建设领域的分工越来越细，一个大型项目可能会牵涉到成百上千个参与单位。而这些不同的参与单位之间呈分裂状态，对项目实施有着不同的理解和经验，对相同的信息内容也往往会有不同的表达形式。

（3）缺乏先进的信息技术与通信技术的支持

建筑业对信息技术的应用能力与制造业等行业相比存在明显滞后现象。尽管信息技术在20世纪60年代就引入建筑业，但在相当长的时间内主要用于产生信息，比如有限元分析、CAD以及各种办公自动化软件，而普遍忽略了对所产生信息的传递与共享。20世纪90年代以来，以Internet技术为代表的通信革命，为改善传统建筑业中落后的信息沟通状况提供了前所未有的机遇。

目前，"信息孤岛"现象已经严重制约了信息技术在工程建设中的充分应用和进一步发展，越来越多的专家开始关注不同应用领域的信息交换与系统集成问题。消除"信息孤岛"成了建筑业信息化的重要课题之一。目前已经有两大国际标准来试图解决这一问题，即国际互用联盟（IAI）提出了行业基准分类（FC）；国际标准化组织（ISO）提出了产品模型数据交换标准（STEP）。这两个标准正得到越来越多国家的认可和采用，很多应用于建筑业的专业软件也以上两个标准作为基础展开研究与开发。

随着建筑业中信息和通信技术的应用以及相关标准的研究和应用，信息和通信技术的应用体现出标准化、集成化、网络化和虚拟化等特点。应用的趋势主要包括以下几个方面：①基于建设产品和建设过程（而非文件）的信息模型和信息管理，如建筑信息模型（BIM）；②建设项目全寿命周期各阶段之间信息的无遗漏、无重复传递和处理，即建筑全寿命周期管理（BLM）；③模拟技术、虚拟技术（仿真技术）在建筑业中的应用，如虚拟建筑等；④基于网络的项目管理、信息交流以及协同工作等，如基于网络的项目采购、项目信息门户（PIP）、可视化技术的应用等。

集成化和网络化是两个重要发展方向。集成化主要是由独立系统向集成系统发展，其主要目的是加强数据的共享性（与所采用的标准有关）以适应全寿命周期管理的要求。网络化则是改变建筑业生产方式和管理方式的重要手段。网络技术的应用对建筑业管理信息化发展方向起着决定性的影响，包括信息管理、信息共享以及在线协同作业等。从目前的发展趋势来看，项目管理信息化的主要发展趋势之一就是基于网络的项目管理。

2. 项目管理信息化的发展过程

项目管理信息化一直伴随着信息技术的发展而发展，自20世纪70年代开始，信息技术经历了一个迅速发展的过程，信息技术在项目管理中的应用也经历了如下的发展过程：20世纪70年代，单项程序的应用，如工程网络计划时间参数的计算程序、施工图预算程序等；20世纪80年代，程序系统的应用，如项目管理信息系统、设施管理信息系统等；20世纪90年代，程序系统的集成，它是随着建设项目管理的集成而发展的；20世纪90年代末期至今，基于网络平台的建设项目管理，其中项目信息门户（PIP）、建设项目全寿命周期管理是重要内容。

（三）项目管理信息化的实施

项目管理信息化是解决目前建筑业存在问题的重要方法，因此，国内外都在研究和探索项目管理信息化的实现途径。项目管理信息化的实施涉及到宏观和微观两个方面。

当前，项目管理信息化水平不高，从客观背景来看，与建筑业整体信息化水平不高是直接相关的。因此，要实施建设项目管理信息化，从宏观层面来讲，必须大力推动建设行业信息化以及建设企业信息化。目前我国已经制定出建筑行业信息化发展战略；同时，建设企业也开始逐步进行信息化建设。这给建设项目管理信息化提供了良好的发展机遇和发展基础。

项目管理信息化的实施更多的涉及到微观方面，这也是项目管理信息化推进过程中需要解决的实际问题，如单个项目信息化实施的组织与管理方案、相关人员思想意识的转变、项目管理软件的选择、项目文化的建立、信息管理手册的制订等。微观问题并不是小问题，只是相对于宏观问题而言在整个信息化体系中所处的层次较低，但却是影响项目管理信息化的关键问题，甚至某个细节问题（如文件分类标准的确定）的处理不当也会导致整个项目管理信息化的失败。比如，由于网络速度的限制，可能导致整个建设项目管理信息平台运行效率降低，甚至崩溃，并最终导致平台应用的失败。

1. 项目管理信息化实施的组织

项目管理信息化的实施，首先要明确在整个建设项目组织结构中实施建设项目管理信息化的单位或部门，确定各个单位、部门以及个人在建设项目管理信息化中的任务和管理职能分工，选择符合建设项目管理信息化岗位要求的专人负责信息化工作，制订并绘制项目信息分解图、与信息化相关的工作流程图和信息流程图等。建设项目管理信息化实施的组织方面应主要关注以下几点。

（1）强调业主在项目管理信息化实施过程中的主导地位

实际上，业主方是建设项目生产过程的总集成者，也是建设项目生产过程的总组织者，所以业主方是推动建设项目管理信息化的"引擎"，是实施建设项目管理信息化的关键一方。业主方不仅参与了大部分信息交流的全过程，也是实施项目管理信息化的最大受益者，他们可以要求设计团队和施工团队采用新的建设项目管理信息化手段或者新的工作模式来适应自己，因此，为了达到为项目增值，激发业主的积极性是成功实施项目管理信息化的主要因素。

（2）确定项目管理信息化实施的组织机构

建设项目管理信息化涉及到不同项目参与方，必须建立强有力的组织机构。根据我国建设项目管理的实际情况，一般设置领导层和实施层两个层面，在一些较为复杂的大型建设项目中实施建设项目管理信息化，可设置更多层次的组织结构。领导层负责组织协调、重要管理制度的制定或批准；而实施层则负责信息化实施过程中的具体工作，如软件的选定、系统的架构、实施模式的确定、软件操作培训、日常维护等。

（3）确定项目管理信息化实施的组织分工

在项目管理信息化的实施过程中，确定相关单位、部门和参与人员的工作任务分工至关重要。如在某项目上，为了使所选定的项目信息门户在整个项目中得到有效推广和应用，专门组建了协调小组，协调小组人员由业主方、施工总承包方和工程监理方的有关人员构成，同时聘请专业咨询公司协助协调小组的工作。协调小组的组织分工如下：①在软件试运行阶段，组织项目参与各方尽快启动软件的试运行，协商建立项目信息管理制度。②在软件正式运行过程中，协调项目各参与方，以保证软件的正常运行，监督项目信息管理制度的执行。协调小组中设项目系统管理员（不同于集团总部的系统管理员）一名，由业主方人员担任，负责软件应用中与本项目有关的重要的设置工作及日常运行维护。③在利用项目管理软件辅助项目管理的过程中，信息化相关工作的组织分工往往和工程项目管理组织分工结合在一起。在国际上，许多建设项目都专门设立信息管理部门（或称为信息中心），以确保信息管理工作的顺利进行；也有一些大型建设项目专门委托专业咨询公司从事项目信息动态跟踪和分析，以信息流作为指导，从宏观上对项目的实施进行控制。

（4）确定建设项目管理信息化实施的工作流程

在建设项目管理信息化实施过程中，相关的工作流程主要包括：①信息管理手册编制和修订的工作流程；②为形成各类报表和报告，收集信息、录入信息、审核信息、加工信息、信息传播和发布的工作流程；③工程档案管理的流程；④信息技术的二次开发工作流程等。

在确定各项工作流程时需强调每个环节的责任单位或部门的责任人，相应的时间要求以及每一个环节所产生的工作成果。确定的工作流程用于指导建设项目管理信息化的实施过程，但工作流程并不是一成不变的，它可以根据实际情况进行调整，以适应变化着的工程实施环境。

2. 项目管理信息化实施的管理

项目管理信息化不仅涉及到信息技术问题，也涉及到项目管理的规范化和标准化以及对工程项目管理内涵的理解和掌握等各个方面。

在项目管理信息化过程中，会遇到各种困难和阻力，要解决这些问题，就需要采取多种措施，包括构建科学的项目管理体系、强调全员参与、采取合同措施、加强管理制度建设、采取经济措施、培育良好的项目文化以及加强教育和培训等。

项目管理信息化的经济措施涉及资金需求计划、资金供应条件以及经济激励措施等。由于业主方是建设项目管理信息化实施的最终受益者，因此，整个项目管理信息化的实施费用主要由业主方来承担，避免其他参与单位产生抵触情绪。如果采用项目总承包模式或者针对某一个方面（如进度计划）实施信息化时，项目总承包单位或者施工总承包单位等也可能是建设项目管理信息化实施的组织者，其实施费用由实施方承担。在项目管理信息化实施的过程中，经济措施往往是最容易被人接受的措施。因此，项目可采取必要的经济激励措施，推动相关单位积极参与信息化实施过程。

由于项目管理信息化是一种新兴技术，在项目管理过程中，还不普及，除了缺乏相关的软硬件条件外，更重要的是企业人员认识不足，尤其是一些领导和高层管理人员对此还缺乏足够的认识，因此，需要对相关人员进行教育和培训。项目领导者对待信息化的态度是项目管理信息化实施成败的关键因素，对项目领导者的培训主要侧重于现代项目管理和项目管理信息化的基本理论。由于项目管理信息化的专业性很强，因此，需要对开发人员和使用人员进行重点培训，培训的内容包括信息处理技术、系统开发方法、信息管理制度、计算机软硬件相关基础知识和系统操作学习。

3. 项目管理信息化实施的方法

项目管理信息化实施的重要方法就是编制信息管理规划、程序与管理制度。信息管理规划、程序与制度是整个项目管理信息化得以正常实施与运行的基础，其内容包括信息分类、编码设计、信息分析、信息流程与信息制度等。具体包括以下主要内容：①建立统一的项目信息编码体系，包括项目编码、项目各参与单位组织编码、投资控制编码、进度控制编码、质量控制编码和合同管理编码等；②对信息系统的输入输出报表进行规范和统一，并以信息目录表的形式固定下来；③建立完善的建设项目信息流程，使建设项目各参与单位之间的信息关系得以明确化，同时结合项目的实施情况，对信息流程进行不断的优化和调整，删除一些不合理或冗余的流程，以适应信息系统运行的需要；④注重基础数据的收集和传递，建立基础数据管理的制度，保证基础数据全面、及时和准确地按统一格式输入信息系统；⑤对信息系统中有关人员的任务、职能进行分工，明确有关人员在数据收集和处理过程中的任务分工；⑥建立数据保护制度，保证数据的安全性、完整性和一致性。

信息管理规划、程序与制度（简称信息管理规划）和项目管理规划、程序与制度（简称项目管理规划）是相互联系的，在内容上也是相互支持的，因此在实践中往往把信息管理规划纳入到项目管理规划中。一个项目有不同类型和不同用途的信息，为了规范地存储信息、方便信息的检索和信息的加工整理，必须对项目的信息进行编码。

所谓信息分类就是把具有相同属性（特征）的信息归并在一起，把不具有这种共同属性（特征）的信息区别开来的过程。信息分类的产物是各式各样的分类或分类表，并建立起一定的分类系统和排列顺序，以便管理和使用信息。信息分类的理论与方法广泛应用于信息管理的各个分支，如图书管理、情报档案管理等。这些理论与方法是进行信息分类体系研究的主要依据。在建筑业内，针对不同的应用需求，各国建筑业的研究者也开发设计了大量的信息分类标准。

项目信息分类和编码体系的统一体现在两个方面：第一，不同项目参与方（如业主、设计单位、施工单位和项目管理单位）的信息分类和编码体系统一，即横向统一；第二，项目在整个实施周期（包括设计、招投标、施工、动用准备）等各阶段的划分体系统一，即纵向统一。横向统一有利于不同项目参与者之间的信息传递和信息共享，纵向统一有利于项目实施周期信息管理工作的一致性和项目实施情况的跟踪与比较。

建设项目信息分类和编码的主要方法如下：①工程项目的结构编码依据项目结构图，对项目结构的每一层的每一个组成部分进行编码。②项目管理组织结构编码依据项目管理的组织结构图，对每一个工作部门进行编码。③建设项目的各参与单位包括政府主管部门、业主方的上级单位或部门金融机构、工程咨询单位、设计单位、施工单位、物资供应单位和物业管理单位等，需要对以上单位进行编码。④在进行建设项目信息分类和编码时，建设项目实施的工作项编码应覆盖项目实施全过程的工作任务目录的全部内容，它包括设计准备阶段的工作项、设计阶段的工作项、招投标工作项、施工和设备安装工作项和项目动用前准备工作项等。⑤项目的投资项编码并不是概预算定额确定的分部分项工程的编码，它应综合考虑概算、预算、标底、合同价和工程款的支付等因素，建立统一的编码，以服务于项目投资目标的动态控制。建设项目成本项编码也不是预算定额确定的分部分项工程的编码，它应综合投标价估算、合同价、施工成本分析和工程款的支付等因素，建立统一的编码，以服务于项目成本目标的动态控制。⑥建设项目的进度项编码应综合考虑不同层次、不同深度和不同用途的进度计划工作项的需要，建立统一的编码，服务于建设项目进度目标的动态控制。⑦建设项目进展报告和各类报表编码应包括建设项目管理过程中形成的各种报告和报表的编码。⑧合同编码应参考项目合同结构和合同分类，应反映合同的类型、相应的项目结构和合同签订的时间等特征。⑨函件编码应反映发函者、收函者、函件内容所涉及的分类和时间等，以便函件的查询和整理。

4. 项目管理信息化实施的手段

（1）建立建设项目信息中心

在国际上，许多建设项目实施过程中都专门设立信息管理部门（或称为信息中心），以确保信息管理工作的顺利进行。许多研究在分析未来建设项目信息管理发展趋势时，都把信息交流和沟通置于非常重要的位置。

信息资源的组织与管理就是交换和共享数据、信息和知识的过程，可理解为工程参建各方在项目建设全过程中，运用现代信息和通信技术及其他合适的手段，相互传递、交流和共享项目信息和知识的行为及过程，主要包括以下几方面的内涵：①信息的交流与沟通包括建设项目参建各方；②时间贯穿工程建设全过程；③信息交流与沟通手段主要是基于计算机网络的现代信息技术和通信技术，但也不排除传统的信息交流与沟通方式；④信息交流与沟通内容包括与项目建设有关的所有知识和信息，特别是需要在参建各方之间共享的核心知识和信息。

信息交流与沟通的重要目的是在建设项目参建各方之间共享项目信息和知识，具体目标是努力做到在恰当的时间、恰当的地点，为恰当的人及时地提供恰当的项目信息和知识。随着现代信息和通信技术的发展，如视频会议、远程在线讨论组等，传统的沟通方式在信息交流和沟通中的重要性越来越低。

（2）建立项目信息处理平台

在当今时代，信息处理已逐步向电子化和数字化方向发展，应采取措施，使信息处理朝基于网络的信息处理平台方向发展，以充分发挥信息资源对项目目标控制的作用。投资建设项目的业主方和项目参与各方往往分散在不同的地点，或不同的城市，或不同的国家，因此其信息处理应考虑建立项目信息处理平台，充分利用远程数据通信的方式，实现项目管理信息化。

第四节 项目管理信息系统与门户

一、项目管理信息系统

(一)项目管理信息系统的概念

项目管理信息系统(PMIS)是基于计算机的信息系统,主要用于项目的目标控制,为项目目标的实现提供了强有力的帮助。项目管理信息系统的应用,主要是以计算机作为手段,进行项目管理有关数据的收集、记录、存储、过滤以及将数据处理的结果提供给项目管理班子的成员。它是项目进展的跟踪和控制系统,也是信息流的跟踪系统。

项目管理信息系统的功能主要包括以下几个方面:①投资控制;②进度控制;③质量控制;④合同控制。

每一个功能模块由一个子系统组成,因此,项目管理信息系统又相应地分成以下几个子系统:①投资控制子系统;②进度控制子系统;③质量控制子系统;④合同控制子系统。

1. 投资控制子系统

投资控制子系统是处理项目投资信息,为项目各级管理人员控制项目投资提供决策依据的信息系统。投资控制子系统的功能可以归纳为以下四个方面:①确定与调整项目各阶段的投资计划值;②存储与查询项目各类投资数据(包括投资计划值与实际值);③动态比较项目投资计划值与实际值;④控制财务用款。

2. 进度控制子系统

进度控制子系统是项目管理信息系统的一部分,其功能由部分组成:①能辅助项目进度控制人员发现问题、编制项目进度目标规划项目进度的跟踪检查;②能有效地辅助对正在实施的工程项目进行进度控制,有关进度控制的信息能为未来的工程项目进度控制服务。

3. 质量控制子系统

质量控制子系统具有以下几项基本功能:①设计质量控制;②施工质量控制;③材料质量跟踪;④设备质量管理;⑤工程事故处理;⑥质监活动档案。

4. 合同控制子系统

合同控制子系统就是利用信息系统把业务中涉及的所有合同均纳入该子系统进行统一管理。合同控制子系统的主要功能包括：①合同结构模式的提供和选择；②各类标准合同文本的提供和选用；③合同文件、资料的登录、修改、查询和统计；④合同执行情况的跟踪、控制和处理；⑤建设法规及相关资料的查询。

(二)基于互联网的投资控制与合同管理系统

基于互联网的投资控制与合同管理是一个较新的概念，它是在网络社会、信息社会以及知识经济社会环境下产生的一种新的投资控制与合同管理方式。在项目建设的全过程中，它不但利用项目管理理论对投资控制和合同管理的目标进行策划、控制以及管理，而且借助现代信息技术和互联网技术建立独立的项目信息网站，集中存储与投资控制和合同管理有关的结构化和非结构化信息，消除地域和时间约束，为项目参与各方提供准确、及时以及安全的项目信息，通过提高个性化和单一的项目信息接入方式，减少项目信息交流和传递的时间和过程，提高项目参与各方的信息沟通和协同工作能力。

二、项目信息门户

(一)项目信息门户的概念

项目信息门户(PIP)属于电子商务的范畴。电子商务有电子交易和电子协同两大部分。其中电子交易包括电子采购、供应链管理等方面的内容；电子协同则包括信息门户等方面的内容，所以PIP属于电子商务中电子协同工作的范畴。

项目信息门户是在项目主题网站和项目外联网的基础上发展起来的一种项目管理信息化的前沿研究成果。根据国际学术界较公认的定义，项目信息门户是在对项目实施全过程中项目参与各方产生的信息和知识进行集中式存储和管理的基础上，为项目参与各方在Internet平台上提供的一个获取个性化(按需索取)项目信息的单一入口。

项目信息门户是基于互联网的一个开放性工作平台，为项目各参与方提供项目信息沟通(communication)、协调(coordination)与协作(collaboration)的环境，因此它的核心理念是3C。

(二)项目信息门户的特点

与传统项目的信息管理和信息沟通方式相比，基于PIP的信息管理和沟通具有以下特点：①与传统项目团队信息的分散保存和管理不同，PIP以项目为中心对项目信息进行集中存储与管理，这种对信息集中管理的高级形式是通过统一的产品数据模型对项目信息进行分布式的存储管理。但由于这种方式在技术上的困难，目前PIP系统较多采用的是将项目信息集中存储在 Internet 上的项目信息库中。②信息的集中存储改变了项目组织中信息沟通的方式。由于采用集中和共享式的信息沟通,大大提高了信息沟通的效率,降低了工程信息沟通的成本,提高了信息沟通的稳定性、准确性和及时性。③提高了信息的可获取性和重要性。使用 PIP 系统作为项目信息获取途径,项目信息的使用者摆脱了时间和空间的限制,同时也提高了信息的可重用性。④改变了项目信息的获取和利用方式。PIP 系统将传统项目组织中对信息的被动获得改为自动获取,更改变了过量信息对人活动的制约。传统建设工程项目组织中项目参与者信息获取的方式是信息生产者将信息推(push)给信息的使用者,这是信息沟通中"信息过载"问题产生的重要原因。而在 PIP 系统中,由于信息门户具有信息集中、个性化信息表达的特点,提高了信息推送的准确度。而且由于 PIP 系统对信息的集中存放和有效管理,信息获取者可以根据业务处理和决策工作的需要来拉(pull)信息,这就大大提高了信息利用的效率,缓解了以往将大量信息推给决策者而导致的"信息过载"现象,提高了项目决策的效率。

(三)项目信息门户的优势

项目信息门户、项目管理信息系统、建设工程项目管理软件系统,加上由计算机和网络系统组成的硬件系统,构成了工程项目信息平台。项目管理软件对工程相关数据进行处理,PIP 则实现包括项目管理软件处理的信息在内的项目有关信息的交流和共享,是工程项目信息平台信息交流的枢纽。它是对传统的项目信息管理方式和手段的革命性的变革。

(四)项目信息门户的意义

基于 PIP 的建设工程管理在建设项目组织与管理中的应用有着重要的意义,主要表现在以下几个方面。

1. 对工程的管理和控制提供强有力的支持,提高项目建设的效益

项目信息门户的应用从根本上改变了传统工程项目建设过程中信息交流和传递的方式,使项目业主和各参与方能够在任何地方、任何时间准确及时地掌握工程项目建设的实际情况和准确信息,从而能够做到对项目实施全过程进行有效的监控,极大地提高对项目建设管理和控制的能力。在工程项目结束后,业主和各参与方可以十分方便地得到项目实施过程中全部记录信息,这些信息对于项目今后的运营与维护有着极为重要的作用。从包括项目建设期和建成后的生产运营期的整个项目生命的经济效益来看,项目信息门户的应用将极大地提高整个项目建设的效益。

2. 降低工程项目实施的成本

成本的节约来自两方面:一方面是减少了花费在纸张、电话、复印、传真、商务旅行

及竣工文档准备上的大量费用，从而带来的直接成本降低；另一方面是提高了信息交流和传递的效率和有效性，从而减少了不必要的工程变更，提高了决策效率，带来了间接成本的降低。

3. 缩短项目建设时间

据统计，现代建设项目中，工程师工作时间的10%～30%是用在寻找合适的信息上，而项目管理人员则有80%的时间是用在信息的收集和准备上。一个项目经理每天大约要处理20个来自项目参与各方的相关信息，这要占去项目经理大部分的工作时间。由于信息管理工作的繁重，有人甚至称项目经理已经变成了项目信息经理。使用基于互联网的项目信息门户进行项目信息的管理和交流可以大幅降低搜寻信息的时间，提高工作和决策的效率，从而加快项目实施的进度。另外，应用基于互联网的项目信息门户可以有效减少由于信息延误、错误所造成的工期拖延。

4. 提高工程建设的质量

项目信息门户可以为业主、设计单位、施工单位及供货单位提供有关设计、施工和材料设备供货的信息。在一定的授权范围内，这些信息对业主、设计单位、施工单位及供货商是透明的，从而避免了传统信息交流方式带来的弊端，有利于工程项目的设计、施工和材料设备采购的管理与控制，为获得高质量的工程提供有力的保障。

5. 降低项目实施的风险

在工程建设过程中，采用项目信息门户可以保证项目信息的交流和传递在任何时候和任何地点都十分通畅，提高了决策人员对工程实施情况把握的准确性和对项目发展变化趋势的预见性，从而可以很好地应对项目实施过程中的风险和各种干扰因素，保证项目目标更好地实现。

（五）项目信息门户的功能

1. 项目各参与方的信息交流

项目各参与方的信息交流功能主要是使项目主持方和项目参与方之间以及项目各参与方之间在项目范围内进行信息交流和传递，如电子邮件传递信息功能、预定项目文档的变动通知功能等。

2. 项目文档管理

项目文档管理功能包括文档的查询、文档的上传下载、文档在线修改以及文档版本控制等功能。在BLM信息管理模式下，PIP的文档管理功能与BLM的设计文档生成功能必须进行有效的集成，保证设计文档的及时更新和正确的版本信息。

3. 项目各参与方的共同工作

项目各参与方的共同工作功能能够使项目参与各方在 PIP 中在线完成同一份工作，如工程项目相关事项的讨论功能、在线图纸信息编辑更改功能、在线报批功能等。

项目信息门户的产品还有一些扩展功能，如多媒体的信息交互、电子商务功能和在线项目管理等。

对其中的功能说明如下：①桌面管理：包括变更提醒、公告发布、团队目录、书签管理等相关功能。②文档管理：包括文档查询、版本控制、文档的上传和下载、在线审核、文档在线修改。项目参与各方可以在其权限范围通过 Web 界面对中央数据库中的各种格式的文档（包括 CAD）直接进行修改。③工作流管理：业务流程的全部或部分自动化，即根据业务规则在各参与方之间自动传递文档、信息或者任务。工作流管理也包括工程变更、处理跟踪、处理统计等工作。项目信息门户定义和组织了项目管理流程和业务处理流程，并为各个业务子系统提供接口，实现项目管理流程的控制和改进。④项目通信与讨论，或称为项目协同工作：包括项目邮件、实时在线讨论、BBS、视频会议等内容。使用同步（如在线交流）和异步（线程化讨论）手段使建设项目参与各方结合一定的工作流程进行协作和沟通。⑤任务管理：包括进度控制、投资控制、项目质量控制、项目管理软件共享等内容。⑥网站管理，或称为系统管理：包括用户管理、安全控制、历史记录、界面定制、用户帮助与培训等功能。如安全管理建设项目信息门户有严格的数据安全保证措施，用户通过一次登录就可以访问所有规定权限内的信息源。⑦电子商务：包括设备材料采购、电子招投标、在线报批等功能。

此外，PIP 还包括在线录像功能。在施工现场的某些关键部位安装摄像头，使得项目参与各方能够通过 Web 界面实时查看施工现场，从而及时为施工问题提供解决方案、解释设计意图或者只是简单地监控施工现场。

第八章 电力工程竣工验收管理

第一节 竣工验收的内容质量核定及程序

一、概述

(一)概念

项目按照批准的设计图纸和文件内容全部建成,达到使用条件或住人的标准,叫做工程竣工。

项目竣工验收就是由建设单位、施工单位和项目验收委员会,以项目批准的设计任务书和设计文件,以及国家(或部门)颁发的施工验收规范和质量检验标准为依据,按照一定的程序和手续,在项目建成并试生产合格后,对工程项目的总体进行检验和认证(综合评价、鉴定)的活动。

工业生产项目,须经试生产合格,形成生产能力,能正常生产出合格产品后,方能进行验收;非工业生产性项目,应能正常使用,方可进行验收。

(二)竣工验收的作用

竣工验收的作用如下:①全面考察项目设计和施工的质量,以便及时发现和解决存在的问题,以保证项目按设计要求的各项技术经济指标正常使用。②加强固定资产投资管理的需要。通过竣工验收办理固定资产交付使用手续,总结建设经验,提高建设项目的经济效益和管理水平。③解决项目遗留的问题。建设项目在批准建设时,一般都考虑了协作条件、市场需求、"三废"治理、交通运输以及生活福利设施,但由于施工周期长,情况会发生变化,因此,项目建成后,因主客观原因会发生许多新问题,而存在许多遗留问题,及预料不到的问题。通过验收,可制定出这些问题的解决办法和措施,从而使项目尽快投入使用，发挥效益。

（三）项目竣工验收的主要任务

项目竣工验收是建设程序的最后一个阶段。项目经过竣工验收，由承包单位交付建设单位使用，并办理各项工程移交手续，标志着这个项目的结束，也就是建设资金转化为使用价值。

这个阶段的主要工作是：①建设单位、勘察和设计单位、施工单位（包括各主要的工程分包单位）要分别对项目的决策和论证、勘察和设计以及施工的全过程进行最后的评价，实事求是地总结各自在项目建设中的经验和教训。这项工作，实际上也是对工程管理全过程进行系统的检验。作为项目总承包单位的项目经理，还应该组织有关人员对整个项目进行工期分析、质量分析、成本分析。②办理建设工程的验收和交接手续，办理竣工结算和竣工决算，办理工程档案资料的移交，办理工程保修手续等，总之，在这个阶段，要把整个项目的结束工作、移交工作和善后清理工作全部办理完毕。③对施工单位来讲，应该把项目竣工作为一个过程看待，或者说把收尾和竣工作为一个阶段看待。在这个阶段，所承担的项目即将结束，并将转向或已经转向新的项目的施工，而本项目仍有很多收尾工作和竣工验收工作要做，这些工作做好之后才有利于各个参与项目施工的单位顺利地撤摊拔点，缩短施工战线，投入新的项目的建设。

（四）项目竣工验收的依据

项目竣工验收时，除了必须符合国家规定的竣工标准（或地方政府主管机关的具体标准）之外，在进行工程竣工验收和办理工程移交手续时，应该以下列文件作为依据：①上级主管部门有关工程竣工的文件和规定；②建设单位同施工单位签订的工程承包合同；③工程设计文件（包括：施工图纸、设计说明书、设计变更洽谈记录、各种设备说明书等）；④国家现行的施工验收规范；⑤建筑安装工程统计规定；⑥凡属从国外引进的新技术或进口成套设备的工程项目，除上述文件外，还应按照双方签订的合同书和国外提供的设计文件进行验收。

（五）工程项目竣工验收的标准

工程项目由于性质不同，行业、类型不同，应达到的标准也不同。这里介绍一般的验收标准。一般标准是无论什么项目起码应达到的或应具备的水平，通常由国家统一规定，下面作一简单介绍。

1. 建筑工程验收标准

凡是生产性工程，公用辅助设施和生活福利设施均已按批准的设计文件和规定的内容及施工图纸全部施工完毕，按照规范验收后，工程质量符合各项要求，没有"尾巴"，能生产使用。

①所有建筑物(包括构筑物)、明沟、勒脚、踏步、斜道全部做完，内部粉刷完毕，两米以内场地已平整，无障碍物，道路通畅。②建筑设备(室内上下水、采暖、通风、电气照明、管道、线路安装敷设工程)经过试验、检测，达到设计和使用要求。③环境保护设施、劳动安全卫生设施、消防设施已按设计要求与主体工程同时建成使用。

2. 安装工程验收标准

①需要安装的工艺设备、动力设备及仪表等均已按设计规定的内容和技术说明书的要求全部安装完毕，没有"尾巴"。②工艺、物料、热力等各种管道已做好清洗、试压、吹扫、油漆、保温等工作，室外管线的安装位置、标高、走向、坡度、尺寸、送达的方向等经检测符合设计和使用要求。③各种需要安装或不需要安装的设备，均已经过单机无负荷、联动无负荷、联动有负荷试车等阶段，符合安装技术要求，能够生产出设计文件规定的合格产品，具有形成设计规定的生产能力。

3. 生产设备验收标准

①确定了生产管理机构；拟定出有关的规章制度。②人员配备及生产工人培训结束。③外部协作条件及投产初期所用原材料、工具、器具、备品备件已落实。

4. 档案验收标准

①按照国家档案局、原国家计委20世纪末期颁布的《基本建设项目档案资料管理暂行规定》，对基建中产生的资料应归档，且资料完整，无遗漏。②档案资料准确可靠。③归案文件、资料已整理加工分类立卷成册。

5. 竣工验收的特殊标准

更新改造项目和大修项目，可以参照国家标准或有关标准，根据工程性质，结合当时当地的实际情况，由业主与承包商共同商定，提出适用的竣工验收的具体标准。国家没有做出具体规定，由于各部门、各行业其项目各有特点，无法统一规定特殊验收标准，按照各部门、各行业自己的特殊规定和技术验收规范进行验收。

二、竣工验收的内容

竣工验收的内容随工程项目的不同而异，一般包括下列内容：

(一)工程技术资料验收内容

包括：工程地质、水文、气象、地形、地貌、建筑物、构筑物及重要设备、安装位置、勘查报告、记录；初步设计、技术设计、关键的技术试验、总体规划设计；土质试验报告、基础处理；建筑工程施工记录、单位工程质量检查记录、管线强度、密封性试验报告、设备及管线安装施工记录及质量检查、仪表安装施工记录；设备试车、验收运转、维护记录；产品的技术参数、性能、图纸、工艺说明、工艺规程、技术总结、产品检验、包装、工艺图；设备的图纸、说明书；涉外合同、谈判协议、意向书；各单项工程及全部管网竣工图等资料。

（二）工程综合资料验收内容

包括：项目建议书及批件、可行性研究报告及批件、项目评估报告、环境影响评估报告书、设计任务书、土地征用申报及批准的文件、承包合同、招标投标文件、施工执照、项目竣工验收报告、验收鉴定书。

（三）项目财务资料验收内容

①历年建设资金供应（拨、贷）情况和应用情况；②历年批准的年度财务决算；③历年年度投资计划、财务收支计划；④建设成本资料；⑤支付使用的财务资料；⑥设计概算、预算资料；⑦施工决算资料。

（四）建筑工程验收内容

在全部工程验收时，建筑工程早已建成了，有的已进行了"交工验收"，这时主要是如何运用资料进行审查验收，其主要内容有：①建筑物的位置、标高、轴线是否符合设计要求；②对基础工程中的土石方工程、垫层工程、砌筑工程等资料的审查，因为这些工程在"交工验收"时已验收过；③对结构工程中的砖木结构、砖混结构、内浇外砌结构、钢筋混凝土结构的审查验收；④对屋面工程的木基、望板、油毡、屋面瓦、保温层、防水层等的审查验收；⑤对门窗工程的审查验收；⑥对装修工程的审查验收（抹灰、油漆等工程）。

（五）安装工程验收的内容

分为建筑设备安装工程、工艺设备安装工程、动力设备安装工程验收。

①建筑设备安装工程（指民用建筑物中的上下水管道、暖气、煤气、通风管道、电气照明等安装工程），应检查这些设备的规格、型号、数量、质量是否符合设计要求，检查安装时的材料、材质、检查试压、闭水试验及照明情况。②工艺设备安装工程包括：生产、起重、传动、实验等设备的安装，以及附属管线敷设和油漆、保温等。检查设备的规格、型号、数量、质量、设备安装的位置、标高、机座尺寸、单机试车、无负荷联动试车、有负荷联动试车、管道的焊接质量、洗清、吹扫、试压、试漏、油漆、保温等及各种阀门。③动力设备安装工程指有自备电厂的项目，或变配电室（所）、动力配电线路的验收。

三、竣工验收的质量核定

工程竣工质量核定,是政府对竣工工程进行质量监督的一种带有法律性的手段,目的是保证工程质量、保证工程结构安全和使用功能,它是竣工验收交付使用必须办理的手续。质量核定的范围包括新建、扩建、改建的工业与民用建筑,设备安装工程、市政工程等。一般由城市建设机关的工程质量监督部门承监,竣工工程的质量等级,以承监工程的质量监督机构核定的结果为准,并发给《建设工程质量合格证书》。

(一)申报竣工质量核定的工程条件

①必须符合国家或地区规定的竣工条件和合同中规定的内容。委托工程监理的工程,必须提供监理单位对工程质量进行监理的有关资料。②必须有有关各方签认的验收记录。对验收各方提出的质量问题,施工单位进行返修的,应有建设(监理)单位的复验记录。③提供按照规定齐全有效的施工技术资料。④保证竣工质量核定所需的水、电供应及其他必备的条件。

(二)核定的方法、步骤

单位工程完成之后,施工单位要按照国家检验评定标准的规定进行自检,符合有关技术规范、设计文件和合同要求的质量标准后,提交建设单位。建设单位组织设计、监理、施工等单位及有关方面,对工程质量评出等级,并向承监工程的监督机构提出申报竣工工程质量核定。承监工程的监督机构受理了竣工工程质量核定后,按照国家的《工程质量检验评定标准》进行核定;经核定合格或优良的工程,发给《合格证书》,并说明其质量等级。《合格证书》正本1本,发给建设单位;副本2本,分别由施工单位和监督机构保存。工程交付使用后,如工程质量出现永久缺陷等严重问题,监督机构将收回《合格证书》,并予以公布。

经监督机构核定不合格的单位工程,不颁发《合格证书》,不准投入使用。责任单位在规定限期返修后,再重新进行申报、核定。

在核定中,如施工技术资料不能说明结构安全或不能保证使用功能的,由施工单位委任法定检测单位进行检测。核定中,凡属弄虚作假、隐瞒质量事故者,由监督机构对责任单位依法进行处理。

四、竣工验收的程序

项目竣工验收,意味着项目建设阶段的完结,项目投产和运营阶段等即将开始。为了验证项目的建设成果是否符合既定的目标、要求和标准,为了使项目能顺利地、成功地投产运营,必须按科学的程序来进行竣工验收。

为了把竣工验收工作做好，一般可分为两个步骤进行。一是由施工单位（承包单位）先进行自验；二是正式验收，即由施工单位同建设单位和监理单位共同验收，对大型工程或重要工程，还要上级领导单位或地方政府派员参加，共同进行验收，验收合格后，即可将工程正式移交建设单位使用。

（一）竣工自验（亦称竣工预验）

竣工自验是施工单位内部先自我检验，为正式验收做好准备。①自验的标准应与正式验收一样。主要依据是：国家（或地方政府主管部门）规定的竣工标准和竣工口径；工程完成情况是否符合施工图纸和设计的使用要求；工程质量是否符合国家和地方政府规定的标准和要求；工程是否达到合同规定的要求和标准，等等。②参加自验的人员。应由施工单位项目经理组织生产技术、质量、合同、预算以及有关的施工工长等共同参加。③自验的方式。应分层、分段、分房间地由上述人员依自己主管的内容逐一进行检查。在检查中要做好记录。对不符合要求的部位和项目，确定修补措施和标准，并指定专人负责，定期修理完毕。④复验。在基层施工单位自我检查的基础上，并对查出的问题全部修补，完毕以后项目经理应提请上级（如果项目经理是施工企业的施工队长或工区主任级者，应提请公司或总公司一级）进行复验（按一般习惯，国家重点工程、省市级重点工程，都应提请总公司级的上级单位复验）。通过复验，要解决全部遗留问题，为正式验收做好充分准备。

（二）正式验收

在自验的基础上，确认工程全部符合竣工验收标准，具备了交付使用的条件后，即可开始正式竣工验收工作。

①发出《竣工验收通知书》。施工单位应于正式竣工验收之日的前10天，向建设单位发送《竣工验收通知书》。②组织验收工作。工程竣工验收工作由建设单位邀请设计单位及有关方面参加，同施工单位一起进行检查验收。列为国家重点工程的大型建设项目，由国家有关部委邀请有关方面参加，组成工程验收委员会，进行验收。③签发《竣工验收证明书》并办理移交。在建设单位验收完毕并确认工程符合竣工标准和合同条款规定要求以后，应向施工单位签发《竣工验收证明书》。④进行工程质量核定。⑤办理工程档案资料移交。⑥办理工程移交手续。在对工程检查验收完毕后，施工单位要向建设单位逐项办理工程移交和其他固定资产移交手续，并应签认交接验收证书，办理工程结算手续。工程结算由施工单位提出，送建设单位审查无误以后，由双方共同办理结算签认手续。工程结算手续一旦办理完毕，除施工单位承担保修工作（一般保修期为1年）以外，甲、乙双方的经济关系和法律责任即予解除。⑦办理工程决算。整个工程项目完工验收

后，并办理了工程结算手续，要由建设单位编制工程决算，上报有关部门。至此，项目的全部建设过程即告宣告终结。

（三）竣工工程移交

工程项目移交，是在竣工验收后，承包商与业主转移项目占用权的过程。工程移交完毕，业主就必须有责任对整个工程项目进行管理，承包商与业主的施工合同关系基本结束，承包商从工程项目的施工阶段转到保修阶段。

工程项目的移交包括工程实体移交和工程技术档案资料移交两个部分：

1. 工程实体移交

工程实体移交即建（构）筑物实体和工程项目内所包括的各种设备实体的交接。工程实体移交的繁简程度随着工程项目承发包模式的不同及工程项目本身的具体情况不同而不同。在工业建筑工程项目中，一些设备还带有备品和安装调试用的专用工器具，在施工单位负责设备订货和接检工作时，凡是合同上规定属于用户在生产过程中使用的备品、备件及专用工器具，均应由施工单位向建设单位移交。

2. 工程技术档案资料移交

移交时，要编制《工程档案资料移交清单》。承包商和业主双方按清单查阅清楚，认可后，双方在移交清单上签字盖章。移交清单一式两份，双方各自保存一份，以备查对。

（四）保修

施工合同中一般都规定缺陷保修期，并对这段时间内所发生的质量问题以合同条款的形式做出了预先处理方式，承包商可以按照合同要求进行工程保修。

保修期内，用户发现了问题，一般有如下的处理办法。①确因承包商施工质量原因造成的问题，均由承包商无偿进行保修。②如因设计原因造成使用问题，则可由用户提出修改方案或由原设计单位提出修改方案，经用户向施工单位提出委托，进行处理或返修，费用由用户负责。③如因用户在使用后有新的要求或用户使用不当需进行局部处理和返修时，由双方另行协商解决，如由原施工单位进行处理或施工费用由用户负责。

（五）回访

在缺陷保修期内，承包商应定期向用户进行回访。对第一个工程项目在保修期内至少应回访一次，如保修期为一年时，可以在半年时间左右进行一次，一年到期时进行第二次回访并填写回访卡。

第二节 项目文档资料验收与移交

一、文档资料概念与特征

（一）文档资料的概念

建设项目文档资料是指建设项目设计、施工、监理和竣工活动中形成的具有保存价值的基建文件、监理文件、施工文件和竣工图的统称。建设项目的文档资料主要由以下文件资料组成。

1. 建设单位文件

建设单位文件是建设过程中形成并收集汇编，关于立项、征用土地、拆迁、地质勘查、测绘、设计、招投标、工程验收等文件或资料的统称。

2. 监理单位文件

监理单位文件是工程监理单位在工程建设监理全过程中形成并收集汇编的文件或资料的统称。

3. 施工单位文件

施工单位文件是由施工单位在工程施工过程中形成并收集汇编的文件或资料的统称。

4. 竣工图

建设项目竣工图是真实地记录建设工程各种地下、地上建筑物竣工实际情况的技术文件。它是对工程进行交工验收、维护、扩建、改建的依据，也是使用单位长期保存的资料。竣工图可利用蓝图改绘或在底图上修改或重新绘制，竣工图的绘制工作应由建设单位完成，也可委托承建总承包单位、工程监理单位或设计单位完成。

（二）建设项目文档资料载体

建设项目文档资料载体主要有以下几种：①纸质载体：主要以纸张为基础的载体形式。②缩微品载体：以胶片为基础，利用缩微技术对工程资料进行保存的载体形式。③光盘载体：以光盘为基础，利用计算机技术对工程资料进行存储的形式。④磁性载体：

以先进的储存技术、磁性记录材料（磁带、磁盘等）为基础，对工程资料的电子文件、声音、图像进行存储的方式。

（三）文档资料特征

建设项目文档资料具有以下特征：

1. 分散性和复杂性

项目周期长，生产工艺复杂，建筑材料种类多，建筑技术发展迅速，影响项目的因素多种多样，建设阶段性强并且相互穿插，由此导致了项目文档资料的分散性和复杂性。这个特征决定了项目文档资料是多层次、多环节、相互关联的复杂系统。

2. 继承性和时效性

随着建筑技术、施工工艺、新材料以及建筑业技术和管理水平的不断提高和发展，文档资料可以直接使用和积累。新的项目在施工过程中可以吸取以前的经验，避免重犯以往的错误。同时项目文档资料有很强的时效性，文档资料的价值会随着时间的推移而衰减，有时文档资料一经生成，就必须传达到有关部门，否则会造成严重后果。

3. 全面性和真实性

项目文档资料只有全面反映项目的各类信息才更有实用价值，必须形成一个完整的系统。有时只言片语地引用往往会起到误导作用。另外建设项目文档资料必须真实反映工程情况，包括发生的事故和存在的隐患。真实性是对所有文档资料的共同要求，但在建设领域对这方面要求更为迫切。

4. 随机性

建设项目文档资料可能产生于工程建设的整个过程中，工程开工、施工、竣工等各个阶段和各个环节都会产生各种文档资料，部分项目文档资料的产生有规律性（如各类报批文件），但还有相当一部分文档资料的产生是由具体工程事件引发的，因此建设项目文档资料具有随机性。

5. 多专业性和综合性

建设项目文档资料依附于不同的专业对象而存在，又依赖不同的载体而流动。它涉及建筑、市政、公用、消防、安保等多种专业，也涉及电子、力学、声学、美学等多种学科，并同时综合了质量、进度、造价、合同、组织协调等多方面内容。

二、项目档案资料管理职责

项目档案资料的管理涉及到建设单位、工程监理单位、施工单位以及地方城建档案部门。以下内容根据我国目前政府主管部门有关文件规定对工程建设参与有关各方的管理职责进行介绍。

（一）通用职责

①工程各参建单位填写的工程档案资料应以工程合同、设计文件、工程质量验收标准、施工及验收规范等为依据。②工程档案资料应随工程进度及时收集、整理，并应按专业归类，认真书写，字迹清楚，项目齐全、准确、真实，无未了事项。应采用统一表格，特殊要求需增加的表格应统一归类。③工程档案资料进行分级管理，各单位技术负责人负责本单位工程档案资料的全过程组织工作，工程档案资料的收集、整理和审核工作由各单位档案管理员负责。④对工程档案资料进行涂改、伪造、随意抽撤或损毁、丢失等，应按有关规定予以处罚。

（二）建设单位职责

①应加强对基建文件的管理工作，并设专人负责基建文件的收集、整理和归档工作。②在与勘察、设计单位、监理单位、施工单位签订勘察、设计、监理、施工合同时，应对监理文件、施工文件和工程档案的编制责任、编制套数和移交期限作出明确规定。③必须向参建的勘察设计、施工、监理等单位提供与建设项目有关的原始资料，原始资料必须真实、准确、齐全。④负责在建设过程中对工程档案资料进行检查并签署意见。⑤负责组织工程档案的编制工作，可委托总承包单位或监理单位负责该项工作；负责组织竣工图的绘制工作，可委托总承包单位或监理单位或设计单位具体执行。⑥编制基建文件的套数不得少于地方城建档案部门要求。但应有完整基建文件归入地方城建档案部门及移交产权单位，保存期应与工程合理使用年限相同。⑦应严格按照国家和地方有关城建档案管理的规定，及时收集、整理建设项目各环节的资料，建立、健全工程档案，并在建设项目竣工验收后，按规定及时向地方城建档案部门移交工程档案。

（三）工程监理单位职责

①应加强监理资料的管理工作，并设专人负责监理资料的收集、整理和归档工作。②监督检查工程资料的真实性、完整性和准确性。在设计阶段，对勘测、设计单位的工程资料进行监督、检查；在施工阶段，对施工单位的工程资料进行监督、检查。③接受建设单位的委托进行工程档案的组织编制工作。④在工程竣工验收后3个月内，由项目总监理工程师组织对监理档案资料进行整理、装订与归档。监理档案资料在归档前必须通过项目总监理工程师审核。⑤编制的监理文件的套数不得少于地方城建档案部门要求，但应有完整监理文件移交建设单位及自行保存，保存期根据工程性质以及地方城建档案部门有关要求确定。如建设单位对监理档案资料的编制套数有特殊要求的，可另行约定。

（四）工程施工单位职责

①应加强施工文件的管理工作，实行技术负责人负责制，逐级建立健全施工文件管理工作。建设项目的施工文件应设专人负责收集和整理。②总承包单位负责汇总整理各分包单位编制的全部施工文件，分承包单位应各自负责对分承包范围内的施工文件进行收集和整理，各承包单位应对其施工文件的真实性和完整性负责。③接受建设单位的委托进行工程档案的组织编制工作。④按要求在竣工前将施工文件整理汇总完毕并移交建设单位进行工程竣工验收。⑤负责编制的施工文件的数量不得少于地方城建档案部门要求，但应有完整施工文件移交建设单位及自行保存，保存期根据工程性质以及地方城建档案部门有关要求确定。如建设单位对施工文件的编制套数有特殊要求的，可另行约定。

（五）地方城建档案部门职责

①负责接收和保管所辖范围应当永久和长期保存的工程档案和有关资料。②负责对城建档案工作进行业务指导，监督和检查有关城建档案法规的实施。③列入向本部门报送的项目档案范围的建设项目，其竣工验收应由本部门参加并负责对移交的工程档案进行验收。

三、项目档案资料编制质量要求与组卷方法

对建设项目档案资料编制质量要求与组卷方法，各行政管理区域以及各行业都有自己的要求，但就全国来讲还没有统一的标准体系。以下介绍我国对地方城建档案部门的一般性要求。

（一）编制质量要求

①工程档案资料必须真实地反映工程实际情况，具有永久和长期保存价值的文件材料必须完整、准确、系统，责任者的签章手续必须齐全。②工程档案资料必须使用原件；如有特殊原因不能使用原件的，应在复印机或抄件上加盖公章并注明原件存放处。③工程档案资料的签字必须使用档案规定用笔。工程资料宜采用打印的形式并应手工签字。④工程档案资料的编制和填写应适应档案缩微管理和计算机输入的要求，凡采用施工蓝图改绘竣工图的，必须使用新蓝图并反差明显，修改后的竣工图必须图面整洁，文字材料字迹工整、清楚。⑤工程档案资料的缩微制品，必须按国家缩微标准进行制作，主要技术指标（解像力、密度、海波残留量等）要符合国家标准，保证质量，以适应长期安全保管。⑥工程档案资料的照片（含底片）及声像档案，要求图像清晰、声音清楚、文字说明或内容准确。

(二)组卷一般要求

1. 组卷的质量要求

组卷前要详细检查建设单位文件、工程监理文件、工程施工文件和竣工图,按要求收集齐全、完整。达不到质量要求的文字材料和图纸一律重做。

2. 组卷的基本原则

建设项目工程档案组卷应遵从以下基本原则:①建设项目按单位工程组卷;②工程档案资料应按建设单位文件、工程监理文件、施工文件和竣工图分别进行组卷,施工文件、竣工图还应按专业分别组卷,以便于保管和利用;③工程档案资料应根据保存单位和专业工程分类进行组卷;④卷内资料排列顺序要依据资料内容构成而定,一般顺序为封面、目录、文件部分、备考表、封底,组成的案卷力求美观、整齐;⑤卷内资料若有多种时,同类资料按日期顺序排序,不同资料之间的排列顺序应按资料分类排列。

3. 组卷的具体要求

各工程建设参与单位的档案资料文件可根据数量的多少组成一卷或多卷,如建设单位的建设项目报批卷、用地拆迁卷、地质勘探卷、工程竣工总结卷、工程照片卷、录音录像卷等。工程监理单位和施工单位同样根据文档资料数量的多少组成一卷或多卷。整个组卷可以参照各地方城建档案馆专业工程分类编码参考表的类别进行。

工程建设的竣工图一般按专业进行组卷。可分综合图卷、建筑、结构、给排水、燃气、电气、通风与空调、电梯、工艺卷等,每一专业根据图纸多少可组成一卷或多卷。

文字材料和图纸材料原则上不能混装在一个装具内;如文件材料较少需装在一个装具内时,文字材料和图纸材料必须装订。

工程档案资料应按单项工程编制总目录卷和总目录卷汇总表。

4. 案卷页号的编写

编写页号以独立卷为单位。在案卷内文件材料排列顺序确定后,均以有书写内容的页面编写页号。

用打号机或钢笔依次逐张标注页号,采用黑色、蓝色油墨或墨水。

工程档案资料以及折叠后图纸页号的编写位置应按城建档案馆要求统一。

5. 案卷封面、案卷脊背、工程档案卷内目录、卷内备考表的编制、填写方法

其编制、填写应按照地方城建档案部门具体填写说明执行。

四、建设项目档案资料验收与移交

(一)档案资料的验收

工程档案资料的验收是工程竣工验收的重要内容。在工程竣工验收时建设单位必须先提供一套工程竣工档案报请有关部门进行审查、验收。

工程档案资料由建设单位进行验收,属于向地方城建档案部门报送工程档案资料的建设项目还应会同地方城建档案部门共同验收。

国家、省市重点建设项目或一些特大型、大型的建设项目的预验收和验收应由地方城建档案部门参加。

为确保工程档案资料的质量,各编制单位、监理单位、建设单位、地方城建档案部门、档案行政管理部门等要严格进行检查、验收。编制单位、制图人、审核人、技术负责人必须进行签字或盖章。对不符合技术要求的,一律退回编制单位进行改正、补齐,问题严重者可令其重做。不符合要求者,不能交工验收。

凡报送的工程档案资料,如验收不合格将其退回建设单位,由建设单位责成责任者重新进行编制,待达到要求后重新报送。检查验收人员应对接收的档案负责。

地方城建档案部门负责工程档案资料的最后验收,并对编制报送工程档案资料进行业务指导、督促和检查。

(二)档案资料的移交

施工单位、监理单位等有关单位应在工程竣工验收前将工程档案资料按合同或协议规定的时间、套数移交给建设单位,办理移交手续。

竣工验收通过后3个月内,建设单位将汇总的全部工程档案资料移交地方城建档案部门。如遇特殊情况,需要推迟报送日期,必须在规定报送时间内向地方城建档案部门申请延期报送并说明延期报送原因,经同意后办理延期报送手续。

五、移交档案资料的分类

建设项目文档案资料归档过程的组卷工作应按照当地城建档案主管部门的有关要求进行。本部分内容反映了一般性城建档案主管单位对工程建设过程档案资料的总体管理情况。

(一)基建文件

1. 决策立项文件

项目建议书;对项目建议书的批复文件;可行性研究报告;对可行性报告的批复文件;关于立项的会议纪要、领导批示;专家对项目的有关建议文件;项目评估研究资料;

计划部门批准的立项文件；计划部门批准的计划任务。

2. 建设用地、征地、拆迁文件

政府计划管理部门批准征用土地的计划任务；国有土地使用证；政府部门批准用农田的文件；使用国有土地时，房屋土地管理部门拆迁安置意见；选址意见通知书及附图；建设用地规划许可证、许可证附件及附图。

3. 勘察、测绘、设计文件

工程地质勘察报告；水文地质勘察报告；建筑用地界桩通知单；验线通知单；规划设计条件通知书及附图；审定设计方案通知书及附图；审定设计方案通知书要求征求有关人防、环保、消防、交通、园林、市政、文物、通信、保密、河湖、教育等部门的审查意见和要求取得的有关协议；初步设计图纸及说明；施工图设计及说明；设计计算书；消防设计审核意见；政府有关部门对施工图设计文件的审批意见。

4. 工程招投标及承包合同文件

建设项目的招标文件包括：勘察招投标文件；设计招投标文件；施工招投标文件；设备材料采购招投标文件；工程监理招投标文件等。

建设项目的合同文件包括：工程勘察合同；设计合同；施工合同；供货合同；监理合同等。

5. 工程开工文件

年度施工任务批准文件；工程施工图纸修改通知书；建设项目规划许可证、附件及附图；固定资产投资许可证；建设工程开工证；工程质量监督手续。

6. 商务文件

工程投资估算材料；工程设计概算；施工图预算；施工预算；工程决算；交付使用固定资产清单；建设工程概况。

7. 工程竣工备案文件

工程竣工验收备案表；工程竣工验收报告；由规划、公安消防、环保等部门出具的认可文件或准许使用文件；工程质量保证书、保修书，住宅使用说明书。

8. 其他文件

工程竣工总结；由建设单位委托长期进行的工程沉降观测记录；工程未开工前的原貌、竣工新貌照片；工程开工、施工、竣工的录音录像资料。

（二）工程监理资料

1. 监理合同类文件

委托工程监理合同；有关合同变更的协议文件。

2. 工程的监理管理资料

工程监理规划、监理实施细则；监理月报；监理会议纪要；监理通知；监理工作总结。

3. 监理工作记录

工程技术文件报审表；工程质量控制报验审批文件（工程物资进场报验表，施工测量放线报审文件，见证取样记录文件，分部、分项工程施工报验表，监理抽检文件，质量事故报告及处理资料）；工程进度控制报验审批文件（工程开工报审文件，施工进度计划报审文件，月工、料、机动态文件，停、复工及工程延期文件）；造价控制报验、审批文件。

4. 监理验收资料

竣工移交证书；工程质量评估报告。

（三）施工资料

1. 施工管理资料

工程概况表；施工进度计划分析；项目大事记；施工日志；不合格项处置记录；工程质量事故报告（建设工程质量事故调查笔录、建设工程质量事故报告书）；施工总结。

2. 施工技术资料

工程技术文件报审表；技术管理资料（技术交底记录，施工组织设计，施工方案）；设计变更文件（图纸审查记录，设计交底记录设计变更，洽商记录）。

3. 施工物质资料

工程物资选样送审表；工程物资进场报验表；产品质量证明文件（半成品钢筋出厂合格证，预拌混凝土构件出厂合格证，钢构件出厂合格证）；材料、设备进厂检验记录（设备开箱检查记录，材料、配件检验记录，设备及管道附件试验记录）；产品复试记录、报告（材料试验报告，水泥试验报告，钢筋原材试验报告，砌墙砖试验报告，砂试验报告，碎试验报告，轻集料试验报告，防水卷材试验报告，防水涂料试验报告，混凝土掺合料试验报告，钢材机械性能试验报告，金相试验报告）。

4. 施工测量记录

工程定位测量记录；基槽验线记录；楼层放线记录；沉降观测记录。

5. 工程施工记录

（1）通用记录

隐蔽工程检查记录表；预检工程检查记录表；施工通用记录表；中间检查交接记录。

（2）土建专用施工记录

地基处理记录；地基勘探记录；桩基施工记录；混凝土搅拌测温记录表；混凝土养护测温记录表；砂浆配合比申请单、通知单；混凝土配合比申请单、通知单；混凝土开盘鉴定；预应力筋张拉记录；有黏结预应力结构灌浆记录；建筑烟（风）道、垃圾道检查记录。

（3）电梯专用施工记录

电梯承重梁、起重吊环埋设隐蔽工程检查记录；电梯钢丝绳头灌注隐蔽工程检查记录；自动扶梯、自动人行道安装条件记录。

6. 施工试验记录

（1）设备试运转记录

设备单机试运转记录；调试报告。

（2）土建专用施工试验记录

钢筋连接试验报告；回填土干密度试验报告；土工击实试验报告；砌筑砂浆抗压强度试验报告；混凝土抗压强度试验报告；混凝土抗渗试验报告；超声波探伤报告；超声波探伤记录；钢构件射线探伤记录；砌筑砂浆试块强度统计、评定记录；混凝土试块强度统计、评定记录；防水工程试水检查记录。

（3）电气专用施工试验记录

电气接地电阻试验记录；电气绝缘电阻试验记录；电气器具通电安全检查记录；电气照明、动力试运行记录；综合布线测试记录；光纤损耗测试记录；视频系统末端测试记录。

（4）管道专用施工试验记录

管道灌水试验记录；管道强度严密性试验记录；管道通水试验记录；管道吹（冲）洗（脱脂）试验记录；室内排水管道通球试验记录；伸缩器安装记录表。

（5）通风空调专用施工试验记录

现场组装除尘器、空调机漏风检测记录；风管漏风检测记录；各房间室内风量测量记录；管网漏风平衡记录；通风系统试运行记录；制冷系统气密性试验记录。

（6）电梯专用施工试验记录

电梯主要功能检查试验记录表；电梯电气安全装置检查试验记录；电梯整机功能检验记录；电梯层门安全装置检查试验记录；电梯负荷运行试验记录；轿厢平层准确度测量记录表；电梯负荷运行试验曲线图表；电梯噪声测试记录表；自动扶梯、自动人行道运行试验记录。

7. 施工验收资料

分部、分项工程施工报验表；分部工程验收记录（竣工验收通用记录，基础、主体工程验收记录，幕墙工程验收记录）；单位工程验收记录；工程竣工报告；质量评定资料。

8. 工程资料、档案封面和目录

①工程资料总目录卷汇总表。②工程资料总目录卷。③工程资料封面和目录。工程资料案卷封面；工程资料卷内目录；工程资料卷内备考表。④工程档案封面和目录。城市建设档案封面；城建档案卷内目录；城建档案案卷审核备考表。⑤移交资料。城市建设档案移交书；城市建设档案缩微品移交书；城市建设档案移交目录。

（四）竣工图的移交

竣工图是真实地记录建筑工程竣工后实际情况的重要技术资料，是工程项目进行交工验收、维护修理、改造扩建的主要依据，是工程使用单位长期保存的技术档案，也是国家的重要技术档案。竣工图应具有明显的"竣工图"字样标志，并包括有名称、制图人、审核人和编制日期等基本内容。竣工图必须做到准确、完整、真实，必须符合长期保存的归档要求。

竣工图绘制的要求如下：①在施工过程中未发生设计变更，完全按图施工的建筑工程，可在原施工图纸（须是新图纸）上注明"竣工图"标志，即可作为竣工图使用。②虽然有一般性的设计变更，但没有较大的结构性或重要管线等方面的设计变更，而且可以在原施工图纸上反映或补充，也可以不再绘制新图纸，可由施工单位在原施工图纸（须是新图纸）上，清楚地注明修改后的实际情况，并附以设计变更通知书、设计变更记录及施工说明，然后注明"竣工图"标志，亦可作为竣工图使用。③建筑工程的结构形式、标高、施工工艺、平面布置等有重大变更，原施工图不再适于应用，应重新绘制新图纸，注明"竣工图"标志。新绘制的竣工图，必须真实地反映出变更后的工程情况。④改建或扩建的工程，如果涉及到原有建筑工程并使原有工程的某些部分发生工程变更者，应把与原工程有关的竣工图资料加以整理，并在原工程图档案的竣工图上增补变更情况和必要的说明。⑤在一张图纸上改动部分超过40%，或者修改后图面混乱、分辨不清的图纸，不能作为竣工图，需重新绘制新竣工图。

除上述五种情况之外，对竣工图还有下列要求：①竣工图必须与竣工工程的实际情况完全符合。②竣工图必须保证绘制质量，做到规格统一，符合技术档案的各种要求。③竣工图必须经过施工单位主要技术负责人审核、签认。④编制竣工图，必须采用不褪色的绘图墨水，字迹清晰；各种文字材料不得使用复写纸，也不能使用一般圆珠笔和铅笔等。

（五）工程档案的要求和移交办法

凡是移交的工程档案和技术资料，必须做到真实、完整、有代表性，能如实地反映工程和施工中的情况。这些档案资料不得擅自修改，更不得伪造。同时，凡移交的档案资料，必须按照技术管理权限，经过技术负责人审查签认；对存在的问题，评语要确切，经过认真的复查，并做出处理结论。

工程档案和技术资料移交，一般在工程竣工验收前，建设单位（或工程设施管理单位）应督促和协同施工单位检查施工技术资料的质量，不符合要求的，应限期修改、补齐，甚至重做。各种技术资料和工程档案，应按照规定的组卷方法、立卷要求、案卷规格以及图纸折叠方式、装订要求等，整理资料。

第三节 项目竣工决算

一、竣工决算的内容

竣工决算是全部工程完工并经有关部门验收后，由建设单位编制的综合反映该工程从筹建到竣工投产全过程中各项资金的实际运用情况、建设成果及全部建设费用的总结性经济文件。

竣工决算的内容由文字说明和决算报表两部分组成。文字说明主要包括：工程概况、设计概算和基建计划的执行情况，各项技术经济指标完成情况，各项投资资金使用情况，建设成本的投资效益分析，以及建设过程中的主要经验、存在问题和解决意见等。决算表格分大中型项目和小型项目两种。大中型项目竣工决算表包括竣工工程概况表、竣工财务决算表、交付使用财产总表、交付使用财产明细表。小型项目竣工决算表按上述内容合并简化为小型项目竣工决算总表和交付使用财产明细表。

二、竣工决算表式

（一）竣工决算内容表式

大、中型和限额以上基本建设和技术改造项目，竣工决算内容应包括竣工工程概况、竣工财务决算、交付使用财产总表、交付使用财产明细表等。

（二）竣工决算表式及要求

大、中型和限额以上基本建设和技术改造项目竣工工程概况表，主要是考核分析投资效果。表中"初步设计和概算批准机关、日期、文号"按最后一次填列。"收尾工程"系指全部验收投产以后还遗留极少量尾工。未完工程实际成本可根据具体情况进行估算，并作说明，完工以后不再编制竣工决算。"主要技术经济指标"根据概算或主管部门（总公司）规定的内容分别计算或按实际填写。对未经批准，任意增加建设内容、扩大建设规模、提高建设标准等，要进行检查说明。

大、中型及限额以上基本建设和技术改造项目竣工财务决算表，反映全部竣工项目的资金来源和运用情况。表中"交付使用财产"、"应核销投资支出"、"应核销其他支出"、"经营基金"、"银行贷款"等，应填列开始建设至竣工的累计数。其中"拨付其他单位基建款""移交其他单位未完工程""报废工程损失"应在说明中列出明细内容和依据。器材应附设备、材料清单和处理意见。"施工机具设备"系指因自行施工购置的设备，应列出清单上报主管部门（总公司）处理，如作为固定资产管理的，可另列有关科目。

大、中型及限额以上基本建设和技术改造项目交付使用财产总表，反映竣工项目新增固定资产和流动资产的全部情况，可作为财产交接依据。

交付使用财产明细表，反映竣工交付使用固定资产和流动资产的详细内容，适用大、中、小型基本建设和技术改造项目。固定资产部分，要逐项盘点填列。其中"结构"是指砖木结构、混合结构、钢筋混凝土框架结构、金属结构等。工具、器具和家具等低值易耗品，可分类填报。固定资产和低值易耗品的划分标准，按主要部门（总公司）和地区规定办理。

小型及限额以下基本建设和技术改造项目竣工决算总表，应反映该类竣工项目的全部工程和财务情况。

三、竣工决算与竣工结算的区别

竣工结算是竣工决算的主要依据，两者的区别主要在于：

（一）编制单位和内容不同

竣工结算是决定甲乙双方之间合同价款的文件，是由施工单位预算、造价人员编制，建设单位预算、造价人员审核的支付工程款文件。

竣工决算是建设单位财会人员编制，由主管部门或者会计师事务所的权威人士审核，决定进入固定资产份额的经济文件。

竣工结算内容包括施工单位承担施工的建筑安装工程全部费用，它与所完成的建筑安装工程量及单位工程造价一致，最终反映的是施工单位在本工程项目中所完成的产值。竣工决算是建设单位财务部门编制的，包括建设项目从筹建开始到项目竣工交付生产（使用、营运）为止的全部建设费用，最终反映的是工程项目的全部投资。

竣工决算包括从筹集到竣工投产全过程的全部费用，包括建筑工程费、安装工程费、设备工器具购置费用及预备费和投资方向调节税等费用。按照有关文件规定,竣工决算由竣工财务决算说明书、竣工财务决算报表、工程竣工图和工程竣工造价对比分析四部分组成。前两部分又称为建设项目竣工财务决算,是竣工决算的核心内容。

(二)作用不同

竣工结算的作用是:为竣工决算提供基础资料;作为建设单位和施工单位核对和结算工程价款的依据;是最终确定项目建筑安装施工产值和实物工程量完成情况的基础材料之一。竣工决算的作用是:反映竣工项目的建设成果;作为办理交付验收的依据,是竣工验收的重要组成部分。

参考文献

[1] 李慧. 电力工程基础 [M]. 石家庄：河北科学技术出版社，2017.01.

[2] 唐飞，刘涤尘. 电力系统通信工程 [M]. 武汉：武汉大学出版社，2017.07.

[3] 杨太华，汪洋，张双甜. 电力工程项目管理 [M]. 北京：清华大学出版社，2017.03.

[4] 桂建廷，赵宏宇，徐钦元. 电力工程技术研究 [M]. 长春：吉林大学出版社，2017.08.

[5] 臧福龙，云楠，连晓东. 电力工程与技术 [M]. 天津：天津科学技术出版社，2017.01.

[6] 耿晨亮. 电力工程基础 [M]. 北京：科学技术文献出版社，2017.12.

[7] 刘桂华. 电力工程土建专业施工工作标准 [M]. 北京：九州出版社，2017.01.

[8] 陆祝琴. 电气工程与电力系统自动控制 [M]. 中国原子能出版社，2017.08.

[9] 孙向东. 电力工程质量控制 [M]. 合肥：安徽科学技术出版社，2017.08.

[10] 潘霄. 能源电力规划工程原理与应用 [M]. 北京：清华大学出版社，2017.06.

[11] 刘小保. 电气工程与电力系统自动控制 [M]. 延吉：延边大学出版社，2018.06.

[12] 韩昊霖，李瑞，刘炳. 电力工程与电力安全 [M]. 沈阳：辽宁大学出版社，2018.03.

[13] 郑春生，逯德胜，逯宝亮. 电力工程与电力安全 [M]. 长春：吉林科学技术出版社，2018.04.

[14] 刘念，吕忠涛，陈震洲. 电力工程及其项目管理分析 [M]. 沈阳：辽宁大学出版社，2018.07.

[15] 李思毛. 电气工程与电力设备 [M]. 天津：天津科学技术出版社，2018.03.

[16] 施建强. 电力系统自动控制与电气工程技术 [M]. 北京：九州出版社，2018.03.

[17] 姚宝永. 电力建设工程施工安全监理规程 [M]. 北京：中国水利水电出版社，2018.

[18] 刘广友，陈庆涛，丁国成. 电力工程与发电装置 [M]. 延吉：延边大学出版社，2018.03.

[19] 郑兰，潘艳霞，谭波. 电力工程与发电技术探究 [M]. 延吉：延边大学出版社，2018.10.

[20] 纪珺洋，刘圣寅，康勇全. 电力工程与电气施工技术 [M]. 北京：中国建材工业出版社，2018.06.

[21] 朱延杰，韩琳，赵志峰. 电力工程与建筑土木工程结构 [M]. 新疆生产建设兵团出版社，2018.12.

[22] 吕忠涛，王天鑫，郭世照. 电力工程核心理论与应用研究 [M]. 合肥：合肥工业大学出版社，2018.12.

[23] 沈润夏，魏书超. 电力工程管理 [M]. 长春：吉林科学技术出版社，2019.05.

[24] 韦钢. 电力工程基础 [M]. 北京：机械工业出版社，2019.

[25] 许思龙. 电力工程技术应用 [M]. 西安：西安电子科技大学出版社，2019.08.

[26] 杨正理，王祥傲，叶彩霞. 电力工程基础及案例教程 [M]. 西安：西北工业大学出版社，

2019.06.

[27] 单鸿涛，陈蓓，刘瑾．电力工程基础 [M]．北京：中国铁道出版社，2019.11.

[28] 侯学良．电力工程结构概论 [M]．北京：中国水利水电出版社，2019.07.

[29] 刘伟，林飞，李武峰．电力工程施工技术与电力自动控制研究 [M]．文化发展出版社，2019.09.

[30] 何良宇．建筑电气工程与电力系统及自动化技术研究 [M]．文化发展出版社，2020.07.

[31] 王艳松．电力工程基础 [M]．东营：中国石油大学出版社，2020.09.

[32] 燕宝峰，王来印．电气工程自动化与电力技术应用 [M]．中国原子能出版社，2020.